# 現代制御工学
―基礎から応用へ―

江上　正・土谷武士　共著

産業図書

# 序　文

　本書は 1991 年に出版され，10 刷りを重ねた『現代制御工学』，これを発展的に改訂して 2000 年に出版され，再び 10 刷りを重ねた『新版現代制御工学』を基にして大幅に書き改めたものである．すでに『現代制御工学』から 25 年以上が経過し，多くの読者の支持を頂き，「私の父もこの本を使って勉強しました」などと親子二代にわたって本書を使用してくれた学習者が出てきている状況である．

　制御理論を学ぶ際には，一般的にラプラス変換や伝達関数，ブロック線図，ベクトル軌跡やボード線図などの数学的道具を用いて展開してゆくわけであるが，これらが理解できないために挫折してしまう学生も多く見られる．最初はラプラス変換，つぎにブロック線図，これをクリアしても周波数応答でつまずくといった具合である．これはラプラス変換では微積分，過渡応答では微分方程式，周波数応答では複素関数などあまりなじみがない数学が出てくるためだと思われる．逆に数学の得意な学生によく見られるが，これらの道具はうまく使いこなせても何のためにこれを使うのかが分かっていない，ただ何も考えずに計算したり，図を描いたりするだけという学生も多い．最近では Matlab などの制御系設計・解析ソフトウエアが普及してきており，道具の使い方がよく分からなくても結果はすぐに得られるため，木を見て森を見ないという状況に拍車がかかっているように思える．これらは制御工学の理解のためには必要な道具ではあるが，決して制御工学の本質ではない．

　制御工学とは，外部から入ってくる外乱によらず，必ずしも十分には分かっていないシステムをいかに自分の思い通りに動かすかが本質であると考えている．このために重要なものがフィードバック制御であり，これらのことを広い視野に立って理解することが制御工学を学ぶ真の目的であると考えている．

　『現代制御工学』から『新版現代制御工学』そして本書と一貫してこの目的をいかに読者に伝えられるかを重視してきたつもりである．このため制御工学

とは何かから，制御対象を表すためのモデリング，制御対象の特性を知るための特性表現，安定性，フィードバック制御，さらには最適制御まで自然にストーリーを追うように学習できるように試みたつもりである．この方針のもとにフィードバック制御の記述に力を入れ，古典制御と現代制御を分けることなくあわせて記述し，制御対象として産業界で最も一般的なモータを一貫して例題として用いているなどを特長としてきた．

すでに『新版現代制御工学』において，古い内容は新しいものと入れ替え，論理飛躍のあるところや省略したところは説明を補足し，順序を変えて再構成している．しかし，長年教えていると学生の理解度が年々不足してきているのを感じるようになってきている．今回，講義において学生がつまずきやすいところを中心に説明を補足するとともに例題や演習問題を増やし，初学者にとっても本書だけで理解が進み，概念的に制御工学をとらえることができるように書き改めた．とくに，ラプラス変換，ボード線図やナイキスト線図などはその意味や描き方を詳しく記述している．また，演習問題は本文で学ぶ内容と結びつけ，高度な内容まで一体化して学べるようにしている．演習問題にもぜひ目を通すようにして欲しい．そして，出版社の理解もあって，今回『現代制御工学ー基礎から応用へー』と全く新しい本としてここに日の目を見ることになった．

このため本書は，これまでと同じく大学・高専の教科書を主な対象としているが，実務者も参考にできることをねらっている．また初学者にとっても本書だけで理解が進むように配慮したつもりである．なお，内容によっては著者らの思い違いがあるかもしれないが，専門家諸氏のご叱責を待つ次第である．

全般にわたり巻末に載せた多くの優れた書物・論文を参考にさせていただいたことをここに記し，それらの著者に感謝したい．産業図書の飯塚尚彦社長には本書の出版にご理解いただき，大変お世話になった．米田忠史氏（現米田出版）には本書の原点である『現代制御工学』の出版に際してご尽力頂いた．ここに衷心より感謝申し上げたい．

2017年7月

江上　正

土谷　武士

# 目　　次

序　文

## 第1章　制御工学とは … 1
1-1　いろいろな制御 … 1
　　1-1-1　フィードバック制御とフィードフォワード制御 … 3
　　1-1-2　シーケンス制御 … 4
　　1-1-3　計画問題 … 5
　　1-1-4　階層構造 … 6
　　1-1-5　制御は横糸学問 … 7
　　1-1-6　非線形系 … 8
1-2　フィードバック制御系 … 8
1-3　アナログ制御とディジタル制御 … 12
1-4　古典制御理論と現代制御理論 … 14
1-5　制御発展の流れと本書の内容 … 16
演習問題 … 20

## 第2章　数学的基礎 … 21
2-1　ラプラス変換 … 21
　　2-1-1　ラプラス変換の主な性質 … 22
　　2-1-2　主な関数のラプラス変換 … 27
　　2-1-3　ラプラス逆変換 … 31
　　2-1-4　微分方程式の解法 … 32

2-2　行列の基礎 ……………………………………………………………… 33
　2-3　$z$ 変換 …………………………………………………………………… 37
　演習問題 ………………………………………………………………………… 40

## 第3章　数式モデル ……………………………………………………………… 43
　3-1　DC サーボモータの原理 ……………………………………………… 43
　　3-1-1　機械系 ………………………………………………………… 45
　　3-1-2　電気系 ………………………………………………………… 46
　3-2　伝達関数とブロック線図 ……………………………………………… 47
　　3-2-1　伝達関数 ……………………………………………………… 47
　　3-2-2　ブロック線図 ………………………………………………… 49
　　3-2-3　DC サーボモータのブロック線図と伝達関数 …………… 55
　3-3　状態方程式 ……………………………………………………………… 56
　　3-3-1　状態方程式 …………………………………………………… 56
　　3-3-2　状態変数線図 ………………………………………………… 57
　　3-3-3　状態方程式と伝達関数 ……………………………………… 59
　　3-3-4　状態方程式の解 ……………………………………………… 61
　　3-3-5　実現問題 ……………………………………………………… 62
　3-4　状態変数変換と可制御性，可観測性 ………………………………… 65
　　3-4-1　状態変数変換 ………………………………………………… 66
　　3-4-2　対角正準形と可制御性，可観測性 ………………………… 66
　　3-4-3　可制御，可観測正準形 ……………………………………… 71
　3-5　離散時間表現 …………………………………………………………… 74
　演習問題 ………………………………………………………………………… 79

## 第4章　特性表現 ………………………………………………………………… 83
　4-1　過渡応答 ………………………………………………………………… 83
　4-2　インパルス応答・重み関数・伝達関数 ……………………………… 91
　4-3　周波数応答 ……………………………………………………………… 94
　4-4　周波数特性 ……………………………………………………………… 97

4-5 閉ループ系の周波数特性 …………………………………………… 107
 演習問題 ………………………………………………………………… 109

## 第5章 安定性・安定度 …………………………………………………… 111
 5-1 安定とは ………………………………………………………………… 111
 5-2 閉ループ系の安定性 …………………………………………………… 116
 5-3 安定判別法—Routh/Hurwitz の安定判別法 ………………………… 118
 5-4 Nyquist の安定判別法と安定度 ……………………………………… 122
 5-5 Lyapunov の安定定理 ………………………………………………… 132
 5-6 離散時間値系の安定判別 ……………………………………………… 134
 演習問題 ………………………………………………………………… 136

## 第6章 フィードバック制御系 …………………………………………… 139
 6-1 フィードバック制御系の性質 ………………………………………… 139
  6-1-1 フィードバック制御系 ……………………………………… 139
  6-1-2 フィードバック制御系の性質 ……………………………… 141
 6-2 PID 制御系とその性質 ………………………………………………… 153
  6-2-1 水槽の水位制御 ……………………………………………… 154
  6-2-2 多重閉ループ制御系を用いた DC サーボモータの PID
      制御 …………………………………………………………… 165
  6-2-3 制御器の周波数特性 ………………………………………… 169
  6-2-4 制御器のソフトウエアによる構成 ………………………… 178
 6-3 状態フィードバックによる極配置 …………………………………… 179
  6-3-1 極配置 ………………………………………………………… 179
  6-3-2 オブザーバ …………………………………………………… 182
 演習問題 ………………………………………………………………… 187

## 第7章 最適レギュレータ系 ……………………………………………… 191
 7-1 連続時間系最適レギュレータ系 ……………………………………… 192
 7-2 ディジタル最適レギュレータ系 ……………………………………… 202

演習問題 ……………………………………………………………… 206

## 第8章 最適ディジタルサーボ系 …………………………………… 207
8-1 最適1型ディジタルサーボ系の構成 ………………………… 208
8-2 フィードフォワード補償 …………………………………… 211
8-3 最適予見サーボ系 …………………………………………… 215
8-4 入力むだ時間補償 …………………………………………… 221
8-5 初期値補償 …………………………………………………… 226
8-6 一般型最適ディジタルサーボ系 …………………………… 227
8-7 最適出力フィードバック制御系 …………………………… 231
8-8 最適スライディングモード制御系 ………………………… 235
 8-8-1 切り換え超平面の設計 ………………………………… 236
 8-8-2 離散時間スライディングモード制御系の設計 ……… 237
 8-8-3 最適予見サーボ系への拡張 …………………………… 240
8-9 最適同期化制御系 …………………………………………… 241
 8-9-1 最適同期化制御系 ……………………………………… 242
 8-9-2 最適同期化経路制御系 ………………………………… 244
演習問題 ……………………………………………………………… 246

## 第9章 リニアDCブラシレスモータの最適ディジタルサーボ系
……………………………………………………………………… 247
9-1 リニアDCブラシレスモータシステム …………………… 247
 9-1-1 リニアDCブラシレスモータ ………………………… 248
 9-1-2 リニアDCブラシレスモータの制御回路 …………… 250
 9-1-3 制御対象のモデリング ………………………………… 252
9-2 最適ディジタルサーボ系の構成 …………………………… 255
9-3 シミュレーションおよび実験による検討 ………………… 257
9-4 予見フィードフォワード補償 ……………………………… 260
 9-4-1 予見フィードフォワード補償 ………………………… 260
 9-4-2 過渡応答 ………………………………………………… 261

9-4-3 周波数特性 …………………………………………………… 264
9-4-4 評価関数値の検討 ……………………………………………… 264
9-5 メカニカルシステムへの応用 ………………………………… 268
9-5-1 エアスライドリニアモータの最適予見繰り返し制御 ……… 268
9-5-2 ボール&プレート装置の最適位置同期化制御 ……………… 272
演習問題 ……………………………………………………………… 275

演習問題解答 ………………………………………………………… 277

参考文献 ……………………………………………………………… 313

索　引 ………………………………………………………………… 316

# 第1章 制御工学とは

## 1-1 いろいろな制御

　私たちは何でも自分の思い通りにしたいとか，自分の考えているように動かしたいという欲求をもっている．例えば，自動車，冷暖房装置による室温，エレベータ，人間の組織，経済システム，環境システムなどなどである．これらを思い通りに制御することを考えてみよう．制御（control）とは「ある目的に適合するように，制御対象に所要の操作を加えること」と定義されている．制御の基本は図1-1にあるようにまず制御対象に思い通りの動作をさせるために何らかの働きかけを行うことである．これで制御対象の出力が思い通りになれば問題はないが，実際にはこのようなやりっぱなしのシステムでは思い通りの結果は得られない．それならばどうするかといえば，その結果を見てそれが希望に沿ったものであるか否かを判断する．希望に到達していないときはさらに制御対象に対して修正のための働きかけを行う．このような考察により制御対象

図 1-1　制御の概念

を自分の思い通りに動かすという目的を達成するためにはどのような機能が必要であるかを考えてみると次のようになるであろう．

① 制御対象についてその性質を適切に知ること――制御対象のモデリング・同定
② 制御対象への働きかけの結果を常にチェックすること――フィードバック機能
③ 適切な修正動作を行うこと――制御方法

制御工学とは，以上3つの機能を総合してどんな制御対象であれ望ましい制御を実現するための一般的理論・方法・技術を提供する学問分野である．

さらに制御とは大きなエネルギーで稼動している制御対象をわずかなエネルギーしかもたない信号により思い通りに操るという点に注目すべきである．すなわち，図1-2に示すように制御システムは信号とエネルギーの両方を使って対象となるシステムを動かしている．したがって，エネルギーの観点を含まない信号伝達にのみ着目して制御システム・制御工学を考えることは適当でないことに注意すべきである．装置・システムには我々の希望を何らかの形でその装置のダイアルなどにセットするだけであとは装置自体が自動的にうまく動いてくれるものもあれば，つねに人間がそばにいて運転・管理しなければならないものもある．前者の例は冷暖房装置，冷蔵庫，瞬間湯沸器，エレベータなどであり，後者の例は自動車，人間の組織など多くある．いずれも基本的には上であげた3つの機能をもっている制御システムの例である．

これらの制御を自動車の運転を例にとっておおざっぱに見てみる．いまある

図1-2 信号とエネルギー

図 1-3　自動車の運転における信号の流れ

目標速度を定めているとすると，時々刻々その速度で走っているかどうかを速度計を見てチェックしている．速度が違えばアクセルを踏むか，ブレーキを踏むかを判断して目標の速度で走るように制御動作をするであろう．もちろんこのとき，どの程度ペダルを踏むかも重要なポイントである．これらの動作は常に出力（速度）の情報を検出してこれと目標速度を比較して，差があれば常にそれを修正するという動作をしている．その修正動作の具合は自動車の特性を知っていることによって適切に行われる．これらを図に示せば図 1-3 のようになる．このような構成を出力情報を入力側に戻すという意味でフィードバック系（feedback system），そのような構造をもった制御系をフィードバック制御系（feedback control system）あるいは閉ループ制御系（closed loop control system）という．この場合は，つねに目標となる信号（目標値信号）は連続的な信号である．ただし，制御系を具体的に実現する上で，その連続信号をいくつかのレベルをもったディジタル信号として扱うことはある．

### 1-1-1　フィードバック制御とフィードフォワード制御

フィードバック制御により制御を行う場合には，前述のように出力信号をフィードバックして目標値信号と比較するという操作を必要とする．ところが，私たちの身のまわりにある装置・機器の運転においては出力信号をなんらかのセンサなどで検出することが困難な場合や，センサが高価な場合などがある．例えば，洗濯機で洗濯物がきれいになった程度を直接検出するとか，自動炊飯器でごは

んがおいしく炊けたか否かを直接検出するとかは実は大変難しい．これらは10分間洗濯機を回せば洗濯物はきれいになっているはずであるとか，ご飯はこの手順で炊けばおいしく炊けるはずであるとかの予想に依存したものであって，その予想を実現するためにはあらかじめ相当の調査と検討をしておく必要がある．そしてそれらに該当しない状況（外乱など）が起こると直ちに制御性能に影響を及ぼす．このように，出力信号をフィードバックしない制御系をフィードフォワード制御系(feed-forward control system)あるいは開ループ制御系(open loop control system)という．フィードフォワード制御系は単独で用いられる場合もあり，フィードバック制御系の補助として用いられる場合も多い．あるいはフィードバック制御系が間欠的にフォワード制御系の特性を補正する形で用いられる場合もある．

### 1-1-2　シーケンス制御

　制御とはすでに述べたように，ある目的に適合するように制御対象に所要の操作を加えることである．この目的を実現するための方法は，1つは上に述べたフィードバック制御であるが実はそれ以外の方法としてシーケンス制御(sequence control)もある．シーケンス制御とは，「あらかじめ定められた順序または手続きに従って制御の各段階を逐次進めていく制御」であり，いわゆる「将棋倒しの制御」あるいは「ドミノ倒しの制御」とも言われる．例としては自動洗濯機，自動販売機，交通信号機，工場におけるモータや各種機械の起動・停止や緊急事態における処理などがある．

　この2つを比較するために図1-4(a)にフィードバック制御系を，図1-4(b)にシーケンス制御系の構成を示す[1]．フィードバック制御との大きな違いは，シーケンス制御では速度や温度といった目標値というものはなく，作業命令がこれに対応するし，また制御対象の出力は制御量ではなく主として0か1かで代表される2値ディジタル量である．例えば，自動販売機の出口に外部からの要求に従って望みの切符が出るか出ないか，あるいは洗濯機が回転するか停止するかなどであり，実際にはそれらの複雑な組合せになる．したがって，シーケンス制御は作業や動作の大きな変更に際して用いられる．すなわちシーケンス制御は制御システム全体の中の各サブシステムに対する動作指令を行うの

(a) フィードバック制御系

(b) シーケンス制御系

図 1-4 フィードバック制御系とシーケンス制御系

に対して，フィードバック制御は，ある定常な状況（例えば，運転状態という定常状態）にシステムがおかれたときに，予期できない外乱や周囲の状況変化にもかかわらず，要求された目標値に追従するためのより厳密な制御を実現するものといえよう．シーケンス制御は定性的制御，フィードバック制御を定量的制御と表現されることもあるゆえんである．

## 1-1-3 計画問題

図 1-3 において希望速度が与えられた場合にいかに自動車の速度を希望速度に一致させるかについて述べた．これは狭い意味での制御工学ではあるが，この希望速度(目標速度)はいかにして誰が決定するのかと考えると，これは運転者の高度な判断により決定される．すなわち

① 路面状態（乾燥路面，雨道，雪道，氷路面など）による路面とタイヤとの摩擦係数の変化など
② 道路の幅，曲がり具合，道路の混雑具合など
③ 運転している車の大きさ，重量など

等々種々の状況をみて運転者はその時々の目標速度をオンラインで決めているはずである．このような問題は一般に計画問題（目標値計画，経路計画，軌道計画など）と呼び，このレベルで目標値信号が決められて初めて図 1-3 のフィードバック制御系が目的をもって動くことができる．これが広い意味のシステム制御工学であり，制御がより広く社会とかかわりをもつようになり，人間とのかかわりやロボットの作業を考えるようになるとこれが極めて重要な問題となることを忘れないで欲しい．

### 1-1-4 階層構造

図 1-5 に示すように，システムの制御を全体として見ると，あるシステムを自分の思い通りに動かすことを考えるとき，まず大きくいかにこの問題に対処するかを考える．つまり大きな計画（作業計画，運行計画など）を立てる．このときには過渡状態などは考えないで，定常状態の推移はいかにあるべきかの大枠に注目して計画をたてる．これが第一段階の計画というもので，例をあげれば，工場の FA 化を考えるとき，まず工場内の作業の流れはどのようにするか，どこにどのようなロボットを配置すべきかなどの計画である．

それが決定されると，次の第二段階ではシステムを構成している各サブシステムにどのような順番で作業を割り当てるかを決定する必要がある．これは各サブシステムの役割に応じて，単独であるいはいくつかのサブシステムを合わせて目的の仕事を達成するように仕事の管理をする．あるロボットを例にとってみれば材料がベルトコンベアーで送られてきたとき，まずロボットを起動し，ついで指定された初期の位置にロボットの先端をセットし，あらかじめ指定さ

図 1-5 制御システム

れた順序に従って作業を逐次進めていくことになる．ここに使われる制御は通常シーケンス制御である．

　最後の段階は各サブシステムが過渡状態も含めて決められた目標の制御をすることが要求される．例えば，目標位置や方向に思いがけない外乱や状況の変化があっても，常にロボット先端の位置を正しく合わせる要求が課されるなどである．ここに用いられるのが主としてフィードバック制御（フィードフォワード制御，あるいは＋フィードフォワード制御）である．以上より計画とシーケンス制御とフィードバック制御とが適切に融合してはじめてシステムとして有効な機能・制御が実現されることを知っておくべきだと思われる．

### 1-1-5　制御は横糸学問

　制御というのは，機械・電気・化学・医学・農学・経済・社会などの各専門分野共通に必要な概念・方法であって，図 1-6 のように各専門分野を縦糸とすれば横糸に相当するものである．いろんな分野に必要とされるとはいっても，現時点ですべての分野にすでに制御が有効に利用されているとはいえず，今後の発展が期待されている部分も多い．

　各専門分野にはそれぞれの分野の言葉で理論や技術や方法が使われており，外部の者には理解が難しいものである．にもかかわらず，制御の概念・方法は有効に利用されなければならないとなると，各分野の専門家にわかる言葉で制

図 1-6　縦糸学問領域と横糸学問領域

御の基本や先端の理論を開発しておかなければならない．そのためには制御理論は各分野に共通の言葉で記述されなければならないということになる．その言葉とは数学である．したがって，制御工学では考える対象が何であれ対象を数学的に記述して一般論を展開するということになる．

### 1-1-6 非線形系

ロボットのようなメカトロニクス分野では構造的に制御対象が非線形だったり，制御対象自体は線形系でもアクチュエータに飽和があるなどということは頻繁に出会う重要で困難な問題である．それにもかかわらず，本書では制御対象は線形系，すなわち入力-出力間が線形微分方程式で表される系についてのみ考察する．また，制御動作についても線形方程式で表されるものに限ってしか議論しない．それは解析や設計の困難な非線形系を最初から持ち出してしまっては，制御理論の概念・基本を理解するのが極めて困難になるからである．

しかし，我々が今後扱うであろう制御対象は，上述のように決して線形系としての扱いのみですむものばかりではない．通常このような制御対象は適当な方法によって線形化した後，線形制御理論を適用するが，それがすべてであると安心したりあきらめてしまわないことが大切だと思われる．非線形制御理論の一般論の努力はなされており，それとは別に対象を限ってその制御対象特有の構造を考慮した優れた制御が可能となったり，より大局的な立場からの制御が検討されたりなど，非線形制御の実用的な検討が各方面で期待されている．あまりにも非線形性を強調しすぎて，どんなものでも非線形としての扱いをしなければならないと考えるのも見通しが悪く袋小路に入ってしまう恐れが多いが，それをいいことに線形化しさえすればすむという安易さにも注意が必要である．

### 1-2 フィードバック制御系

フィードバック制御系の一般的な構成図を図1-7に示す[2]．図1-3で取り上げた例と対応して見ていただきたい．

## 1-2 フィードバック制御系

図 1-7 フィードバック制御系の一般的ブロック図

制御対象（controlled object）：制御の対象となるもの．自動車，部屋，ロボット，ロケット，組織など

制御装置（control device）：制御を行うため制御対象に付加される装置

調節部（controlling means）：誤差信号に基づいて操作部への操作信号を生成する部分．制御器あるいは補償器，コントローラ（controller）などともいう．

操作部（final control element）：コントローラからの信号を適切な方法で増幅して制御対象に操作を加える部分．アクチュエータ（actuator）ともいう．

検出部（detecting element）：制御量を検出し目標値との比較のために同じ物理量に変換する部分．センサ（sensor）ともいう．

目標値（desired signal）：制御対象の出力（制御量）に対する目標となる信号

制御量（controlled variable, output）：制御される量で目標値に追従させるべき出力信号．速度，角度，電圧，流量など

誤差，偏差（error signal）：目標値と制御量との差

操作量（manipulated variable）：制御を行うために制御対象に加える量

外乱（disturbance）：制御系の状態を乱す望ましくない外部からの信号

雑音（noise）：制御量などを検出する場合に入ってくる観測雑音

図 1-7 において実線で示された部分が制御系の主たる機能であるフィードバ

ック制御を行う部分である．点線で示したのは外乱や目標値を直接利用するフィードフォワード制御に関する部分である．これは制御対象の出力への外乱や目標値の変化の影響を待たずに，それらの信号が検出できたらすぐに操作信号に適切な情報を与えるものである．ただし，以下に述べる制御系に要求される目的を達成するのは，基本的にはフィードバックの効果に依存し，フィードフォワード制御はそれらが基本的に保証された系に対してさらに性能を上げるために用いられるものである．

一般に，制御系には次の目的が要求される．
① 制御系を安定にする——安定性
② 目標値に制御量を一致させる——目標値追従性
③ 制御対象のパラメータ変動，外乱，観測雑音の影響を受けない——外乱・パラメータ変動抑制

まず，①の制御系を安定にするということは目的というより必須条件である．制御系が安定でないということは制御量（出力）が発散してしまうことであり，制御どころかシステムの存在価値自体が意味がなくなる．例えば，朝礼やカラオケなど，マイクとスピーカを使う場面で「キーン」とか「ブーン」とかいった耳をつんざくような音を聞くことがあるが，この現象はハウリングと言って，制御系が不安定になる場合である．すなわち，マイクから集音した音声信号が音響設備に入力され，スピーカから拡声され，一度拡声された音声が再びマイクにより集音され，マイク→アンプ→スピーカ→マイク→アンプ→……と正フィードバック（positive feedback）がかかって制御系の出力は発散してしまった場合といえる．この例のように負フィードバック（negative feedback）をかけたつもりでも，目標値信号や外乱，観測雑音などのある周波数成分に対しては正フィードバックがかかってしまう場合がある．したがって，表面的に負フィードバックをかけたというだけでは制御系の安定は保証されない．

これが制御工学のあるいはフィードバック系の難しいところである．だからこそしっかりした制御理論に従って制御系を設計しなければ何もしないより悪い結果を招いてしまう．ただ，正フィードバックが次のようにうまく利用されている場合もある．

複利預金——銀行の1年複利預金は元金を預けたあとは1年間の利息を元金

に正フィードバックして元金と利息を加えて，これを2年目の元金としている．これを続ければ預金額の総額は雪だるま式にどんどん増えていく．理論的には無限大になる．借金の場合も返済を適切にしないと借金はどんどん増加する．これも正フィードバックになっていると考えられるものである．

　発振回路——増幅器の出力信号を正フィードバックすることによって小さな入力信号がどんどん大きくなり発振器が構成される．この場合は幸い用いられている電子素子の出力の飽和のために出力は無限大になることなく，ある一定の出力電圧を出すことができる．

次いで，②の目的を考えるにあたり制御対象のことを少し述べておこう．制御の対象としてのシステムは大きく分けると静的システム（static system）と動的システム（dynamical system）がある．

静的システムとは，ある時刻におけるシステムの出力がその時刻の入力で決定されるようなシステムである．

　　例．電気抵抗（$Ri=e$），ダッシュポット（$R_m v=F$）

動的システムとは，ある時刻における出力が他の時刻の入力にも依存するシステムをいう．

　　例．インダクタンス（$L di/dt=e$），キャパシタンス $\left(1/C \int i dt =e\right)$，

　　　　質量（$M dv/dt=F$），ばね $\left(k \int v dt = F\right)$，体重計，電流計，

　　　　R-L 回路

静的システムは入出力の関係が代数方程式で表現されるものである．すなわち，いま印加した入力がすぐ出力に影響を与え，その後にはなんら影響を与えないので目標値と制御量をつねに過渡状態も定常状態も一致させることは可能である．一方，動的システムは一般的に入出力関係が微分方程式で記述される．したがって，現在印加された入力は直ちに現在の出力にすべて影響するのではなく，将来にわたっても影響を与えることになる．この場合，目標値に制御量を一致させるということは相手をよく知り未来を見て入力を決めなければならない．さらに過渡状態まで一致させるということは容易でないので，その場合にはせめて定常状態での一致を実現することをまず保証し，過渡状態ではできるかぎり一致させる方向で努力するということになる．

制御工学で主として扱うのは動的システムである．動的システムの制御を考えておけばその特殊な場合として静的システムを扱えるからである．制御量を目標値にできるだけ一致させるためには，制御対象の性質をあらかじめ適切にとらえておいた上で制御系を構成することが望ましい．あらかじめわからない制御対象でもよい制御をしたいという要求が強いのは当然であるし，そのような制御は常に研究の目標であり，学習制御とかインテリジェントコントロールなどとして将来が期待されている．しかし，ここでは制御対象についてはかなりの程度わかっている場合の制御について考える．その場合でも動的システムの制御を考えるとき，それほどやさしいことではない．まず制御対象についての把握が必要であり，このような分野をモデリング（modeling）と称する．制御がうまくいくためには，このモデリングと制御理論の適切な融合が極めて重要である．このことについては後に分野を限って述べる．

次に③の目的について述べる．すでに述べたように制御系は①と②の目的を達成するように設計されるが，例えば予期しない外乱やパラメータ変動，あるいは当初モデリングで求めた制御対象の性質が実は少し違っていたり，環境の変化や経年変化によりずれてくるという場合がある．このような場合にも制御系はそれらの影響をできるだけ受けないことが望ましい．これを制御系のロバスト性（robustness）という．あるいは制御量を計測するときに計測値に雑音が乗ってしまうことがあり，この影響もまたできるだけ除去することが望まれる．この両者は一般に相反する性質をもつので，両者の妥協点をいかにして求めるかが大切になる．以上のようなフィードバック制御系のポイントについては第6章でまとめて説明する．

## 1-3 アナログ制御とディジタル制御

制御工学は，フィードバック制御，フィードフォワード制御とシーケンス制御という大きな分類意外にも，これとは別の観点から連続時間系に対する制御問題を扱うアナログ制御（analog control）と離散時間系に対する制御問題を扱うディジタル制御（digital contorol）にも分類できる．

アナログ制御は制御系を連続的な信号として扱うものであり，PID調節計の

## 1-3 アナログ制御とディジタル制御

【アナログ制御系】

【ディジタル制御系】

図 1-8 アナログ制御系とディジタル制御系

ようにオペアンプや抵抗などで構成したアナログコントローラを用いる場合に適用されるものである．一方，最近ではマイクロエレクトロニクス技術の急速な進歩に伴ってディジタルコンピュータが急速に普及し，これをコントローラとして用いたものがディジタル制御である．アナログ制御とディジタル制御を比較すると，ディジタル制御の方が，ハードウエアの信頼性が高く，アナログ信号のようにノイズや外乱による影響を受けず，ドリフトの除去もでき信号的にも信頼性が高い．またディジタル制御の方がソフトウエアにより制御アルゴリズムの変更が容易なため融通性が高く，制御則の変更や高度化も容易であるなど多くの利点がある．このため最近ではディジタル制御が急速に普及してきている．

ディジタルコンピュータはその内部で信号をある時間おきに離散的に扱うものであるので，ディジタル制御を行う場合には，アナログ制御と全く同じようには扱えない．すなわち，通常制御しようとする対象はモータにしろプラントにしろ連続的な時間で表されるシステムである．一方，ディジタルコンピュータは離散的な値を扱うものであるので，ディジタル制御を行う場合には，図1-8に示すようにA/D変換器を通して制御対象のアナログ量をディジタル量に変

換してディジタルコンピュータに入力し，またディジタル量であるディジタルコンピュータの出力を D/A 変換器を通してアナログ量に変換して対象に加えるという操作が必要となる．したがって，ディジタルコンピュータは A/D, D/A 変換器を通して制御対象を認識し，操作するわけであり，それに合わせた制御理論を用いることが必要となる．アナログ制御，ディジタル制御といっても基本的な考え方は同じものであるが，細かい点は異なるので注意が必要である．

## 1-4 古典制御理論と現代制御理論

フィードバック制御はその理論面から大きく分けて古典制御理論 (conventional control theory) と現代制御理論 (modern control theory) に分類できる．一般に 1960 年頃以前に集大成された理論が古典制御理論であり，1960 年代以降発展してきた理論が現代制御理論であるといわれている．現代制御理論と古典制御理論の基本的な違いは，制御しようとする対象をその内部はブラックボックスとしてその入出力関係で見るか，あるいはその内部まで表現して制御を考えるかの違いであるといえよう．

従来，古典制御理論は主として周波数領域で理論的展開がなされ，現代制御理論は主として時間領域で理論的展開がなされてきたが，現在では，周波数領域の現代制御理論も整備されてきている．

すでに述べたように，制御の目的は相手を思い通りに動かすことであり，これはメカニカルなシステムから広くは人間の気持ちまで含まれる．そして相手を思い通りに動かすためには，とにかく相手のことをよく知らなければならない．これがいわゆるモデリングであり，相手をよく観察し，相手の性格や特徴をよく把握する必要がある．制御を行う上でこれが最も重要であるといってもよい．そして古典制御では，ある程度経験的な手法により相手の入出力関係を表す伝達関数を用いて相手のモデリングを行い，現代制御理論では，数学的に相手の内部の情報まで利用した状態方程式を用いてモデリングを行う．

通常，制御システムは入力と出力は 1 つずつとは限らない．例えば，二輪車の運転を考えてみればハンドルの回転と乗り手の重心の移動によって傾きと進行方向を制御していることがわかる．この場合には，システムは 2 入力 2 出力

となり，しかも入出力の間には相互干渉が生じる．その場合，伝達関数によるモデリングでは内部の相互干渉の様子が完全に表せない．一方，状態方程式によるモデリングは大変手間がかかるが，十分なモデリングができれば相互干渉などは把握できる．さらに状態方程式によるモデリングでは伝達関数によるモデリングでは持ちえない可制御，可観測という概念が生まれてくる．これは制御対象が本質的に制御できるものであるかどうか，入出力をみて内部の情報の変化がわかるかどうかという概念である．

掃除の時間に手の平の上で箒を逆さまに立てる遊びをしたことのある人も多いと思われるが，これは倒立振子といい，制御の分野ではよく例題として用いられる．この場合，全く同じ棒を2本直列にした倒立振子は可制御であるが，並列にした倒立振子は不可制御となる．また，機械の内部が故障して異常電流が流れていても表面的には正常に動いている場合は不可観測の例である．このように，モデリングは制御をする上で最も重要なものである．モデリングが不十分ではさきに進んでも苦労のみ多く益少なしといった結果になる．完全なモデリングができれば制御の80％は終わったといっても差し支えないとさえ思われる．

さて，モデリングにより相手がわかったら今度は相手に合わせた動作で制御を行う．古典制御理論では一般に伝達関数を周波数領域でボード線図などの形で表し，このボード線図の特性を望ましいものにするために位相遅れ補償や位相進み補償などの操作をして制御を行う．すなわち，制御対象の入出力関係の部分的な知識により周波数領域上で制御を行おうとする．これに対して，現代制御理論では主として時間的な変化を直接扱い，制御対象の内部の情報を表す変数（これを状態変数という）をすべてフィードバックしてそれぞれの状態変数に乗じるフィードバックゲインによって望ましい特性を得るようにすることが多い．この場合，ある種の評価関数を考えてこれを最小にするようなフィードバックゲインを決定する最適制御などは代表的なものとしてよく知られている．

球技でも個人個人は大したことがなくてもチームプレーに優れたチームが勝つように，個々の要素は劣っても全体として優れた制御性能を得るためには制御対象をシステム的にとらえて多変数系として扱うことは重要であるが，現代

制御理論によればこのような多入力多出力系の取扱いは1入力1出力系と同様な容易さで行うことが可能である．一方，古典制御理論では多入力多出力系の取扱いはあまり得意ではないが，古典制御理論の周波数領域における設計にも数多くの利点があり，特に1入力1出力系においては大きな効果を発揮する．また，古典制御理論は直感的に理解しやすく，経験的に制御系を設計するのが容易であり，現場においては依然として広く用いられている．

最近では，現代制御理論においてもある種の問題に対しては時間領域における取扱いに限界が感じられ，古典制御における周波数領域の取扱いの有利さが見直されており，$H_\infty$最適制御などのような周波数領域で制御対象の変動に対しても安定性が保証されるようなロバスト制御の提案もなされている．これらのことから，古典制御理論と現代制御理論の境界は非常にあやふやなものとなっており，今後はそれぞれの有利さを生かして，古典制御理論と現代制御理論を融合させて時間領域と周波数領域，状態空間表現などの融合した制御を追求して行く方向であると思われる．

以上の点から本書では古典制御理論と現代制御理論の両者について記述している．そして第6章までは理解のしやすさなどの観点から1入力1出力系を制御対象として扱い，第7章以降は最適制御理論について述べているので多入力多出力系を対象としている．

## 1-5 制御発展の流れと本書の内容 [3]～[5]

フィードバック制御が世界で最初に用いられたのは一説によればB.C.3世紀ごろ古代ギリシアのアレクサンドリアのクテシビオス (Ktesibios) が考案した水時計であるといわれている．このしくみは図1-9に示すようになっており，Bのタンクの水位が一定速度で上昇するためにはAのタンクの水位を常に一定に保つ必要があり，この水位制御にフィードバック制御の原理が用いられている．すなわちうきがセンサとコントローラとアクチュエータをかねており，水位が上昇するとうきが水の流入部に栓をして流入流量を減らし，水位が下降すると水の流入部は開放され流入流量は増えるというように制御がされている．この制御は6-2節で学ぶ比例制御である．

図 1-9　クテシビオスの水時計

図 1-10　Watt の遠心調速機の原理

　当時のアレクサンドリアには，学術研究所ムーセイオンやあらゆる分野の書物を集めた大図書館，大灯台などがあり，商業，文化や学術の中心地として栄え，エラトステネス，アルキメデス，ヘロンなど多くの著名な学者が活躍していた．このような進取の気性の中で生まれた発明とも言える．
　しかし，本格的にフィードバック制御が産業界において用いられるようになったのは 1788 年の J. Watt の蒸気機関に用いられた遠心調速機であろう．これ

は第一次産業革命の技術面での先駆けとなった発明と言われている図1-10のような機構のものであり，回転速度が速くなるとフライボールが遠心力によって上昇し，これと連動した蒸気弁を閉じるように働く．一方，回転速度が落ちるとフライボールが下降し，蒸気弁を開くように作用し，蒸気機関の回転速度を一定に保とうとするものである．すなわちフィードバック制御系になっていることがわかる．しかし，このフィードバック系はときとしてハンチングと呼ばれる不安定現象（回転数の脈動）がみられた．この現象の解明が古典制御理論の先駆けであり，これはJ. C. Maxwell (1868) によって試みられ，E. J. Routh (1877) あるいはこれとは独立にA. Hurwitz (1895) によって完全な解が与えられた．これはシステムを記述する代数方程式の根の実部がすべて負であることが安定のための必要十分条件であるというものであり，この安定性の簡便な判別法も開発されRouth/Hurwitzの安定判別法としてよく知られている．またこれらの流れとは別にA. M. Liapunov (1892) によりシステムの微分方程式を解かないで安定判別を行う非線形システムにまで適用できる方法（リアプノフの安定論）が提案されている．これらの問題は安定論として知られており，これらについては第5章で学ぶ．

　1908年のF. HaberとK. Boschによるハーバー・ボッシュ法によるアンモニア合成の工業化では，水素と窒素の混合ガスを，鉄を触媒として反応するまで再循環させて，原料をほぼ100％アンモニアに変えることに成功している．この発明は製品の生産工程を制御するプロセス制御の先駆けとなり，合成化学史上最大の発明と言われている．窒素肥料不足を解消し，第一次産業革命後の人口急増による食料危機から人類を救ったといわれているが，触媒が働く反応塔の温度と気圧，混合ガスや循環ガス量の制御が不可欠なものであった．

　一方，通信工学の分野において，アメリカのベル研で行われていた長距離通話のための中継用増幅器における研究で，H. S. Black (1927) が負フィードバック増幅器を発明し，この安定性の研究からH. Nyquist(1932)，H. W. Bode (1940) により複素関数論を用いて周波数領域における安定問題が論じられた．これはNyquist線図，Bode線図といった図式的な表現によって安定性を判別するものであり，Routh-Hurwitzの方法で対応できないような高次のシステムにも対応でき，さらに安定度の評価ができるなどの利点をもったものである．こ

## 1-5 制御発展の流れと本書の内容

れらは周波数領域における特性表現および安定性の問題であり，本書では第4章および第5章で学ぶ．

これらの理論は第2次世界大戦中，高射砲の追跡用レーザのサーボ機構に応用されたのを契機として体系化され，プロセス分野における J. G. Ziegler & N. B. Nichols の限界感度法（1942），ステップ応答法（1943）なども含めて古典制御理論として集大成され1950年代に一応の完成を見た．なお，第2次世界大戦においては，多くの新型兵器が発明されたが，それらにフィードバック制御が組み込まれ威力を増していった．例えば米国のVT信管（近接信管）砲弾は，電波により目標物を検知すると，直撃しなくてもその近傍で起爆することにより，それまでのタイマーを設定する時限式信管に比べて命中率を飛躍的に向上させる効果が得られ，ドイツのV1ロケットや日本の零戦の撃墜などに威力を発揮した．また Wernher von Braun を中心として開発されたドイツのV2ロケットではジャイロにより姿勢を検出し，翼とともに推力偏向板によりジェットの方向を直接変えることで姿勢制御が行われ，高度1万メートル以上に達している．この技術は戦後，彼らが亡命したアメリカにおいて，アポロ月探査船を月に送りこんだサターンVロケットの姿勢制御へと発展している．サターンVでは4基のエンジンを燃料であるケロシンを用いた油圧によりジンバル方式で動かし，姿勢制御に成功している．

この古典制御理論は制御対象の入出力特性を表す伝達関数に基づいて構成される制御理論であり，主として周波数領域で考察されるものである．これは各入力に対する出力の応答がどのようになるかを考えて制御を行う方法であり，制御対象の内部はブラックボックスであって，その内部で信号がどのような挙動をするかは問題としていないものである．したがって，内部干渉が複雑な多入力多出力系や制御系の最適制御を考える場合には限界があり，このような場合にはシステムの入出力関係だけに着目するのではなくシステムの内部状態をも考慮して制御する必要がある．

このような考えに従ってシステムの内部状態を記述する状態方程式に基づいた新しい制御理論が1960年頃から表れてきた．これを集大成した R. E. Kalman は状態方程式を用いてシステムが制御できるかどうかの可制御，内部状態が入出力信号から推定できるかどうかの可観測性について論じ，さらに2次形式評

価関数を用いた最適レギュレータ(第7章)，それと双対なカルマンフィルタについても提案を行っている．このように状態方程式表現に基づく制御理論を現代制御理論と呼ぶ．現代制御理論はその後，状態フィードバックによる極配置 (6-3-1項)，オブザーバ理論 (6-3-2項)，サーボ系設計法 (一例として第8章) へと発展し，当初は主として時間領域で論じられてきたが，最近では周波数領域と融合しモデルの不確かさを積極的に考慮したロバスト制御なども用いられている．そしてマイクロコンピュータの進歩により実システムによる実現も容易となっている．この現代制御理論については本書では古典制御理論と分離することなく互いに関連づけながらその基本とするところについて述べることにする．

## 演 習 問 題

1. シーケンス制御についてフィードバック制御と対比しながら説明せよ．

2. フィードバック制御系について以下の問いに答えよ．
   (1) 安定とは何か．
   (2) 正フィードバックについて例を挙げながら説明せよ．
   (3) 静的システムと動的システムについて説明せよ．

3. 最近ではアナログ制御に比べてディジタル制御が多く使われるようになっているが，ディジタル制御の利点を箇条書きにして，簡単な説明を加えよ．

4. フィードバック制御はその理論面からみると1960年代以前に集大成された理論が古典制御理論，1960年代以降発展してきた理論が現代制御理論といわれる．これらは基本的な考え方が異なっているが，両者の違いについて述べよ．

# 第2章 数学的基礎

　第1章でも述べたように,制御工学では制御対象を数学的に記述して一般論を展開する.制御対象や制御系の動特性は一般的に微分方程式で記述されるが,微分方程式の形では制御対象の解析や制御系の構成などが複雑となる.そこでこれらを容易にする道具としてラプラス変換がある.ラプラス変換を用いると微分方程式が代数式として扱え,理論展開が簡便にできる.ディジタル制御を前提とした離散時間系においてこのラプラス変換に相当したものが $z$ 変換である.一方,現代制御理論において多入力多出力系などを扱う場合には,多くの状態変数が現れるが,これらの相互関係を表するのに行列を用いることにより,一括計算が可能となり,理論展開に都合がよくなる.

　本章では,今後の制御理論の展開の数学的な基礎となるラプラス変換,行列とベクトル,$z$ 変換について簡単に述べる.ここではあくまで本書の今後の理論展開を可能とする範囲にとどめ,厳密な数学的証明は省いてある.

## 2-1　ラプラス変換

　ラプラス変換 (Laplace transformation) とは,時間 $t$ で表された関数を複素数 $s$ の関数に変換することである.すなわち,$t<0$ で $x(t)=0$ となるような時間関数 $x(t)$ に対して,

$$X(s) = \int_0^\infty x(t) e^{-st} dt \tag{2-1}$$

が存在するとき,これを関数 $x(t)$ のラプラス変換といい

$$X(s) = \mathcal{L}[x(t)] \tag{2-2}$$

と表現する.ただし,sは複素数($a+jb$)でありラプラス演算子と呼ばれる.ここで,特にラプラス変換が$t<0$で$x(t)=0$となる関数について定義されることに注意してほしい.

また,ラプラス逆変換(Laplace inverse transformation)は

$$x(t) = \mathcal{L}^{-1}[X(s)] \tag{2-3}$$

と表す.ラプラス変換が可能なためには

$$\int_0^\infty x(t)e^{-at}\,dt < \infty \tag{2-4}$$

となる実数$a(Re(s) \geq a)$が存在することが必要となる.

### 2-1-1 ラプラス変換の主な性質

ラプラス変換が制御系の解析,設計において必ず用いられるのは以下のように

① この変換が線形変換であり線形制御理論の展開に都合がよい
② ラプラス変換を用いると微分方程式が$s$の代数式として扱え,動的システムの記述も代数式で表せる
③ 制御系の出力が$s$領域では伝達要素と入力の積で表される
④ 最終値の定理,初期値定理などにより$s$領域で最終値や初期値が求められる

などの線形制御理論の展開に都合のよい多くの性質をもつからである.
以下これらについてもう少し詳しく調べてみよう.

### (a) 線 形 性

ラプラス変換では線形関係が保たれ,以下の関係が成り立つ(演習問題1参照).

加法定理

$$\mathcal{L}[ax_1(t) \pm bx_2(t)] = aX_1(s) \pm bX_2(s) \tag{2-5}$$

定数倍

$$\mathcal{L}[kx(t)] = k\mathcal{L}[x(t)] \tag{2-6}$$

ただし, $\mathcal{L}[x_1(t)] = X_1(s)$, $\mathcal{L}[x_2(t)] = X_2(s)$
これは(2-1)式の定義に従えば明らかである．

**(b) 微分，積分**

$x(t)$ の微分係数のラプラス変換は以下のようになる．

$$\mathcal{L}\left[\frac{dx(t)}{dt}\right] = \int_0^\infty \frac{dx(t)}{dt} e^{-st} dt$$
$$= [x(t) e^{-st}]_0^\infty + s \int_0^\infty x(t) e^{-st} dt$$
$$= sX(s) - x(0) \tag{2-7}$$

一般に $n$ 次の微分係数についても

$$\mathcal{L}\left[\frac{d^n x(t)}{dt^n}\right] = s^n X(s) - \sum_{i=1}^n s^{n-i} x^{(i-1)}(0) \tag{2-8}$$

となる（演習問題2参照）．(2-7), (2-8)式より微分係数のラプラス変換は，すべての初期値が0であれば $d/dt$ を $s$ で置き換えればよいことになる．これは微分方程式が $s$ の代数式として取り扱えることを意味する．この性質を用いて，初期値を零として入出力関係式を $s$ の代数式で表したのが伝達関数 (transfer function) である．

[例1] 入力 $u(t)$, 出力 $y(t)$ として微分方程式

$$\frac{d^2 y(t)}{dt^2} + 3 \frac{dy(t)}{dt} + 2 y(t) = u(t) \tag{2-9}$$

で表されるシステムがある．このシステムで $y(0)$, $y^{(1)}(0)$を零として入出力関係式を $s$ の代数式で表すと次のようになる．

$$\frac{\mathcal{L}[y(t)]}{\mathcal{L}[u(t)]} = \frac{Y(s)}{U(s)} = \frac{1}{s^2 + 3s + 2} \tag{2-10}$$

(2-10)式が入出力間の伝達関数であり，これを図示すると図2-1に示すようなブロック線図で表すことができる．伝達関数やブロック線図については3

図 2-1 ブロック線図

-2 を参照されたい.

次に $x(t)$ の定積分のラプラス変換は

$$\mathcal{L}\left[\int_0^t x(\tau)\,d\tau\right] = \int_0^\infty \left[\int_0^t x(\tau)\,d\tau\right] e^{-st}\,dt$$

$$= \left[-\frac{1}{s} e^{-st} \int_0^t x(\tau)\,d\tau\right]_0^\infty + \frac{1}{s}\int_0^\infty x(t)\,e^{-st}\,dt$$

$$= \frac{1}{s} X(s) \tag{2-11}$$

となり，一般に $n$ 重の定積分についても (2-12) 式となる.

$$\mathcal{L}\left[\int_0^t \int_0^t \cdots \int_0^t x(t)\,(dt)^n\right] = \frac{1}{s^n} X(s) \tag{2-12}$$

定積分のラプラス変換は $\int_0^t \cdot dt$ を微分の逆数 $1/s$ で表せばよいことになる.

### (c) たたみ込み積分

$\mathcal{L}[x_1(t)] = X_1(s)$, $\mathcal{L}[x_2(t)] = X_2(s)$ とし，$t<0$ で $x_1(t)=0$, $x_2(t)=0$ とすると以下のようになる.

$$\mathcal{L}\left[\int_0^t x_1(t-\tau)\,x_2(\tau)\,d\tau\right]$$

$$= \int_0^\infty \left[\int_0^t x_1(t-\tau)\,x_2(\tau)\,d\tau\right] e^{-st}\,dt$$

$$= \int_0^\infty \left[\int_0^\infty x_1(t-\tau)\,x_2(\tau)\,d\tau\right] e^{-st}\,dt \quad (t<\tau \text{ で } x_1(t-\tau)=0 \text{ より})$$

$$= \int_0^\infty \left[\int_0^\infty x_1(t-\tau)\,e^{-st}\,dt\right] x_2(\tau)\,d\tau$$

$$= \int_0^\infty X_1(s)\,e^{-s\tau} x_2(\tau)\,d\tau \quad (\text{演習問題 4 (b) 参照 (} t \text{ 領域の推移定理}))$$

$$= X_1(s) \int_0^\infty x_2(\tau)\,e^{-s\tau}\,d\tau$$

$$= X_1(s)\,X_2(s) \tag{2-13}$$

(2-13) 式の左辺をたたみ込み積分 (convolution integral) といい，たたみ込み積分は変数の置き換えにより

$$\int_0^t x_1(t-\tau)\,x_2(\tau)\,d\tau = \int_0^t x_1(\tau)\,x_2(t-\tau)\,d\tau \tag{2-14}$$

と表すこともできる.

図 2-2 $t$ 領域と $s$ 領域の入出力関係

図 2-3 $s$ 領域における入出力関係

ここで,図 2-2 に示すように $x_2(t)$ を入力信号,$x_1(t)$ をインパルス応答 $x_1(t)$ の伝達要素とすると,時間領域における出力信号は $x_1(t)x_2(t)$ ではなく,$\int_0^t x_1(t-\tau)x_2(\tau)d\tau$ のたたみ込み積分で与えられるが,この計算は時間領域で行おうとすると複雑なものになる.ところが,これを $s$ 領域で表すと $X_1(s)X_2(s)$ の積で表され,計算が簡単になる.とくに図 2-3 のように多くの要素が直列になっている場合には非常に有利である.なお,ここで $X_2(s)$ を入力信号とすると $X_1(s)$ は伝達関数となる.

**(d) 最終値の定理**

(2-7)式の微分のラプラス変換の結果を用いて

$$\begin{aligned}
\lim_{s \to 0} \int_0^\infty \frac{dx(t)}{dt} e^{-st} dt &= \int_0^\infty \frac{dx(t)}{dt} dt \\
&= \lim_{t \to \infty} \int_0^t \frac{dx(t)}{dt} dt \\
&= \lim_{t \to \infty}[x(t) - x(0)] \\
&= \lim_{s \to 0}[sX(s) - x(0)]
\end{aligned} \quad (2\text{-}15)$$

が成り立つ.これより

$$\lim_{t \to \infty} x(t) = \lim_{s \to 0} sX(s) \qquad (2\text{-}16)$$

となる．(2-16)式は最終値の定理 (final value theorem) と呼ばれ，(2-16)式が成り立つのは $sX(s)$ の分母の根の実部が負の場合に限られる．この定理は極めて重要な定理であり，この定理を用いると $s$ 領域上で定常値の算出が可能となり，6-2-1 に示すように定常偏差や出力の定常値の導出などに利用される．

[例2] $1/[s(s+2)^2]$ の伝達関数をもつシステムにラプラス変換結果が 1 となる入力（単位インパルス入力）を加えたときの出力の定常値を求める場合，時間領域で行う場合には後に示すようにこれをラプラス逆変換して

$$\mathcal{L}^{-1}\left[\frac{1}{s(s+2)^2}\right]=\frac{1}{4}-\frac{1}{2}te^{-2t}-\frac{1}{4}e^{-2t} \tag{2-17}$$

を求めて，$t\to\infty$ より $1/4$ を得る．

しかし，最終値の定理を用いると

$$\lim_{s\to 0} s\frac{1}{s(s+2)^2}=\frac{1}{4} \tag{2-18}$$

と簡単に求められる．

### (e) 初期値の定理

(2-7)式の微分のラプラス変換において $s$ を無限大に近づけると

$$\lim_{s\to\infty}\int_0^\infty \frac{dx(t)}{dt}e^{-st}dt=0$$
$$=\lim_{s\to\infty}[sX(s)-x(0)] \tag{2-19}$$

が成り立つ．

$$\therefore \lim_{t\to 0}x(t)=\lim_{s\to\infty}sX(s) \tag{2-20}$$

(2-20)式を初期値の定理 (initial value theorem) という．

以上でラプラス変換が制御工学で用いられる理由について述べてきた．すなわち，例1で述べたように (2-9)式のような $t$ 領域において微分方程式で与えられたシステムの入出力関係は，ラプラス変換を用いて $s$ 領域で表すと (2-10)式のような伝達関数という代数式で表すことができる．さらにこれを1つの要素として多くの要素でできている大きなシステムの場合は，図2-3 に示すように各要素の積の形で伝達関数をまとめることもできる．まとめた伝達関数

は，ラプラス逆変換して $t$ 領域に戻すと，$t$ 領域の解を代数式としての扱いだけで求めることができる．また最終値の定理などにより，$t$ 領域に戻さなくても $s$ 領域だけで最終値などを知ることもできる．

このようにラプラス変換を用いて $s$ 領域を経由することにより，制御系の解析，設計や後に述べるように常微分方程式を解くことが代数式だけで格段に容易になる．そして $t$ 領域から $s$ 領域への橋渡しがラプラス変換，$s$ 領域から $t$ 領域への橋渡しがラプラス逆変換と言える．

### 2-1-2 主な関数のラプラス変換

表 2-1 によく使われる関数に対するラプラス変換表を示す．以下にこの中でよく用いる関数について説明を加えておく．この程度を理解しておけばあとはこれらの組合せを考えればよい．

#### (a) 指数関数

図 2-4 に示す $t \geq 0$ で $e^{-at}$ となる指数関数のラプラス変換は次式となる．

$$\mathcal{L}[e^{-at}] = \int_0^\infty e^{-at} e^{-st} dt = \int_0^\infty e^{-(s+a)t} dt$$
$$= \left[ -\frac{1}{s+a} e^{-(s+a)t} \right]_0^\infty = \frac{1}{s+a} \tag{2-21}$$

図 2-4　指数関数

#### (b) 単位ステップ関数

図 2-5 に示す $t \geq 0$ で 1 となる関数 $u(t)$ は単位ステップ関数 (unit step function) と呼ばれる．このラプラス変換は次式となる．

$$\mathcal{L}[u(t)] = \int_0^\infty 1 \cdot e^{-st}\, dt = \left[-\frac{1}{s} e^{-st}\right]_0^\infty = \frac{1}{s} \tag{2-22}$$

図 2-5 単位ステップ関数

(c) 単位インパルス関数

$\delta(t)$ は単位インパルス関数 (unit impulse function) とかデルタ関数 (delta function) とか呼ばれ，図 2-6 に示すような面積が 1 となる関数の $\alpha \to 0$ 極限で与えられるものである．この単位インパルス関数については 4-2 節で詳しく説明する．このラプラス変換は以下のようになる．

$$\mathcal{L}\left[\frac{1}{\alpha}u(t) - \frac{1}{\alpha}u(t-\alpha)\right] = \frac{1}{s\alpha}(1-e^{-s\alpha}) \tag{2-23}$$

ここで $\alpha \to 0$ の極限を取ると次式となる．

$$\lim_{\alpha \to 0} \frac{1}{s\alpha}(1-e^{-s\alpha}) = \lim_{\alpha \to 0} \frac{1}{s\alpha}\left[1 - \left(1 - s\alpha + \frac{1}{2}s^2\alpha^2 + \cdots\right)\right] = 1 \tag{2-24}$$

$$\therefore \mathcal{L}[\delta(t)] = 1$$

図 2-6 単位インパルス関数

### (d) べき関数

$t, t^2, \cdots, t^n$ のべき関数のラプラス変換を考える. $t$ のラプラス変換は

$$\int_0^\infty te^{-st}\,dt = \left[-t\frac{1}{s}e^{-st}\right]_0^\infty + \frac{1}{s}\int_0^\infty e^{-st}\,dt$$
$$= \left[-\frac{1}{s^2}e^{-st}\right]_0^\infty = \frac{1}{s^2} \tag{2-25}$$

となる. この結果は(2-22)式を $s$ で微分して

$$-\int_0^\infty te^{-st}\,dt = -\frac{1}{s^2} \quad\to\quad \mathcal{L}[t] = \frac{1}{s^2} \tag{2-26}$$

としても得られる. この考え方により, 以下これをさらに $s$ で微分していくと

$$\int_0^\infty t^2 e^{-st}\,dt = \frac{2}{s^3} \quad\to\quad \mathcal{L}[t^2] = \frac{2}{s^3} \tag{2-27}$$

$$-\int_0^\infty t^3 e^{-st}\,dt = -\frac{3!}{s^4} \quad\to\quad \mathcal{L}[t^3] = \frac{3!}{s^4} \tag{2-28}$$

$$\mathcal{L}[t^n] = \int t^n e^{-st}\,dt = \frac{n!}{s^{n+1}} \tag{2-29}$$

のように次々と $t^2, \cdots, t^n$ のラプラス変換が求められる.

### (e) 正弦波関数

オイラーの公式（Euler's formula）より次式が成り立つ（演習問題3参照）.

$$e^{j\omega t} = \cos \omega t + j \sin \omega t \tag{2-30}$$

なお, (2-30)式は $\theta = \pi$ のとき,

$$e^{j\pi} + 1 = 0 \tag{2-31}$$

となるが, これはオイラーの等式と呼ばれている. (2-31)式は「ネイピア数 $e$ と円周率 $\pi$ と元々自然界に存在しない虚数単位 $j$ の組み合わせが加群乗群の単位元である0と1に帰結する」と説明でき, 世界でもっとも美しい数式とも言われる.

(2-30)式をラプラス変換して

$$\int_0^\infty e^{j\omega t} e^{-st}\,dt = \int_0^\infty \cos \omega t e^{-st}\,dt + j\int_0^\infty \sin \omega t e^{-st}\,dt$$
$$= \frac{1}{s-j\omega} = \frac{s}{s^2+\omega^2} + j\frac{\omega}{s^2+\omega^2} \tag{2-32}$$

表 2-1 ラプラス変換表

| | 時間関数 $x(t)$ ($t<0$ で $x(t)=0$) | ラプラス変換 $X(s)$ |
|---|---|---|
| (1) | $e^{-at}$ | $\dfrac{1}{s+a}$ |
| (2) | 1 または $u(t)$ (単位ステップ関数) | $\dfrac{1}{s}$ |
| (3) | $\delta(t)$ (単位インパルス関数) | 1 |
| (4) | $t$ | $\dfrac{1}{s^2}$ |
| (5) | $t^n$ | $\dfrac{n!}{s^{n+1}}$ |
| (6) | $\sin \omega t$ | $\dfrac{\omega}{s^2+\omega^2}$ |
| (7) | $\cos \omega t$ | $\dfrac{s}{s^2+\omega^2}$ |
| (8) | $t^n e^{-at}$ | $\dfrac{n!}{(s+a)^{n+1}}$ |
| (9) | $\sin(\omega t + \theta)$ | $\dfrac{s \sin \theta + \omega \cos \theta}{s^2+\omega^2}$ |
| (10) | $\cos(\omega t + \theta)$ | $\dfrac{s \cos \theta - \omega \sin \theta}{s^2+\omega^2}$ |
| (11) | $e^{-at} \sin \omega t$ | $\dfrac{\omega}{(s+a)^2+\omega^2}$ |
| (12) | $e^{-at} \cos \omega t$ | $\dfrac{s+a}{(s+a)^2+\omega^2}$ |

が得られる．この結果を用いて正弦波関数のラプラス変換が次式のように求められる．

$$\mathcal{L}[\cos \omega t] = \frac{s}{s^2+\omega^2} \tag{2-33}$$

$$\mathcal{L}[\sin \omega t] = \frac{\omega}{s^2+\omega^2} \tag{2-34}$$

以上，表2-1のラプラス変換表の（1）～（7）まで示したが，（8）は（5）の結果と $\mathcal{L}[e^{-at}x(t)] = X(s+a)$（$s$領域の推移定理（演習問題4(a)参照）），(11)，(12) はそれぞれ（6），（7）の結果と $s$ 領域の推移定理を用いれば求められる．また（9），(10) は加法定理と（6），（7）の結果を用いればよい．なお，演習問題4の3つの公式は覚えておくと便利である．

## 2-1-3 ラプラス逆変換

$s$ 領域の関数 $X(s)$ からもとの時間関数への変換がラプラス逆変換であり,次式のブロムウィッチ積分 (Bromwich integral) で与えられる.

$$x(t) = \frac{1}{2\pi j} \int_{c-j\infty}^{c+j\infty} X(s) e^{st} \, ds \tag{2-35}$$

しかし,上記の積分を行うのはかなり手間がかかり現実的ではない.そのため実際の計算では,留数法を用いて部分分数に展開して各項ごとにラプラス逆変換を行う.その場合,分母の根に重複したものがない場合とある場合とでは区別が必要である.ここでは例題で示すことにする.

### (a) 単根のみの場合

次のように単根のみをもつ関数を考える.

$$X(s) = \frac{1}{s(s+1)(s+2)} = \frac{c_1}{s} + \frac{c_2}{s+1} + \frac{c_3}{s+2} \tag{2-36}$$

ここで,まず $c_1$ を求める.$c_1$ の分母である $s$ を両辺に乗じると

$$sX(s) = c_1 + \frac{s}{s+1}c_2 + \frac{s}{s+2}c_3 \tag{2-37}$$

ここで,$c_1/s$ の根である $s=0$ を代入すると以下のように $c_1$ が求まる.

$$sX(s)|_{s=0} = c_1 = \frac{1}{2} \tag{2-38}$$

$c_1$ は根 $0$ に対する留数と呼ばれる.同様に $c_2, c_3$ を求めると

$$(s+1)X(s)|_{s=-1} = c_2 = -1 \tag{2-39}$$

$$(s+2)X(s)|_{s=-2} = c_3 = \frac{1}{2} \tag{2-40}$$

$$\therefore \quad X(s) = \frac{1}{2s} - \frac{1}{s+1} + \frac{1}{2(s+2)} \tag{2-41}$$

すなわち,単根のみの場合に部分分数の係数を求めるには,それぞれの部分分数の分母を乗じてその根を代入すればよいことがわかる.このとき表 2-1 のラプラス変換表 (1),(2) より次式のようになる.

$$\mathcal{L}^{-1}\left[\frac{1}{s(s+1)(s+2)}\right] = \frac{1}{2} - e^{-t} + \frac{1}{2}e^{-2t} \tag{2-42}$$

**(b) 重根のある場合**

次のように重根をもつ関数を考える.

$$X(s) = \frac{1}{s(s+2)^2} = \frac{c_1}{s} + \frac{c_2}{(s+2)^2} + \frac{c_3}{s+2} \tag{2-43}$$

$c_1, c_2$ の係数については単根の場合と同様にして次のように求まる.

$$sX(s)|_{s=0} = c_1 = \frac{1}{4} \tag{2-44}$$

$$(s+2)^2 X(s)|_{s=-2} = c_2 = -\frac{1}{2} \tag{2-45}$$

$c_3$ については $s+2$ を $X(s)$ に乗じたとすると

$$(s+2)X(s) = \frac{s+2}{s} c_1 + \frac{1}{s+2} c_2 + c_3 \tag{2-46}$$

となって $s = -2$ としても $c_3$ は求まらない. そこで

$$\frac{d}{ds}[(s+2)^2 X(s)] = \frac{2s(s+2) - (s+2)^2}{s^2} c_1 + c_3 \tag{2-47}$$

とし, (2-47)式で $s = -2$ とすると $c_3 = -1/4$ と求められる. したがって

$$\frac{1}{s(s+2)^2} = \frac{1}{4s} - \frac{1}{2(s+2)^2} - \frac{1}{4(s+2)} \tag{2-48}$$

と部分分数に展開でき, ラプラス変換表(1), (8)を用いて次式のように求められる.

$$\mathcal{L}^{-1}\left[\frac{1}{s(s+2)^2}\right] = \frac{1}{4} - \frac{1}{2} te^{-2t} - \frac{1}{4} e^{-2t} \tag{2-49}$$

一般に(2-50)式は(2-51)式のように部分分数に展開される.

$$X(s) = \frac{b_m s^m + b_{m-1} s^{m-1} + \cdots + b_0}{(s+a)^n} \tag{2-50}$$

$$X(s) = \frac{B_n}{(s+a)^n} + \frac{B_{n-1}}{(s+a)^{n-1}} + \cdots + \frac{B_1}{s+a} \tag{2-51}$$

ここで $B_i (i=1, \cdots, n)$ は次式となる.

$$B_i = \frac{1}{(n-i)!} \cdot \frac{d^{n-i}[(s+a)^n X(s)]}{ds^{n-i}}\bigg|_{s=-a} \tag{2-52}$$

## 2-1-4 微分方程式の解法

以上で述べたラプラス変換およびラプラス逆変換を用いることにより, 常微

分方程式の解を求めることが容易となる．その手順としては常微分方程式のラプラス変換を行い，その解のラプラス変換形を求め，それをラプラス逆変換すればよい．ここではその一例を示すことにする．

$t \geqq 0$ において常微分方程式

$$\ddot{x}(t) + 3\,\dot{x}(t) + 2\,x(t) = 1 \tag{2-53}$$

を $x(0)=2$, $x^{(1)}(0)=1$ の初期条件のもとで解くことを考える．まず $\mathcal{L}[x(t)] = X(s)$ として (2-53) 式のラプラス変換形を求めると

$$\{s^2 X(s) - 2\,s - 1\} + 3\{s X(s) - 2\} + 2\,X(s) = \frac{1}{s} \tag{2-54}$$

となる．したがって，解のラプラス変換形 $X(s)$ は

$$X(s) = \frac{2\,s^2 + 7\,s + 1}{s(s^2 + 3\,s + 2)} \tag{2-55}$$

と求められる．(2-55) 式を部分分数に展開すると

$$X(s) = \frac{1}{2\,s} + \frac{4}{s+1} - \frac{5}{2(s+2)} \tag{2-56}$$

となり，(2-56)式をラプラス逆変換して，求める解は次式となる．

$$x(t) = \frac{1}{2} + 4\,e^{-t} - \frac{5}{2}\,e^{-2t} \tag{2-57}$$

## 2-2 行列の基礎

現代制御理論は多入力多出力システムにおいて理論展開を行うことが多く，また制御対象の内部変数の相互関係などをも考慮する必要があるので，これらの多変数系の一括計算が可能となり，理論展開に便利な行列を用いることが多い．ここでは，本書において必要となるごく初歩的なことを述べるにとどめる．さらに学習したい人は他の専門書を参照されたい．

変数や定数を要素 $a_{ij}(i=1,2,3,\cdots,n,\ j=1,2,3,\cdots,m)$ として表し，これを次のように配置したものを行列 (matrix) と呼ぶ．

$$\boldsymbol{A} = \begin{bmatrix} a_{11} & a_{12} & \cdots & a_{1m} \\ a_{21} & a_{22} & \cdots & a_{2m} \\ \vdots & \vdots & & \vdots \\ a_{n1} & a_{n2} & \cdots & a_{nm} \end{bmatrix} \tag{2-58}$$

(2-58)式の行列 $A$ は $n$ 行 $m$ 列からなる行列で，$n$ 行 $m$ 列行列，$n \times m$ 行列，$A(n \times m)$ などと表す．$m=1$ のときの行列 $a(n \times 1)$ を（$n$ 次元）列ベクトル（column vector）といい，$n=1$ のときの行列 $b(1 \times m)$ を（$m$ 次元）行ベクトル（row vector）と呼び，それぞれ次のように表す．

$$a = \begin{bmatrix} a_1 \\ a_2 \\ \vdots \\ a_n \end{bmatrix} \qquad b = [b_1 \ b_2 \ \cdots \ b_m] \qquad (2\text{-}59)$$

すべての要素が零の行列およびベクトルを，それぞれ零行列（zero matrix），零ベクトル（zero vector）といい $0$ で表す．また $n=m$ の行列を正方行列（square matrix）といい，正方行列で対角要素以外の要素がすべて零である行列を対角行列（diagonal matrix）という．また，対角要素がすべて 1 である対角行列を単位行列（unit matrix）といい $I$ で表す．

$A(n \times m)$ の行と列を入れ換えてできる $m \times n$ 行列を $A$ の転置行列（transpose matrix）と呼び，$A^T$ で表す．$A = A^T$ が成り立つとき $A$ は対称行列（symmetric matrix）であるという．転置行列については $(AB)^T = B^T A^T$ の性質がある．

以下に行列の計算の基本を示す．

（1） 加算，減算
$A(n \times m)$ と $B(n \times m)$ の加減算の結果を $C(n \times m)$ とすると

$$C = A \pm B \qquad (2\text{-}60)$$

で表される．また，それぞれの行列の $i$ 行 $j$ 列要素をそれぞれ $c_{ij}, a_{ij}, b_{ij}$ で表すと次式となる．

$$c_{ij} = a_{ij} \pm b_{ij} \qquad (2\text{-}61)$$

（2） スカラー倍
スカラー $\alpha$ と行列 $A(n \times m)$ との積は $\alpha A$ で表され，行列 $A$ のすべての要素が $\alpha$ 倍される．

（3） 乗算
$A(n \times m)$ と $B(m \times r)$ の乗算の結果を $C(n \times r)$ とすると

$$C = AB \tag{2-62}$$

で表される.それぞれの行列の $i$ 行 $j$ 列要素をそれぞれ $c_{ij}, a_{ij}, b_{ij}$ で表すと

$$c_{ij} = \sum_{k=1}^{m} a_{ik} b_{kj} \tag{2-63}$$

で計算される.$A(2\times 2)$ と $B(2\times 2)$ の積を例として示すと次のようになる.

$$AB = \begin{bmatrix} a_{11} & a_{12} \\ a_{21} & a_{22} \end{bmatrix} \begin{bmatrix} b_{11} & b_{12} \\ b_{21} & b_{22} \end{bmatrix}$$

$$= \begin{bmatrix} a_{11}b_{11} + a_{12}b_{21} & a_{11}b_{12} + a_{12}b_{22} \\ a_{21}b_{11} + a_{22}b_{21} & a_{21}b_{12} + a_{22}b_{22} \end{bmatrix} \tag{2-64}$$

積の交換法則は一般に成立せず,$AB \neq BA$ である.

(4) 行列式

正方行列 $A(n\times n)$ の行列式 (determinant) は $|A|$ または $\det A$ と表される.行列式 $|A|$ は $A$ の $i$ 番目の行について展開すると

$$|A| = \sum_{j=1}^{n} (-1)^{i+j} a_{ij} A_{ij} \tag{2-65}$$

となる.また,$j$ 番目の列について展開すると

$$|A| = \sum_{i=1}^{n} (-1)^{i+j} a_{ij} A_{ij} \tag{2-66}$$

である.ここで,$A_{ij}$ は行列 $A$ の $i$ 行と $j$ 列を除去した行列式を表す.例として $A(2\times 2)$ および $A(3\times 3)$ の行列式を示すとそれぞれ次のようになる.

$$|A| = a_{11}a_{22} - a_{12}a_{21} \tag{2-67}$$

$$|A| = a_{11}a_{22}a_{33} + a_{12}a_{23}a_{31} + a_{13}a_{21}a_{32} \\ - a_{13}a_{22}a_{31} - a_{12}a_{21}a_{33} - a_{11}a_{23}a_{32} \tag{2-68}$$

行列式については $|AB| = |A||B|$ が成り立つ.また演習問題 7 のような関係が成り立つ.

(5) 逆行列

$AX = XA = I$ をみたす正方行列 $X$ を $A$ の逆行列 (inverse matrix) といい,$A^{-1}$ と表記する.この逆行列は $|A| \neq 0$ のとき存在し,このとき $A$ は正則であるという.

$A$ の逆行列 $A^{-1}$ は

$$A^{-1} = \frac{\mathrm{adj}[A]}{|A|} \tag{2-69}$$

で表され，$\mathrm{adj}[A]$ は $A(n \times n)$ の余因子行列（adjoint matrix）と呼ばれ，

$$\mathrm{adj}[A] = \begin{bmatrix} \varDelta_{11} & \varDelta_{21} & \cdots & \varDelta_{n1} \\ \varDelta_{12} & \varDelta_{22} & \cdots & \varDelta_{n2} \\ \vdots & \vdots & & \vdots \\ \varDelta_{1n} & \varDelta_{2n} & \cdots & \varDelta_{nn} \end{bmatrix} \tag{2-70}$$

となる．ただし，$\varDelta_{ij} = (-1)^{i+j} A_{ij}$ であり余因子（cofactor）と呼ばれる．

例えば，$A(2 \times 2)$ の逆行列は次のようになる．

$$A^{-1} = \frac{1}{a_{11}a_{22} - a_{12}a_{21}} \begin{bmatrix} a_{22} & -a_{12} \\ -a_{21} & a_{11} \end{bmatrix} \tag{2-71}$$

逆行列については $(AB)^{-1} = B^{-1}A^{-1}$ が成り立つ．また演習問題 8 のような関係が成り立つ．


(6) 行列の微分

いま，$L(\boldsymbol{x})$ を列ベクトル $\boldsymbol{x}(n \times 1)$ のスカラ関数とするとき，その偏微分は

$$\frac{\partial L}{\partial \boldsymbol{x}} = \begin{bmatrix} \frac{\partial L}{\partial x_1} \\ \vdots \\ \frac{\partial L}{\partial x_n} \end{bmatrix} \tag{2-72}$$

と定義される．この定義を用いると，$A(n \times n)$，$\boldsymbol{b}(n \times 1)$ で $A^T = A$ が成り立つとき，

$$\frac{\partial}{\partial \boldsymbol{x}} \boldsymbol{x}^T A \boldsymbol{x} = 2 A \boldsymbol{x} \tag{2-73}$$

$$\frac{\partial}{\partial \boldsymbol{x}} \boldsymbol{b}^T \boldsymbol{x} = \boldsymbol{b} \tag{2-74}$$

などが成り立つ．


(7) 2次形式と正定行列，正定関数

$A(n \times n)$ を対称行列として，$n \times 1$ ベクトル $\boldsymbol{x} = [x_1 \, x_2 \cdots x_n]$ を用いたスカラ

関数
$$\boldsymbol{x}^T \boldsymbol{A} \boldsymbol{x} = \sum_{i=1}^{n} \sum_{j=1}^{n} a_{ij} x_i x_j \qquad (2\text{-}75)$$
を $\boldsymbol{x}$ に関する2次形式 (quadratic form) という．

2次形式に関して，すべての $\boldsymbol{x} \neq \boldsymbol{0}$ に対して，$\boldsymbol{x}^T \boldsymbol{A} \boldsymbol{x} > 0\,(\forall \boldsymbol{x} \neq \boldsymbol{0})$ ならば正定 (positive definite)，$\boldsymbol{x}^T \boldsymbol{A} \boldsymbol{x} \geq 0\,(\forall \boldsymbol{x} \neq \boldsymbol{0})$ ならば半正定 (semi-positive definite)，$\boldsymbol{x}^T \boldsymbol{A} \boldsymbol{x} < 0\,(\forall \boldsymbol{x} \neq \boldsymbol{0})$ ならば負定 (negative definite) という．また2次形式の特性は行列 $\boldsymbol{A}$ で決まるので，このとき行列 $\boldsymbol{A}$ をそれぞれ正定行列 (positive definite matrix)，半正定行列 (semi-positive definite matrix)，負定行列 (negative matrix) といい，簡単に $\boldsymbol{A} > 0, \boldsymbol{A} \geq 0, \boldsymbol{A} \leq 0$ などと表記する．

行列 $\boldsymbol{A}$ が正定行列，すなわち $\boldsymbol{A} > 0$ のための必要十分条件は，

（a） 行列 $\boldsymbol{A}$ の固有値 $\lambda_i\,(i=1,\cdots,n)$ が $\lambda_i > 0\,(\forall i)$ となること
あるいは，

（b） 行列 $\boldsymbol{A}$ のすべての主座小行列式 (leading principal minor) が正となること，すなわち，

$$a_{11} > 0,\ \begin{vmatrix} a_{11} & a_{12} \\ a_{21} & a_{22} \end{vmatrix} > 0, \cdots, \begin{bmatrix} a_{11} & a_{12} & \cdots & a_{1n} \\ a_{21} & a_{22} & \cdots & a_{2n} \\ \vdots & \vdots & & \vdots \\ a_{n1} & a_{n2} & \cdots & a_{nn} \end{bmatrix} \qquad (2\text{-}76)$$

となることである．

なお（b）をシルベスタの判定条件 (Sylvester's criterion) という．

さらに一般に $\boldsymbol{x}$ についてのスカラ関数 $V(\boldsymbol{x})$ が，$\partial V(\boldsymbol{x})/\partial x_i\,(i=1,\cdots,n)$ が存在して連続であり $V(\boldsymbol{0})=0$，の条件を満たした上で，すべての $\boldsymbol{x} \neq \boldsymbol{0}$ に対して $V(\boldsymbol{x}) > 0,\ V(\boldsymbol{x}) \geq 0,\ V(\boldsymbol{x}) \leq 0$ が成り立つとき，それぞれ正定関数 (positive definite function)，半正定関数 (semi-positive definite function)，負定関数 (negative definite function) であるという．

## 2-3　$z$ 変 換

アナログ信号 $x(t)\,(t>0)$ を一定時間 $T$（サンプリング周期）ごとにサンプリングすると $x(0),\ x(T),\ x(2T),\cdots$ のサンプル値が生じる．これらのサン

図 2-7 サンプリング

プル値列 $\{x(kT)\}$ は図 2-7 に示すようなパルス列で表されるものとする．このとき出力 $x^*(t)$ は (2-77) 式のように信号 $x(t)$ に単位インパルス関数を乗じた信号の和に等しくなる．

$$x^*(t) = x(0)\delta(t) + x(T)\delta(t-T) + \cdots + x(kT)\delta(t-kT) + \cdots$$
$$= \sum_{k=0}^{\infty} x(kT)\delta(t-kT) \tag{2-77}$$

(2-77)式のラプラス変換は単位インパルス関数のラプラス変換の結果を応用すると容易に行え，(2-78) 式のようになる．ただし，$x(kT)$ を $T$ を省略して $x(k)$ と表している．

$$X^*(s) = \mathcal{L}[x^*(t)] = \sum_{k=0}^{\infty} x(k) e^{-kTs} \tag{2-78}$$

ここで

$$z = e^{sT} \tag{2-79}$$

と置いたものを $x(t)$ の $z$ 変換 (z-transformation) $X(z)$ といい次のように表わす．

$$X(z) = \mathscr{Z}[x^*(t)] = \mathscr{Z}[X^*(s)] = \sum_{k=0}^{\infty} x(k) z^{-k} \tag{2-80}$$

なお，[ ] は $x(t)$, $x(k)$, $X(s)$ などと表されることもある．

以下に代表的な関数の $z$ 変換を示す．

(a) 単位ステップ関数：$x(t) = u(t)$

サンプル値列は $1, 1, \cdots$ となるので，(2-80)式より以下のようになる．

$$X(z) = \sum_{k=0}^{\infty} 1 \cdot z^{-k} = \frac{1}{1-z^{-1}} = \frac{z}{z-1} \tag{2-81}$$

**(b) 単位ランプ関数:** $x(t) = t$

サンプル値列は $0, T, 2T, \cdots$ となるため,

$$X(z) = \sum_{k=0}^{\infty} kTz^{-k} = T(z^{-1} + 2z^{-2} + 3z^{-3} + \cdots) \tag{2-82}$$

となり,

$$(1-z^{-1})X(z) = \frac{Tz^{-1}}{1-z^{-1}} \tag{2-83}$$

となる．したがって $X(z)$ は以下のようになる．

$$X(z) = \frac{Tz^{-1}}{(1-z^{-1})^2} = \frac{Tz}{(z-1)^2} \tag{2-84}$$

**(c) 指数関数:** $x(t) = e^{-at}$

サンプル値列は $1, e^{-aT}, e^{-2aT}, \cdots$ となるので, (2-80)式より以下のようになる．

$$X(z) = \sum_{k=0}^{\infty} e^{-akT} z^{-k} = \sum_{k=0}^{\infty} (e^{-aT} z^{-1})^k$$
$$= \frac{1}{1-e^{-aT}z^{-1}} = \frac{z}{z-e^{-aT}} \tag{2-85}$$

**(d) 正弦波関数:** $x(t) = e^{j\omega t} = \cos\omega t + j\sin\omega t$

$e^{j\omega t}$ の $z$ 変換は(2-85)式の指数関数の場合で $a = -j\omega$ とおけばよいので,

$$X(z) = \sum_{k=0}^{\infty} e^{j\omega kT} z^{-k} = \frac{1}{1-e^{j\omega T}z^{-1}} = \frac{z}{z-e^{j\omega T}} \tag{2-86}$$

となる．(2-86)式は，さらに

$$\frac{z}{z-e^{j\omega T}} = \frac{z}{(z-\cos\omega T) - j\sin\omega T}$$
$$= \frac{z(z-\cos\omega T) + jz\sin\omega T}{z^2 - 2\cos\omega Tz + 1} \tag{2-87}$$

と実部と虚部に分けられるので，正弦波および余弦波の $z$ 変換は

$$\mathscr{Z}[\cos\omega t] = \frac{z(z-\cos\omega T)}{z^2 - 2\cos\omega Tz + 1}$$

$$\mathscr{Z}[\sin \omega t] = \frac{z \sin \omega T}{z^2 - 2\cos \omega T z + 1} \qquad (2\text{-}88)$$

となる．

次に $z$ 変換の基本的な性質として単位時間進みと単位時間遅れについて述べる．

いま，1サンプリングだけ時間を進ませて現在値を $x(k+1)$ とするパルス列 $\{x(k+1)\}$ の $z$ 変換を考えると

$$\mathscr{Z}[x(k+1)] = \sum_{k=1}^{\infty} x(k) z^{-(k-1)} = z \sum_{k=0}^{\infty} x(k) z^{-k} - zx(0)$$
$$= z \mathscr{Z}[x(k)] - zx(0) \qquad (2\text{-}89)$$

となる．したがって，初期値を零とすると $z$ 変換の演算子 $z$ は1サンプリング周期時間を進ませる演算子になっていることがわかる．

同様に単位時間遅れについては，$k<0$ で $x(k)=0$ を考慮して，

$$\mathscr{Z}[x(k-1)] = \sum_{k=1}^{\infty} x(k-1) z^{-k} = z^{-1} \sum_{k=1}^{\infty} x(k-1) z^{-(k-1)}$$
$$= z^{-1} \sum_{k=0}^{\infty} x(k) z^{-k} = z^{-1} \mathscr{Z}[x(k)] \qquad (2\text{-}90)$$

となり，$z^{-1}$ は1サンプリング周期だけ時間を遅らせる演算子となることがわかる．

### 演 習 問 題

1. ラプラス変換が線形変換であることを示せ．

2. (2-8)式が成り立つことを数学的帰納法を用いて証明せよ．

3. (2-30)式が成り立つことを示せ．

4. $\mathcal{L}[x(t)] = X(s)$ とするとき次の関数のラプラス変換を行え．
   (a) $e^{-at} x(t)$ (b) $x(t-\tau)$ (c) $tx(t)$

## 演習問題

5. 問題4の結果を用いて次の関数のラプラス変換を求めよ．
   （1） $u(t-8)$（$u(t)$ は単位ステップ関数） （2） $t\cos 3t$
   （3） $te^{-5t}\cos 6t$

6. 次に示す常微分方程式がある．
   $$\ddot{x}(t)+a\dot{x}(t)+bx(t)=u(t),\ x(0)=d,\ \dot{x}(0)=e$$
   （1） $a=5, b=6, d=2, e=1, u(t)=3$ としてこの微分方程式をラプラス変換を用いて解け．
   （2） $a=2, b=1, d=2, e=0, u(t)=0$ としてとの微分方程式をラプラス変換を用いて解け．
   （3） $a=2, b=2, d=0, e=0, u(t)=\cos 2t$ としてこの微分方程式をラプラス変換を用いて解け．

7. 以下の行列式が成立することを示せ．
   （1） $A(n\times n), D(m\times m)$ のとき
   $$\begin{vmatrix} A & B \\ 0 & D \end{vmatrix} = \begin{vmatrix} A & 0 \\ C & D \end{vmatrix} = |A||D| \neq 0 \quad (|A|\neq 0, |D|\neq 0)$$
   （2） $A(n\times n), D(m\times m)$ のとき
   $$\begin{vmatrix} A & B \\ C & D \end{vmatrix} = |A||D-CA^{-1}B| \quad (|A|\neq 0)$$
   $$= |D||A-BD^{-1}C| \quad (|D|\neq 0)$$
   （3） $A(n\times m), B(m\times n)$ のとき
   $$|I_n+AB|=|I_m+BA| \quad (m=1 \text{のときは} 1+BA)$$

8. 以下の逆行列が成り立つことを確かめよ．
   （1） $A(n\times n), D(m\times m)$ のとき
   $$\begin{bmatrix} A & B \\ 0 & D \end{bmatrix}^{-1} = \begin{bmatrix} A^{-1} & -A^{-1}BD^{-1} \\ 0 & D^{-1} \end{bmatrix} \quad (|A|\neq 0, |D|\neq 0)$$
   $$\begin{bmatrix} A & 0 \\ C & D \end{bmatrix}^{-1} = \begin{bmatrix} A^{-1} & 0 \\ -D^{-1}CA^{-1} & D^{-1} \end{bmatrix} \quad (|A|\neq 0, |D|\neq 0)$$
   （2） $A(n\times n), B(n\times m), C(m\times n)$ で $|A|\neq 0$ のとき
   $$(A+BC)^{-1}=A^{-1}-A^{-1}B(I_m+CA^{-1}B)^{-1}CA^{-1}$$

9. $k<0$ で $x(k)=0$ として次の差分方程式を解け．
$$x(k)-ax(k-1)=5$$
ただし，$|a|<1$ とする．

# 第3章 数式モデル

　制御をうまく行うためには，制御する相手のことをいかによく知るかということが大切である．フィードバック制御は相手のことがあまりよくわからなくても制御ができる有力な方法ではあるが，しかし相手の基本的な性質はわかっていないと望ましい制御結果を得ることが難しい．本章は制御対象や制御系などのシステムをどのようにとらえ，どのように表現するかについて扱う．制御工学は前章で述べたように，広い分野に関連のある学問・技術であるので，共通の言葉で制御対象を表現したり制御方法を記述しなければならない．本章では制御対象の具体的な表現としては伝達関数とブロック線図，状態方程式を用いる．

　これからしばしば DC サーボモータ（直流サーボモータ，direct current servo motor）を例として取り上げるが，最初にその原理を述べる．そして，DC サーボモータなどを例としながら伝達関数とブロック線図，状態方程式およびその性質，離散時間表現などについて述べる．

## 3-1　DC サーボモータの原理

　DC モータは現在用いられているモータの中では最も精密に制御のできる高性能モータである．DC モータの性能面での優位性はゆるがないものと思われるが，整流子とブラシという機械的な接触部分のあることが実用面での問題となり，省保守，省エネルギーなどを目指して AC モータなどに置き換わりつつある．しかし，性能面では DC モータは常にそれらの目標となるモータであり，性能的に

*44* 第3章 数式モデル

図 3-1 DC サーボモータの原理

はいわばモータのモデルといえるものである．

　本書では比較的小形の DC サーボモータを例題として取り上げる．サーボモータは位置や速度の指令に追従させることを目的としたものであり，永久磁石を用いるものが一般的である．この原理的な構造を図 3-1 に示す．図で永久磁石により作られた磁界の大きさを磁束密度 $B$ で表す．

　固定した永久磁石（固定子）に対応して回転できる電機子（回転子）があり，これには電流を流す巻線が適切に巻かれており，この電流を電機子電流という．この電流の大きさを $i$ とする．図 3-1 では説明を簡単にするために電機子巻線は 1 回巻きのコイルで表している．

　図に示すように，磁束密度 $B$ と電機子電流 $i$ は直交関係にあるので，このときフレミングの左手の法則により $B$ と $i$ のどちらにも直角の方向に力 $F$ を発生する．この力 $F$ により電機子は回転力（トルク，torque）を受ける．この図のような 1 回巻きのコイルだけでは電機子は現在の位置（a 点）の前後 90 度の幅，つまり c 点から b 点までの 180 度しか回転できないことになる．そこでコイル

がb点にきたときコイルの電流方向を切り換えて電流の向きを逆転する．すると電機子コイルは前と同じ方向にトルクを受け回転をすることになる．このように，適切な位置に電機子巻線がきたときに電流の方向を変えるための装置が整流子とブラシである．

　同様なコイルを電機子周辺に多数設置し，かつ常に同じ方向のトルクを発生するように必要なコイルに必要な時刻に電機子電流を流すように整流子とブラシをそれぞれ配置することによって電機子は連続回転することになる．さらに電機子巻線が回転すると磁束密度 $B$ の中をコイルが磁界と直角方向に動くことになるので，今度はフレミングの右手の法則によりこのコイルには誘起電圧が発生する．この電圧を逆起電力 (counter electromotive force) とも呼ぶ．つまり

　　　　コイルに電流——コイルにトルクが発生——コイルに逆起電力発生

のように現象が起き，電気的，機械的に平衡状態を求めて DC サーボモータは運動する．

　さて，上述した原理をもとにして DC サーボモータの運動を記述する運動方程式を導出する．モータ，パワーエレクトロニクス，ロボットなどにおける運動を記述する場合に，基礎になる法則は機械系に対してはニュートンの法則，電気系に対してはキルヒホッフの法則である．

### 3-1-1　機　械　系

　発生トルクは電機子電流に比例するためニュートンの法則に従って (3-1) 式の運動方程式を得る．

$$\frac{d\theta(t)}{dt} = \omega(t) \tag{3-1a}$$

$$J\frac{d\omega(t)}{dt} + B\omega(t) = K_T i(t) - T_L(t) \tag{3-1b}$$

ただし，$\theta(t)$：回転角度，$\omega(t)$：回転角速度，$i(t)$：電機子電流，$T_L(t)$：負荷トルク，$J$：慣性モーメント，$B$：摩擦係数，$K_T$：トルク定数

## 3-1-2 電気系

電機子回路についてキルヒホッフの法則により次の関係式を得る．なおここでは電機子反作用は考慮に入れないで話を進めている．

$$L\frac{di(t)}{dt}+Ri(t)=v(t)-K_e\omega(t) \qquad (3\text{-}2)$$

ただし，$v(t)$：電機子印加電圧，$R, L$：電機子巻線および回路の全抵抗と全インダクタンス，$K_e$：逆起電力定数

トルク定数と逆起電力定数は機械系と電気系を統一した単位系(例えばSI単位系) にして表現すれば数値は一致したものとなる．ただし，両者で異なった単位系で表現する場合も見られ，このときは数値は一致しないので注意が必要である．今後はとくに断らない限り $K_t=K_e=K$ として記述する．

以上よりDCサーボモータの運動は(3-1)，(3-2)式により記述されることが示された．これを概念的に示すと図3-2のようになる．ここで外部から任意に操作できる制御入力として扱える変数は電機子印加電圧 $v(t)$ である．この制御入力を適切に操作して，DCサーボモータの出力である回転角度 $\theta(t)$ あるいは回転角速度 $\omega(t)$ を外乱の存在にもかかわらず目的の値に一致させるように制御することが求められる．ここで，外乱は負荷トルク $T_L(t)$ である．(3-1)，(3-2)式を基にして次節以降で伝達関数や状態方程式を導出する．

整流子とブラシは相対的に運動をしながら機械的接触により電機子電流の流れを切り換える装置である．接触不良，ブラシの摩耗・交換などメンテナンスに注意を払う必要があるために，これらの働きを電子スイッチ（トランジスタ

図 3-2 DC サーボモータの概念図

など）に置き換えたものがブラシレスモータ（brushless motor）である．ただし，通常は DC サーボモータの整流子の数に比較して電子スイッチの数は少ないためにトルクの脈動が DC サーボモータに比較すると大きい．DC サーボモータの場合には，整流子は無数にあるという仮定で上のモデルを導出している．ブラシレスモータを厳密に議論する場合には，そのモデルは上で述べたものとは違った立場で導出する必要があるが，外部から見れば同じモデルで扱うことができる．なお9章で取り上げるリニア DC ブラシレスモータの基本的な原理は上で述べた回転型 DC サーボモータと同様であり，その原理や運動方程式は第9章において改めて述べている．

## 3-2 伝達関数とブロック線図

### 3-2-1 伝達関数

伝達関数は「すべての初期値を零にしたときの出力信号と入力信号とのラプラス変換の比である」と定義される．線形システムにおいては，入力 $u(t)$ と出力 $y(t)$ との関係は一般に以下のように示される．

$$\frac{d^n y}{dt^n} + a_{n-1}\frac{d^{n-1}y}{dt^{n-1}} + \cdots + a_0 y$$
$$= b_m \frac{d^m u}{dt^m} + b_{m-1}\frac{d^{m-1}u}{dt^{m-1}} + \cdots + b_0 u \tag{3-3}$$

ただし，因果律により $n \geq m$ と表される．

(3-3)式を初期値をすべて零として入出力信号 $u(t)$，$y(t)$ のラプラス変換をそれぞれ $U(s)$，$Y(s)$ としてラプラス変換すると次式となる．

$$\frac{Y(s)}{U(s)} = \frac{b_m s^m + b_{m-1}s^{m-1} + \cdots + b_0}{s^n + a_{n-1}s^{n-1} + \cdots + a_0} = G(s) \tag{3-4}$$

ここで，$G(s)$ が伝達関数である．(3-3)式の微分方程式に比べて入出力関係が簡単な代数式で表されていることがわかる．これを図示すると図3-3となり，これをブロック線図（block diagram）という．

伝達関数は制御系の各要素の動的な伝達特性をラプラス変換を用いて $s$ の代数式として表したものである．これを用いることによって制御系要素のブロック線図による表記が可能となり，制御系の信号の流れが明確になって周波数領

図 3-3 入出力関係の表現（ブロック線図）

域（$s$ の領域，すなわち角周波数 $\omega$ で表される領域）における理論的展開を微分方程式を直接に用いる場合に比べて格段に簡単にすることができる．

この伝達関数は信号の伝達のみを示すものであり，エネルギーやパワーの流れを示すものではないことに注意する必要がある．また，入力と出力の物理的性質は同じものであるとは限らない．例えば，入力が電圧であっても出力は電圧であるとは限らず，速度であったり位置であったりすることも多い．

また，この伝達関数は第2章で触れたように，インパルス応答を基にしたたたみ込み積分の周波数領域の表現という側面ももつが，これについては次章で詳しく述べることにする．

(3-4)式の伝達関数においてその分母を特性多項式（characteristic polynomial）といい，(3-4)式に示す分母を零とおくことによって得られる $s$ に関する方程式を特性方程式（characteristic equation）という．

$$s^n + a_{n-1}s^{n-1} + \cdots + a_0 = 0 \qquad (3\text{-}5)$$

特性方程式の根はシステムの極（pole）と呼ばれる．また，(3-4)式の分子を零とおいたときの方程式

$$b_m s^m + b_{m-1} s^{m-1} + \cdots + b_0 = 0 \qquad (3\text{-}6)$$

の根はシステムの零点（zero）と呼ばれる．

極は第5章で学ぶようにシステムの安定性に関係し，きわめて重要である．さらに極は過渡応答にも関係する．一方，零点は過渡応答に関係するが，安定性には関係しない．そして，極の値はフィードバックによって任意に変えることができるが，零点は変えられない．フィードフォワード補償などにより，新たな零点を追加することはできるが，もとからある零点はそのまま残ってしまう．もし，零点の実数部が負であれば(これを最小位相系(minimum phase system)という)，コントローラにシステムの零点と同じ極を持たせることにより，極-

零点消去を行って零点を消去することは可能である．しかし零点の実数部が正であれば（これを非最小位相系（non-minimum phase system）という），コントローラが不安定極をもつことになるためこのようなことはできない．

伝達関数はシステムに対する入力と出力の積の数だけ存在する．この入力は制御対象をシステムとするときは操作量や外乱がそれに相当し，制御系をシステムとするときは目標値や外乱が相当する．また一般に出力は制御量である．したがって，それらの伝達関数を区別するために目標値から出力まで(目標値-出力間)の伝達関数，あるいは $R(s)$ から $Y(s)$ まで（$R(s)$-$Y(s)$ 間）の伝達関数などと入力と出力を指定して表す．

**[例 1]** (3-1)式に示したDCサーボモータの機械系において，入力を電機子電流 $i(t)$ としたときの伝達関数，極，零点を求める．

(3-1)式において負荷トルク $T_L$ を零としてラプラス変換を行う．

$$\mathcal{L}[\omega(t)] = \Omega(s) \qquad \mathcal{L}[i(t)] = I(s) \qquad (3\text{-}7)$$

とおくと(3-1)式は，

$$J(s\Omega(s) - \omega(0)) + B\Omega(s) = KI(s) \qquad (3\text{-}8)$$

となり，次式となる．

$$\Omega(s) = \frac{K}{Js+B} I(s) + \frac{J}{Js+B} \omega(0) \qquad (3\text{-}9)$$

ここで，初期値 $\omega(0)$ を零とおいて $I(s)$ を入力，$\Omega(s)$ を出力とすると，$I(s)$-$\Omega(s)$ 間の伝達関数 $G(s)$ は

$$G(s) = \frac{\Omega(s)}{I(s)} = \frac{K}{Js+B} \qquad (3\text{-}10)$$

となる．(3-10)式の極は $-B/J$ であり，零点は存在しない．

### 3-2-2 ブロック線図

ブロック線図は信号の伝達の様子を示した系統図である．ブロック線図は図3-3に示したように，信号の伝達のみを矢印線とブロックを用いて表すものであり，ブロックの中には伝達関数が用いられる．ブロック線図は周波数領域において信号の流れを把握し，理論的な展開を行うのに重要な表現法である．

(a) 伝達要素　　　　(b) 加え合わせ点　　　　(c) 引き出し点

図 3-4　ブロック線図の基本単位

ブロック線図は図 3-4 に示すような 3 つの基本単位によって構成される．
(1) 伝達要素（transfer element）
入力信号 $X(s)$ を出力信号 $Y(s)$ に変換する要素．ブロックの中には伝達関数を用いる．
(2) 加え合わせ点
2 つの信号の代数和あるいは代数差を作る部分．
(3) 引き出し点
1 つの信号を 2 つに分岐する部分．図 3-5 に示す電気回路などでは $i(t) = i_1(t) + i_2(t)$ となり，信号（電流）は 2 つに分流するが，引き出し点は信号 $X(s)$ が単に分岐することに注意が必要である．

加え合わせ点，引き出し点はブロックを結合するために用いられる．また，信号は必ず矢印によって示される一方向に伝達される．

図 3-5　電気回路の場合

ブロック線図の結合に関しては次に示すような基本的な 3 つの結合方式が用いられる．

(a) 直列結合

図 3-6 に示すように，伝達要素 $G_1(s)$ と $G_2(s)$ が直列に結合された場合には第 1 の要素の出力が第 2 の要素の入力になっている．このとき

$$Y(s) = G_2(s) Z(s) \tag{3-11}$$
$$Z(s) = G_1(s) X(s) \tag{3-12}$$

3-2 伝達関数とブロック線図

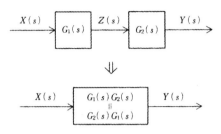

図 3-6 ブロック線図の直列結合

より
$$Y(s) = G_2(s)G_1(s)X(s) = G_1(s)G_2(s)X(s)$$
$$= G(s)X(s) \qquad (3\text{-}13)$$
となり，2つの伝達関数の積を伝達関数とする1つのブロックにまとめることができる．一般的に伝達要素が直列に結合された場合には全体の伝達関数はそれぞれの伝達要素の積となる．

**(b) 並 列 結 合**

図 3-7 に示すように，伝達要素 $G_1(s)$ と $G_2(s)$ が並列に結合された場合には
$$Y(s) = G_1(s)X(s) \pm G_2(s)X(s) = [G_1(s) \pm G_2(s)]X(s)$$
$$= G(s)X(s) \qquad (3\text{-}14)$$
となり，2つの伝達関数の和を伝達関数とするブロックにまとめることができ

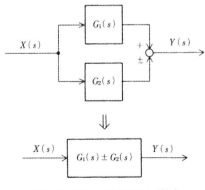

図 3-7 ブロック線図の並列結合

る．一般的に伝達要素が並列に結合された場合には全体の伝達関数はそれぞれの伝達関数の和に等しい．

(c) フィードバック結合

図 3-8 に示すように，2 つの伝達要素をフィードバック形に結合したものであり，

$$Y(s) = G_1(s) Z(s) \tag{3-15}$$
$$W(s) = G_2(s) Y(s) \tag{3-16}$$
$$Z(s) = X(s) \mp W(s) \tag{3-17}$$

であるから次式となる．

$$Y(s) = \frac{G_1(s)}{1 \pm G_1(s) G_2(s)} X(s) = G(s) X(s) \tag{3-18}$$

複号が図 3-8 の加え合わせ点におけるものと逆になっていることに注意が必要である．

これらの基本的な結合法則を用いることによりブロック線図の等価変換が可能になり，複雑なブロック線図を 1 つの伝達関数にまとめて表すことができる．ここで図 3-9(a) に示す基本的なフィードバック制御系について考える．まず，直列結合の部分について変形を行うと (b) となり，(b) に対してフィードバック結合の変形を行うと (c) となって，この制御系の $R(s)$-$Y(s)$ 間の伝達

図 3-8 ブロック線図のフィードバック結合

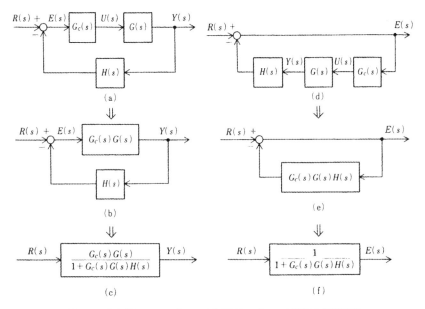

図 3-9 基本的なフィードバック制御系のブロック線図の等価変形

関数は

$$\frac{Y(s)}{R(s)} = \frac{G_c(s) G(s)}{1 + G_c(s) G(s) H(s)} \tag{3-19}$$

と求められる．一方，定常誤差などを求めるときに必要となる $R(s)$-$E(s)$ 間の伝達関数は（a）を（d）から（f）のように変形することにより，同様にして

$$\frac{E(s)}{R(s)} = \frac{1}{1 + G_c(s) G(s) H(s)} \tag{3-20}$$

と求められる．(3-20)式は等価変形によって直列結合とフィードバック結合の形に変形して求めたが，図 3-9（a）から，

$$E(s) = R(s) - H(s) Y(s) = R(s) - H(s) G_c(s) G(s) E(s) \tag{3-21}$$

のように代数式から中間変数を消去して(3-20)式を求めることもでき，複数の入出力がある場合やパターン化が困難な複雑なブロック線図を扱う場合はこの方がやりやすい場合もある．(3-19)式についても同様である．

次にこの制御系に図 3-10（a）のように外乱が入った場合を考える．この場

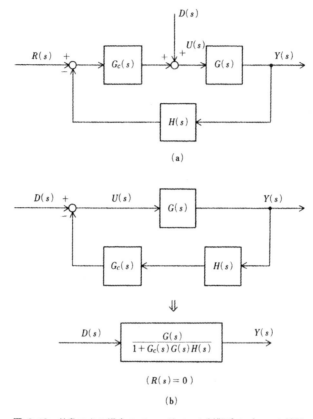

図 3-10 外乱のある場合のフィードバック制御系のブロック線図

合には，制御系への入力は目標値 $R(s)$ と外乱 $D(s)$ と考えることができる．このとき，出力を $Y(s)$ とすれば，線形性より重ね合わせの原理 (Principle of superposition) が成立するため，$Y(s)$ は $D(s)=0$ とした出力と $R(s)=0$ とした出力を別々に求めて加えればよい．$D(s)=0$ の場合は(3-19)式となる．$R(s)=0$ の場合は図 3-10 (b)のように変形でき，

$$Y(s) = \frac{G(s)}{1+G_c(s)G(s)H(s)} D(s) \tag{3-22}$$

となり，これらを加え合わせると次式となる．

$$Y(s) = \frac{G_c(s)\,G(s)}{1 + G_c(s)\,G(s)\,H(s)} R(s) + \frac{G(s)}{1 + G_c(s)\,G(s)\,H(s)} D(s)$$
(3-23)

この場合も(3-21)式と同じように図3-10(a)から

$$Y(s) = G(s)\,U(s) = G(s)\,[\,G_c(s)\,\{R(s) - H(s)\,Y(s)\} + D(s)\,]$$
(3-24)

が成り立つことを用いれば，直接(3-23)式を求めることもできる．

### 3-2-3　DC サーボモータのブロック線図と伝達関数

次に本書で例として取り上げている DC サーボモータのブロック線図とその変形について考えよう．いま(3-1)，(3-2)式を初期値を零としてラプラス変換することを考える．ここで

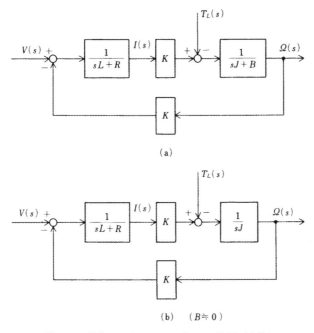

図 3-11　DC サーボモータのブロック線図（全体）

$$\mathcal{L}[\omega(t)] = \Omega(s) \qquad \mathcal{L}[i(t)] = I(s)$$
$$\mathcal{L}[T_L(t)] = T_L(s) \qquad \mathcal{L}[v(t)] = V(s) \tag{3-25}$$

とすると次式となる.

$$Js\Omega(s) + B\Omega(s) + T_L(s) = KI(s) \tag{3-26}$$
$$LsI(s) + RI(s) + K\Omega(s) = V(s) \tag{3-27}$$

(3-26),(3-27)式をブロック線図で表すと図3-11(a)のようになる.通常,モータ自体の粘性制動係数は小さいので無視してこれを(b)のように表すこともある.この場合,3-2-2より回転速度 $\Omega(s)$ を出力とするDCサーボモータの伝達特性を求めると(3-28)式のようになる.

$$\Omega(s) = \frac{K}{LJs^2 + RJs + K^2} V(s) - \frac{Ls + R}{LJs^2 + RJs + K^2} T_L(s) \tag{3-28}$$

## 3-3 状態方程式

### 3-3-1 状態方程式

古典制御理論においては一般にシステムをラプラス演算子 $s$ を用いたブロック線図で表現し,これを等価変形して求めた伝達関数に基づいて制御系の構成がなされるが,現代制御理論においてはシステムの内部状態にも着目した状態方程式(state equation)に基づいて制御系の構成がなされる.この状態方程式は連立一階微分方程式を行列で表現するものである.

いま,3-1節において示したDCサーボモータについて考える.回転角速度を出力としたDCサーボモータの微分方程式は(3-1),(3-2)式で与えられ,ここで

$$x_1(t) = \omega(t) \qquad x_2(t) = i(t) \qquad u(t) = v(t) \tag{3-29}$$

とおくと,これらは行列を用いて(3-30)式のように表現される.

$$\begin{bmatrix} \dot{x}_1(t) \\ \dot{x}_2(t) \end{bmatrix} = \begin{bmatrix} -B/J & K/J \\ -K/L & -R/L \end{bmatrix} \begin{bmatrix} x_1(t) \\ x_2(t) \end{bmatrix}$$
$$+ \begin{bmatrix} 0 \\ 1/L \end{bmatrix} u(t) + \begin{bmatrix} -1/J \\ 0 \end{bmatrix} T_L(t) \tag{3-30 a}$$

また,出力を $y(t)$ で表すと $x_1(t)$ が出力となるから

$$y(t) = \begin{bmatrix} 1 & 0 \end{bmatrix} \begin{bmatrix} x_1(t) \\ x_2(t) \end{bmatrix} \quad (3\text{-}30\,\text{b})$$

と表せる．このような表記を状態空間表現といい，$u(t)$ を入力変数 (input variable)，$y(t)$ を出力変数 (output variable)，$x_1(t)$, $x_2(t)$ のような中間変数を状態変数(state variable)という．また，(3-30 a)式を状態方程式(state equation)，(3-30 b) 式を出力方程式（output equation）という．

DC サーボモータにおいては，現在時刻の回転速度 $y(t)(=x_1(t))$ がいくらかわかるためには，初期時刻から現在時刻までに加えられた入力 $u(t)$ と初期時刻における回転速度 $x_1(0)$，電機子電流 $x_2(0)$ の情報が必要である．$x_1(t)$，$x_2(t)$ は初期時刻を任意に考えれば過去の入力の影響を時々刻々記憶する変数であるともいえる．このように，動的システムにおいてシステムの振舞いを知るのに必要な情報を表す変数が状態変数であり，その個数がシステムの次数となる．ちなみに(3-28)式の伝達関数表現では初期値の情報が用いられていないので，ある入力を入れた場合に回転速度がいくらになるかわからないことになる．

いま，(3-30)式を一般化して考えると $u(t)$ を入力，$y(t)$ を出力，$d(t)$ を外乱とし，$n$ 個の状態変数をもつ1入力1出力システムは行列 $\boldsymbol{A}(n\times n)$，列ベクトル $\boldsymbol{b}(n\times 1)$，$\boldsymbol{g}(n\times 1)$，行ベクトル $\boldsymbol{c}(1\times n)$，状態変数ベクトル $\boldsymbol{x}(t)(n\times 1)$ を用いて(3-31)式のように表現できる．

$$\dot{\boldsymbol{x}}(t) = \boldsymbol{A}\boldsymbol{x}(t) + \boldsymbol{b}u(t) + \boldsymbol{g}d(t) \quad (3\text{-}31\,\text{a})$$
$$y(t) = \boldsymbol{c}\boldsymbol{x}(t) \quad (3\text{-}31\,\text{b})$$

$r$ 入力 $m$ 出力 $q$ 外乱の多入力多出力システムの場合には $\boldsymbol{b}, \boldsymbol{c}, \boldsymbol{g}$ ベクトルの代わりに $\boldsymbol{B}(n\times r)$，$\boldsymbol{C}(m\times n)$，$\boldsymbol{G}(n\times q)$ 行列を用いればよい．

### 3-3-2 状態変数線図

図 3-11（b）において積分要素 $1/s$ が単独でブロック線図の中に表れるような形に変形すると，例えば図 3-12（a）のように表現できる．$1/s$ のブロックを積分器 (integrator) と呼ぶ．いま，時間領域における積分器を図 3-12（b）のように表し，これを用いて図 3-12（a）を時間領域へ変換すると図 3-12（c）のようになる．図（c）は当然のことながら図（b）の積分器を用いて(3-1)，(3-2)式から直接描いたものと一致している（ただし $B=0$）．図（c）のように時

(a) ブロック線図

(b) s領域とt領域の積分器

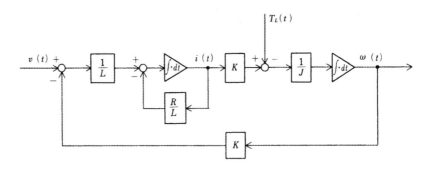

(c) 状態変数線図

図 3-12　ブロック線図と状態変数線図

間領域で信号の伝達の様子を表した線図を状態変数線図 (state variable diagram) という. 図（c）の状態変数線図を見ると積分器の後の変数が状態変数となっていることがわかる. したがって,

　　状態変数の数＝積分器の数
　　　　　　　　＝連立微分方程式の連立数
　　　　　　　　＝状態方程式の次数

がいえる.

### 3-3-3 状態方程式と伝達関数

状態空間による表現はシステムを内部からとらえているのに対して，伝達関数による表現はシステムをその入出力からとらえている. したがって，状態空間表現を内部表現 (internal description)，伝達関数表現を外部表現 (external description) ともいう.

ここでは状態空間表現(3-31)式と伝達関数の関係を調べて見よう.
(3-31)式をラプラス変換すると次式となる.

$$sX(s) - x(0) = AX(s) + bU(s) + gD(s) \qquad (3\text{-}32\,\text{a})$$
$$Y(s) = cX(s) \qquad (3\text{-}32\,\text{b})$$

ただし, $\mathcal{L}[x(t)] = X(s)$, $\mathcal{L}[u(t)] = U(s)$,
　　　　$\mathcal{L}[y(t)] = Y(s)$, $\mathcal{L}[d(t)] = D(s)$

これらを解くと次のようになる.

$$X(s) = [sI - A]^{-1} x(0) + [sI - A]^{-1} bU(s)$$
$$+ [sI - A]^{-1} gD(s) \qquad (3\text{-}33)$$
$$Y(s) = c[sI - A]^{-1} x(0) + c[sI - A]^{-1} bU(s)$$
$$+ c[sI - A]^{-1} gD(s) \qquad (3\text{-}34)$$

これが $s$ 領域における状態方程式と出力方程式の解となる. 伝達関数はすべての初期値を零としたときのシステムの入力（外乱も含めて）-出力間のラプラス変換の比であるから $x(0) = 0$ とおくと (3-34) 式より以下となる.

$$Y(s) = c[sI - A]^{-1} bU(s) + c[sI - A]^{-1} gD(s) \qquad (3\text{-}35)$$

したがって，入力-出力間の伝達関数 $G(s)$ は

$$G(s) = \frac{Y(s)}{U(s)} = c[sI - A]^{-1} b \tag{3-36}$$

となり,外乱-出力間の伝達関数 $G_D(s)$ は

$$G_D(s) = \frac{Y(s)}{D(s)} = c[sI - A]^{-1} g \tag{3-37}$$

となる.(3-36)式において逆行列の部分を行列式と余因子行列を用いると

$$G(s) = \frac{c \, \mathrm{adj}(sI - A) \, b}{\det(sI - A)} \tag{3-38}$$

と表せる.(3-38)式において

$$\det(sI - A) = 0 \tag{3-39}$$

が特性方程式であり,その根がシステムの極である.また

$$c \, \mathrm{adj}(sI - A) \, b = 0 \tag{3-40}$$

の根が零点である.(3-37)式の場合も全く同様である.

[例2] (3-30)式の状態方程式を用いて DC サーボモータの伝達関数を求め,その極と零点を求める.

(3-30)式の状態方程式において $B=0$ とする.伝達関数は

$$\begin{aligned}G(s) &= c[sI - A]^{-1} b \\ &= [1 \quad 0] \begin{bmatrix} s & -K/J \\ K/L & s + R/L \end{bmatrix}^{-1} \begin{bmatrix} 0 \\ 1/L \end{bmatrix} \\ &= \frac{K}{LJs^2 + RJs + K^2}\end{aligned} \tag{3-41}$$

および

$$\begin{aligned}G_D(s) &= c[sI - A]^{-1} g \\ &= [1 \quad 0] \begin{bmatrix} s & -K/J \\ K/L & s + R/L \end{bmatrix}^{-1} \begin{bmatrix} -1/J \\ 0 \end{bmatrix} \\ &= -\frac{Ls + R}{LJs^2 + RJs + K^2}\end{aligned} \tag{3-42}$$

となり(3-28)式の結果に一致する.この DC サーボモータの極は以下のようになる.

$$s = \frac{-R \pm \sqrt{R^2 - 4LK^2/J}}{2L} \tag{3-43}$$

零点は入力-出力間の伝達関数においては存在せず，外乱-出力間の伝達関数においては $s=-R/L$ となる．

### 3-3-4 状態方程式の解

$s$ 領域における解はすでに(3-33)，(3-34)式において求めたが，ここでは時間領域における状態方程式の解を求めよう．

入力項を零とおいた

$$\dot{\boldsymbol{x}}(t) = \boldsymbol{A}\boldsymbol{x}(t) \tag{3-44}$$

を自由系 (free system) というが，$t=0$ での初期値 $\boldsymbol{x}(0)$ が与えられたとしてこれをラプラス変換すると

$$\boldsymbol{X}(s) = [s\boldsymbol{I} - \boldsymbol{A}]^{-1} \boldsymbol{x}(0) \tag{3-45}$$

となるので，まずこの時間解を求める．(3-44)式がスカラーの場合 ($\dot{x}(t) = ax(t)$, $t=0$ での初期値 $x(0)$) にはその解は容易に

$$x(t) = e^{at} x(0) \tag{3-46}$$

と求められる．これを行列の場合に拡張すると

$$\boldsymbol{x}(t) = e^{\boldsymbol{A}t} \boldsymbol{x}(0) \tag{3-47}$$

となる．ただし，$e^{\boldsymbol{A}t}$ はスカラーの指数関数のテイラー展開の公式

$$e^{at} = 1 + at + \frac{1}{2!}(at)^2 + \cdots + \frac{1}{n!}(at)^n + \cdots \tag{3-48}$$

を行列関数の場合に拡張した

$$e^{\boldsymbol{A}t} = \boldsymbol{I} + \boldsymbol{A}t + \frac{1}{2!}(\boldsymbol{A}t)^2 + \cdots + \frac{1}{n!}(\boldsymbol{A}t)^n + \cdots \tag{3-49}$$

で定義されるものであり，行列指数関数 (matrix exponential function) と呼ばれる．行列指数関数はその定義式から

$$\frac{d}{dt} e^{\boldsymbol{A}t} = \boldsymbol{A} e^{\boldsymbol{A}t} = e^{\boldsymbol{A}t} \boldsymbol{A} \tag{3-50}$$

$$e^0 = \boldsymbol{I} \tag{3-51}$$

などが成り立ち，(3-47)式が成立することも容易に確かめられる(演習問題4参照)．

したがって，(3-45)式と(3-47)式を比較することにより次式が成立する．

$$\mathcal{L}^{-1}[[s\boldsymbol{I} - \boldsymbol{A}]^{-1}] = e^{\boldsymbol{A}t} \tag{3-52}$$

(3-52)式の性質を用いて,さらに(2-13)式のたたみ込み積分のラプラス変換の結果を用いると,状態方程式(3-31)式の時間領域の解 $x(t)$ は (3-33)式より次のように求められる.

$$x(t) = e^{At}x(0) + \int_0^t e^{A(t-\tau)}bu(\tau)d\tau$$
$$+ \int_0^t e^{A(t-\tau)}gd(\tau)d\tau \tag{3-53}$$

なお,(3-31 a) 式は

$$e^{-At}[\dot{x}(t) - Ax(t)] = e^{-At}[bu(t) + gd(t)] \tag{3-54}$$

と変形でき,(3-54)式の左辺は

$$e^{-At}[\dot{x}(t) - Ax(t)] = \frac{d}{dt}[e^{-At}x(t)] \tag{3-55}$$

となるので,(3-53)式はこの性質を用いて両辺を積分しても求められる.

なお初期値として $t=t_0$ のとき $x(t_0)$ が与えられるすると時間領域の解 $x(t)$ は

$$x(t) = e^{A(t-t_0)}x(t_0) + \int_{t_0}^t e^{A(t-\tau)}bu(\tau)d\tau$$
$$+ \int_{t_0}^t e^{A(t-\tau)}gd(\tau)d\tau \tag{3-56}$$

となる(演習問題5参照).

### 3-3-5 実現問題

3-3-3項では状態方程式が与えられたとき,伝達関数を求めることを考えたが,ここではこれとは逆に伝達関数が与えられたとき,それに対する状態方程式を求めることを考えよう.このような問題を実現(realization)問題という.1つの伝達関数に対する状態方程式は一意でなく無数にあるが,その中で最小次数のものを最小実現(minimal realization)という.最小実現にも無数のものがあり,実現を行ったときの状態変数は必ずしも物理的なものに対応しているとは限らない.例えば,DC サーボモータの場合,(3-30)式の状態方程式によれば状態変数は回転速度 $\omega(t)$ と電機子電流 $i(t)$ という物理量に対応しているが,これらの代わりに

$$z_1(t) = 3\omega(t) + 0.5i(t)$$
$$z_2(t) = 2\omega(t) + i(t) \tag{3-57}$$

と $\omega(t)$ と $i(t)$ の線形結合の形で与えられる変数 $z_1(t)$, $z_2(t)$ を状態変数としても状態方程式は成り立つ。これらのうち代表的な形として，いくつかの正準形（canonical form）が知られている。ここでは，このような問題について考えてみよう。

いま，伝達関数 $G(s)$ が既約で以下に示すような一般的な形で与えられたとする。ここで，分子の次数が $m(<n-1)$ のときには $b_{m+1}=\cdots=b_{n-1}=0$ とする。

$$G(s)=\frac{Y(s)}{U(s)}=\frac{b_{n-1}s^{n-1}+\cdots+b_0}{s^n+a_{n-1}s^{n-1}+\cdots+a_0} \tag{3-58}$$

### （a） 対角正準形

いま，$G(s)$ の極 $\lambda_i (i=1,\cdots,n)$ がすべて異なっているとして，これを部分分数に展開する。

$$\frac{Y(s)}{U(s)}=\frac{\alpha_1}{s-\lambda_1}+\frac{\alpha_2}{s-\lambda_2}+\cdots+\frac{\alpha_n}{s-\lambda_n} \tag{3-59}$$

ただし，$\alpha_i=(s-\lambda_i)G(s)|_{s=\lambda_i}$

ここで，$x_i(t)(i=1,\cdots,n)$ なる状態変数を導入して，$\mathcal{L}[x_i(t)]=X_i(s)$ として，

$$X_i(s)=\frac{1}{s-\lambda_i}U(s) \tag{3-60}$$

とおくと(3-59)式は次式となる。

$$Y(s)=\alpha_1 X_1(s)+\alpha_2 X_2(s)+\cdots+\alpha_n X_n(s) \tag{3-61}$$

(3-60)，(3-61)式をラプラス逆変換すると

$$\dot{x}_i(t)=\lambda_i x_i(t)+u(t) \tag{3-62}$$

$$y(t)=\alpha_1 x_1(t)+\alpha_2 x_2(t)+\cdots+\alpha_n x_n(t) \tag{3-63}$$

となり，列ベクトル $\boldsymbol{x}^T(t)=[x_1(t)\ x_2(t)\ \cdots\ x_n(t)]$ を用いてこれらをまとめると次式となる。

$$\dot{\boldsymbol{x}}(t)=\begin{bmatrix} \lambda_1 & 0 & \cdots & 0 \\ 0 & \lambda_2 & & \vdots \\ \vdots & & \ddots & 0 \\ 0 & \cdots & 0 & \lambda_n \end{bmatrix}\boldsymbol{x}(t)+\begin{bmatrix} 1 \\ 1 \\ \vdots \\ 1 \end{bmatrix}u(t) \tag{3-64 a}$$

$$y(t)=[\alpha_1\ \alpha_2\ \cdots\ \alpha_n]\boldsymbol{x}(t) \tag{3-64 b}$$

(3-64)式は対角項以外はすべて0となるので対角正準形(diagonal canonical form)と呼ばれる．ここではすべての極は異なっているとしたが，重複する極をもつ場合にはジョルダン標準形(Jordan canonical form)と呼ばれる形となる．

### (b) 可制御正準形

伝達関数 $G(s)$ を

$$\frac{W(s)}{U(s)} = \frac{1}{s^n + a_{n-1}s^{n-1} + \cdots + a_0} \tag{3-65}$$

および

$$\frac{Y(s)}{W(s)} = b_{n-1}s^{n-1} + \cdots + b_0 \tag{3-66}$$

に分解する．ただし，$\mathcal{L}[w(t)] = W(s)$

ここで，次のような状態変数 $x_i(t)$ $(i=1,\cdots,n)$ を導入する．

$$x_1(t) = w(t)$$
$$x_2(t) = w^{(1)}(t)$$
$$\vdots \tag{3-67}$$
$$x_n(t) = w^{(n-1)}(t)$$

(3-65)，(3-66)式をラプラス逆変換しこれらの状態変数を用いると

$$\dot{x}_n(t) = -a_{n-1}x_n(t) - \cdots - a_0 x_1(t) + u(t) \tag{3-68}$$
$$y(t) = b_{n-1}x_n(t) + \cdots + b_0 x_1(t) \tag{3-69}$$

となり，これらをまとめると次式のようになる．

$$\dot{\boldsymbol{x}}(t) = \begin{bmatrix} 0 & 1 & 0 & \cdots & 0 \\ \vdots & & \ddots & & 0 \\ 0 & \cdots & & 0 & 1 \\ -a_0 & \cdots & & & -a_{n-1} \end{bmatrix} \boldsymbol{x}(t) + \begin{bmatrix} 0 \\ \vdots \\ 0 \\ 1 \end{bmatrix} u(t) \tag{3-70 a}$$

$$y(t) = [b_0 \cdots b_{n-1}]\boldsymbol{x}(t) \tag{3-70 b}$$

(3-70)式が同伴正準形(companion canonical form)あるいは可制御正準形(controllable canonical form)と呼ばれる．(3-70)式と(3-58)式を比較すると明らかなように，可制御正準形においては用いている係数が伝達関数と一意に対応しており，制御系の極配置などはこの可制御正準形に変換したのちに

行うことも多い．(3-70)式から求めた伝達関数が (3-58)式となるのは演習問題7を参照されたい．

**（c） 可観測正準形**

伝達関数 $G(s)$ を

$$s^n Y(s) = s^{n-1}\{b_{n-1}U(s) - a_{n-1}Y(s)\} + \cdots + \{b_0 U(s) - a_0 Y(s)\} \tag{3-71}$$

と変形する．ここで次式を満たすような状態変数 $x_i(t)\,(i=1,\cdots,n)$ を導入して，$\mathcal{L}[x_i(t)] = X_i(s)$ とすると，

$$sX_i(s) = \{b_{i-1}U(s) - a_{i-1}Y(s)\} + X_{i-1}(s) \tag{3-72}$$

より（ただし，$x_0(t)=0$），

$$\begin{aligned}
\dot{x}_1(t) &= b_0 u(t) - a_0 y(t) \\
\dot{x}_2(t) &= b_1 u(t) - a_1 y(t) + x_1(t) \\
&\vdots \\
\dot{x}_n(t) &= b_{n-1} u(t) - a_{n-1} y(t) + x_{n-1}(t) \\
&= \dot{y}(t)
\end{aligned} \tag{3-73}$$

となり，これらをまとめると次式のようになる．

$$\dot{\boldsymbol{x}}(t) = \begin{bmatrix} 0 \cdots\cdots 0 & -a_0 \\ 1 & -a_1 \\ 0 & \vdots \\ \vdots \ddots 0 & \vdots \\ 0 \cdots 0\;\;1 & -a_{n-1} \end{bmatrix} \boldsymbol{x}(t) + \begin{bmatrix} b_0 \\ b_1 \\ \vdots \\ b_{n-1} \end{bmatrix} u(t) \tag{3-74 a}$$

$$y(t) = [\,0 \cdots\cdots 0\;\;1\,]\,\boldsymbol{x}(t) \tag{3-74 b}$$

(3-74) 式が可観測正準形 (observable canonical form) と呼ばれる．可制御正準形と対応関係は異なっているが，用いている係数が伝達関数と一意に対応していることがわかる．

## 3-4 状態変数変換と可制御性，可観測性

3-3-5項では伝達関数から状態空間表現を得る実現問題について述べたが，このような正準形式はある状態空間表現が与えられたときに状態変数の選び方を

変えること，すなわち状態変数の変換を行うことによっても得られる．ここでは，このような線形の状態変数変換について考えよう．

### 3-4-1 状態変数変換

いま，状態変数 $x_1(t)$ と $x_2(t)$ をもつシステムがあったとしよう．このとき状態変数としては例えば $z_1(t)=x_1(t)+x_2(t)$ と $z_2(t)=x_1(t)-2\,x_2(t)$ を選んでも状態空間表現は成立する．そして，ある特別の状態変数を選んだ場合が正準形となるわけである．これらの状態変数変換(座標変換，state variable transformation) を一般化すると，状態変数 $\boldsymbol{x}(t)$ を新しい状態変数 $\boldsymbol{z}(t)$ に変換する場合，正則行列 $\boldsymbol{T}(n\times n)$ を用いて

$$\boldsymbol{x}(t)=\boldsymbol{T}\boldsymbol{z}(t) \tag{3-75}$$

と表せる．そして状態空間表現

$$\dot{\boldsymbol{x}}(t)=\boldsymbol{A}\boldsymbol{x}(t)+\boldsymbol{b}u(t) \tag{3-76 a}$$
$$y(t)=\boldsymbol{c}\boldsymbol{x}(t) \tag{3-76 b}$$

に対して(3-75)式の座標変換を行えば次式となる．

$$\dot{\boldsymbol{z}}(t)=\tilde{\boldsymbol{A}}\boldsymbol{z}(t)+\tilde{\boldsymbol{b}}u(t) \tag{3-77 a}$$
$$y(t)=\tilde{\boldsymbol{c}}\boldsymbol{z}(t) \tag{3-77 b}$$

ただし，$\tilde{\boldsymbol{A}}=\boldsymbol{T}^{-1}\boldsymbol{A}\boldsymbol{T}$，$\tilde{\boldsymbol{b}}=\boldsymbol{T}^{-1}\boldsymbol{b}$，$\tilde{\boldsymbol{c}}=\boldsymbol{c}\boldsymbol{T}$

この $\boldsymbol{T}$ の選び方は任意であり，特別に選んだ場合が理論展開に都合のよい正準形となる．

このような状態変数変換を行ってもシステムの内部の記述が変わるだけで入出力特性は不変である．すなわち

$$\begin{aligned}G(s)&=\tilde{\boldsymbol{c}}[s\boldsymbol{I}-\tilde{\boldsymbol{A}}]^{-1}\tilde{\boldsymbol{b}}\\&=\boldsymbol{c}\boldsymbol{T}[s\boldsymbol{I}-\boldsymbol{T}^{-1}\boldsymbol{A}\boldsymbol{T}]^{-1}\boldsymbol{T}^{-1}\boldsymbol{b}\\&=\boldsymbol{c}\boldsymbol{T}[\boldsymbol{T}^{-1}(s\boldsymbol{I}-\boldsymbol{A})\boldsymbol{T}]^{-1}\boldsymbol{T}^{-1}\boldsymbol{b}\\&=\boldsymbol{c}[s\boldsymbol{I}-\boldsymbol{A}]^{-1}\boldsymbol{b}\end{aligned} \tag{3-78}$$

となって伝達関数は不変であることがわかる．

### 3-4-2 対角正準形と可制御性，可観測性

$\boldsymbol{A}(n\times n)$ が相異なる $n$ 個の固有値 $\lambda_i(i=1,\cdots,n)$ をもち，$\lambda_i$ に対する固有

## 3-4 状態変数変換と可制御性, 可観測性

ベクトルを $v_i (n \times 1)$ とする. このとき変換行列 $T$ として

$$T = [v_1 \quad v_2 \quad \cdots \quad v_n] \tag{3-79}$$

を選ぶと

$$A v_i = \lambda_i v_i \tag{3-80}$$

より

$$A[v_1 \quad v_2 \quad \cdots \quad v_n] = [v_1 \quad v_2 \quad \cdots \quad v_n] \begin{bmatrix} \lambda_1 & 0 & \cdots & 0 \\ 0 & \lambda_2 & & \vdots \\ \vdots & & \ddots & 0 \\ 0 & \cdots & 0 & \lambda_n \end{bmatrix} \tag{3-81}$$

となって(3-82)式を得る.

$$\tilde{A} = T^{-1} A T = \begin{bmatrix} \lambda_1 & 0 & \cdots & 0 \\ 0 & \lambda_2 & & \vdots \\ \vdots & & \ddots & 0 \\ 0 & \cdots & 0 & \lambda_n \end{bmatrix} \tag{3-82}$$

$\tilde{b}, \tilde{c}$ は特別な形とならず

$$\tilde{b} = [b_1 \quad b_2 \quad \cdots \quad b_n]^T \tag{3-83}$$

$$\tilde{c} = [c_1 \quad c_2 \quad \cdots \quad c_n] \tag{3-84}$$

とすると, 変換された状態空間表現は次式となる.

$$\dot{z}(t) = \begin{bmatrix} \lambda_1 & 0 & \cdots & 0 \\ 0 & \lambda_2 & & \vdots \\ \vdots & & \ddots & 0 \\ 0 & \cdots & 0 & \lambda_n \end{bmatrix} z(t) + \begin{bmatrix} b_1 \\ b_2 \\ \vdots \\ b_n \end{bmatrix} u(t) \tag{3-85 a}$$

$$y(t) = [c_1 \quad c_2 \quad \cdots \quad c_n] z(t) \tag{3-85 b}$$

これは対角正準形であり, 固有値 $\lambda_i$ の選び方や固有ベクトル $v_i$ が無数にあることから対角正準形も無数にある. このうち (3-64) 式に示したものは $b$ の要素をすべて1と選んだ特別なものである. ここで $z_i(t)$ をモードと呼ぶこともある. この対角正準形の状態変数線図を図 3-13 に示す. 状態変数 $z_i(t)$ ($i=1, \cdots, n$) は互いに干渉されない構造になっていることがわかる.

そしてこの状態変数 $z_i(t)$ はそれぞれ $b_i$ を通じて入力 $u(t)$ とつながっており, $c_i$ を通じて出力 $y(t)$ に影響を与えていることがわかる. もし, 1つでも

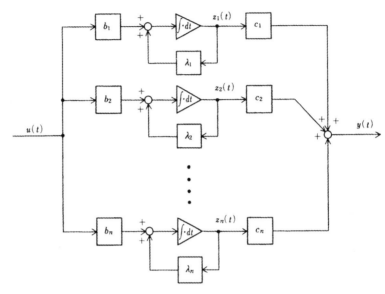

図 3-13 対角正準形の状態変数線図

$b_i$ が零となっていれば，それにつながっている状態変数 $z_i(t)$ は入力 $u(t)$ によって制御できないことになる．これをシステムは不可制御 (uncontrollable) であるという．逆にすべての $b_i$ が零でなければすべての状態変数 $z_i(t)$ は入力 $u(t)$ によって制御できるのでシステムは可制御 (controllable) となる．同様に1つでも $c_i$ が零となっていればそれにつながっている $z_i(t)$ は出力 $y(t)$ に影響を及ぼすことができない．すなわち，出力の変化を見て $z_i(t)$ の変化を観測できないことになる．これをシステムは不可観測 (unobservable) であるという．逆にすべての $c_i$ が零でなければ可観測 (observable) であるという．

もう少し広く考えると，制御や観測できない $z_i(t)$ が安定であれば，すなわち時間とともに発散せずに零に収束する場合には，システム全体に悪影響を及ぼさない．このような場合，システムは不可制御ないし不可観測ではあるが可安定 (stabilizable) ないし可検出 (detectable) であるという．

以上では対角正準形を用いて可制御，可観測について論じたが，可制御性の条件をもう少し一般化すると以下のようにいうことができる．

## 3-4 状態変数変換と可制御性,可観測性

(a-1) 可制御性行列(controllability matrix)を
$$U_c = [\begin{array}{cccc} \boldsymbol{b} & \boldsymbol{Ab} & \cdots & \boldsymbol{A}^{n-1}\boldsymbol{b} \end{array}] \quad (n \times n) \tag{3-86}$$
と定義し,$U_c$ のランクが $n$(フルランク,1入力1出力の場合には $|U_c| \neq 0$,すなわち $U_c$ が正則であることと等価)であれば(3-76)式のシステムは可制御である.

(a-2) $\boldsymbol{A}$ のすべての固有値 $\lambda_i$ に対して
$$\mathrm{rank}[\boldsymbol{A} - \lambda_i \boldsymbol{I} \quad \boldsymbol{b}] = n \tag{3-87}$$
となれば(3-76)式のシステムは可制御である.

対角正準形において,$b_i$ がすべて零でないという条件とこれらの条件はすべて等価なものとなる(演習問題8,9参照).また(a-1),(a-2)の判別条件はシステムが多入力多出力の場合にもそのまま拡張可能である.なお,可制御性の条件は $\boldsymbol{A}$ と $\boldsymbol{b}$ のみによって決まるため,(3-76)式のシステムが可制御であることを $(\boldsymbol{A}, \boldsymbol{b})$ は可制御であるなどともいう.

一方,可観測性の条件についても可制御性の場合と同様に以下のようにいうことができる.

(b-1) 可観測性行列(observability matrix)を
$$U_o = \begin{bmatrix} \boldsymbol{c} \\ \boldsymbol{cA} \\ \vdots \\ \boldsymbol{cA}^{n-1} \end{bmatrix} \quad (n \times n) \tag{3-88}$$
と定義し,$U_o$ のランクが $n$(フルランク,1入力1出力の場合には $|U_o| \neq 0$ すなわち $U_o$ が正則であることと等価)であれば(3-76)式のシステムは可観測である.

(b-2) $\boldsymbol{A}$ のすべての固有値 $\lambda_i$ に対して
$$\mathrm{rank}\begin{bmatrix} \boldsymbol{A} - \lambda_i \boldsymbol{I} \\ \boldsymbol{c} \end{bmatrix} = n \tag{3-89}$$

となれば(3-76)式のシステムは可観測である．

同様に対角正準形において，$c_i$ がすべて零でないという条件とこれらはすべて等価なものとなる．また (b-1), (b-2) の判別条件はシステムが多入力多出力の場合にもそのまま拡張可能である．なお，可観測性の条件は，$A$ と $c$ のみによって決まるため，(3-76)式のシステムが可観測であることを $(c, A)$ は可観測であるなどともいう．

図 3-13 において，可制御かつ可観測でない場合には，信号が途中で断絶する部分が出てくるが，伝達関数はシステムの入出力関係を示すものであるからそのような部分は伝達関数には表れてこない．実際に伝達関数を求めた場合に，そのようなモードは伝達関数の分母と分子が極-零点消去(pole-zero cancelation)をおこして，状態方程式の次数より信号の流れが途中で断絶しているモード分だけ伝達関数の方が次数が低くなってしまう．

例として次のような1入力1出力システムを考える．

$$\dot{x}(t) = \begin{bmatrix} -2 & -9 \\ -1 & -2 \end{bmatrix} x(t) + \begin{bmatrix} 0 \\ 1 \end{bmatrix} u(t) \tag{3-90 a}$$

$$y(t) = \begin{bmatrix} 1 & -3 \end{bmatrix} x(t) \tag{3-90 b}$$

これを対角正準形に変換すると

$$\dot{z}(t) = \begin{bmatrix} 1 & 0 \\ 0 & -5 \end{bmatrix} z(t) + \begin{bmatrix} 1/2 \\ 1/2 \end{bmatrix} u(t) \tag{3-91 a}$$

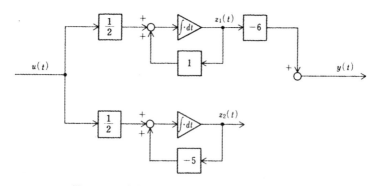

図 3-14　可制御・不可観測システムの状態変数線図

$$y(t) = [-6 \quad 0]z(t) \tag{3-91 b}$$

となる．状態変数線図で表すと図3-14に示すようになり，可制御かつ不可観測なシステムとなっていることがわかる．このシステムの伝達関数を求めると

$$G(s) = \frac{-3(s+5)}{(s-1)(s+5)} = \frac{-3}{s-1} \tag{3-92}$$

となって極-零点消去をおこしており，信号の流れがつながっている部分だけ表れていることがわかる．

### 3-4-3 可制御，可観測正準形
#### (a) 可制御正準形
$A$ の特性多項式は

$$|sI - A| = s^n + a_{n-1}s^{n-1} + \cdots + a_0 \tag{3-93}$$

となる．

ここで可制御であることを前提とする．そのとき $U_c$ は正則でありその逆行列を

$$U_c^{-1} = \begin{bmatrix} l_1^T \\ l_2^T \\ \vdots \\ l_n^T \end{bmatrix} \tag{3-94}$$

として，最下行ベクトル $l_n^T$ を用いて，変換行列 $T$ を

$$T = \begin{bmatrix} l_n^T \\ l_n^T A \\ \vdots \\ l_n^T A^{n-1} \end{bmatrix}^{-1} \tag{3-95}$$

と構成する．そうすると

$$T^{-1}A = \begin{bmatrix} l_n^T A \\ l_n^T A^2 \\ \vdots \\ l_n^T A^n \end{bmatrix} = \begin{bmatrix} 0 & 1 & 0 & \cdots & 0 \\ \vdots & & \ddots & \ddots & 0 \\ 0 & \cdots\cdots & & 0 & 1 \\ -a_0 & \cdots\cdots & & & -a_{n-1} \end{bmatrix} \begin{bmatrix} l_n^T \\ l_n^T A \\ \vdots \\ l_n^T A^{n-1} \end{bmatrix} \tag{3-96}$$

より

$$\tilde{A} = T^{-1}AT = \begin{bmatrix} 0 & 1 & 0 & \cdots & 0 \\ \vdots & & \ddots & \ddots & \vdots \\ & & & & 0 \\ 0 & \cdots & & 0 & 1 \\ -a_0 & \cdots & \cdots & & -a_{n-1} \end{bmatrix} \tag{3-97}$$

が成り立つ. なおここでケーリー・ハミルトンの定理(Cayley-Hamilton theorem)

$$A^n = -a_{n-1}A^{n-1} - a_{n-2}A^{n-2} - \cdots - a_0 I \tag{3-98}$$

を用いている(演習問題10参照).

また, $U_c^{-1}U_c = I$ の最下行ベクトルを取ると

$$l_n^T [b \quad Ab \quad \cdots \quad A^{n-1}b] = [0 \quad 0 \quad \cdots \quad 0 \quad 1] \tag{3-99}$$

より次式のようになる.

$$\tilde{b} = T^{-1}b = \begin{bmatrix} 0 \\ \vdots \\ 0 \\ 1 \end{bmatrix} \tag{3-100}$$

したがって,

$$\dot{z}(t) = \begin{bmatrix} 0 & 1 & 0 & \cdots & 0 \\ \vdots & & \ddots & \ddots & \vdots \\ & & & & 0 \\ 0 & \cdots & & 0 & 1 \\ -a_0 & \cdots & \cdots & & -a_{n-1} \end{bmatrix} z(t) + \begin{bmatrix} 0 \\ \vdots \\ 0 \\ 1 \end{bmatrix} u(t) \tag{3-101 a}$$

$$y(t) = [b_0 \quad \cdots \quad b_{n-1}] z(t) \tag{3-101 b}$$

となる. この正準形は可制御を前提としているので可制御正準形と呼ばれる.

**(b) 可観測正準形**

ここでは可観測を前提とし, それゆえ $U_o$ は正則でありその逆行列を

$$U_o^{-1} = [m_1 \quad m_2 \quad \cdots \quad m_n] \tag{3-102}$$

としてその最右列ベクトル $m_n$ を用いて, 変換行列 $T$ を

$$T = [m_n \quad Am_n \quad A^{n-1}m_n] \tag{3-103}$$

と構成する. 以下可制御正準形の構成と同様にして

## 3-4 状態変数変換と可制御性, 可観測性

$$\dot{z}(t) = \begin{bmatrix} 0 & \cdots & 0 & -a_0 \\ 1 & \ddots & \vdots & -a_1 \\ 0 & \ddots & 0 & \vdots \\ \vdots & & & \\ 0 & \cdots & 0 & 1 & -a_{n-1} \end{bmatrix} z(t) + \begin{bmatrix} b_0 \\ b_1 \\ \vdots \\ b_{n-1} \end{bmatrix} u(t) \tag{3-104 a}$$

$$y(t) = [0 \ \cdots \ 0 \ 1] z(t) \tag{3-104 b}$$

となる. この状態空間表現は可観測を前提としているので可観測正準形と呼ばれる.

可制御正準形と可観測正準形を比較すると可制御正準形の $A, b, c$ と可観測正準形の $A^T, c^T, b^T$ がそれぞれ等しいものとなっていることがわかる. これらの関係を双対性の関係という. すなわち, (3-76)式で与えられるシステムに対して

$$\dot{x}(t) = A^T x(t) + c^T u(t) \tag{3-105 a}$$

$$y(t) = b^T x(t) \tag{3-105 b}$$

を双対システム (dual system) と呼び, (3-76) 式のシステムの可制御性と可観測性がそれぞれ (3-105) 式の双対システムの可観測性, 可制御性に等しくなる.

例として次のようなシステムを考えてみよう.

$$\dot{x}(t) = \begin{bmatrix} 2 & -1 \\ -2 & 3 \end{bmatrix} x(t) + \begin{bmatrix} 2 \\ 1 \end{bmatrix} u(t) \tag{3-106 a}$$

$$y(t) = [3 \ 1] x(t) \tag{3-106 b}$$

このシステムの可制御性行列, 可観測性行列はそれぞれ

$$U_c = \begin{bmatrix} 2 & 3 \\ 1 & -1 \end{bmatrix} \quad U_o = \begin{bmatrix} 3 & 1 \\ 4 & 0 \end{bmatrix} \tag{3-107}$$

となり, このシステムは可制御, 可観測である.

まず, このシステムの可制御正準形を求めることを考える. (3-94)式より

$$U_c^{-1} = \begin{bmatrix} l_1^T \\ l_2^T \end{bmatrix} = \frac{1}{5} \begin{bmatrix} 1 & 3 \\ 1 & -2 \end{bmatrix} \tag{3-108}$$

となり, 変換行列は

$$T = \begin{bmatrix} l_2^T \\ l_2^T A \end{bmatrix}^{-1} = \left\{ \frac{1}{5} \begin{bmatrix} 1 & -2 \\ 6 & -7 \end{bmatrix} \right\}^{-1} = \begin{bmatrix} -7 & 2 \\ -6 & 1 \end{bmatrix} \tag{3-109}$$

となる．これを用いて

$$\tilde{A} = T^{-1}AT = \begin{bmatrix} 0 & 1 \\ -4 & 5 \end{bmatrix}$$

$$\tilde{b} = T^{-1}b = \begin{bmatrix} 0 \\ 1 \end{bmatrix} \qquad \tilde{c} = cT = [-27 \quad 7] \tag{3-110}$$

より可制御正準形は次式のように表せる．

$$\dot{z}(t) = \begin{bmatrix} 0 & 1 \\ -4 & 5 \end{bmatrix} z(t) + \begin{bmatrix} 0 \\ 1 \end{bmatrix} u(t) \tag{3-111 a}$$

$$y(t) = [-27 \quad 7] z(t) \tag{3-111 b}$$

同様にして可観測正準形は

$$\dot{z}(t) = \begin{bmatrix} 0 & -4 \\ 1 & 5 \end{bmatrix} z(t) + \begin{bmatrix} -27 \\ 7 \end{bmatrix} u(t) \tag{3-112 a}$$

$$y(t) = [0 \quad 1] z(t) \tag{3-112 b}$$

となり，双対性の関係が成り立っていることがわかる．また，入出力間の伝達関数は次式となる．

$$G(s) = \frac{7s - 27}{s^2 - 5s + 4} \tag{3-113}$$

## 3-5 離散時間表現

　最近，マイクロエレクトロニクスの急速な進歩に伴って，制御においてもコントローラとしてディジタルコンピュータを用いたディジタル制御が一般的になってきており，今後ますますその傾向は強まると思われる．従来のアナログ制御によれば制御装置の部分はハードウエアによって構成する必要があるが，ディジタル制御の場合にはソフトウエアによってそれを構成するため，古典制御理論に基づく制御則にしろ現代制御理論に基づくような複雑な制御則にしろ容易に実現できることになる．

　ディジタル制御系（digital control system）の実際的な概念図を図 3-15 に示す．制御対象はほとんどすべての場合アナログの連続信号で表される．これに対してディジタルコンピュータは信号を離散的にしか扱えない．したがって，制

## 3-5 離散時間表現

御対象とコントローラの間で信号をアナログ量からディジタル量，およびディジタル量からアナログ量へ変換する装置が必要となる．これらが A/D 変換器および D/A 変換器である．A/D 変換器は一定時間間隔(サンプリング周期)ごとに連続な信号を離散時間信号に変換し(サンプラ)，量子化(アナログ量に最も近いディジタル量を割り当てること，例えば，1 V ごとの分解能の場合 2.1 V に 2 V を割り当て，3.7 V に 4 V を割り当てるなど)して符号化(値を 2 進数などで表すこと)し，アナログ量をディジタル符号に変換する．一方，D/A 変換器はサンプリング周期(sampling period)ごとにディジタル符号で与えられる信号をアナログ量に戻し，次の信号が入るまでこれを保持(零次ホールド)する．

したがって，ディジタル制御(digital control)を行う場合にはこれらの特性を考慮した表現を行う必要がある．すなわち，図 3-16 の点線の部分に示すように，制御対象に A/D 変換器を加えたシステムを新たに制御対象と考える．このように見なすと新たな制御対象の入力はサンプリング周期ごとに与えられ，次の信号が入るまで保持されて階段状入力となり，その状態変数はサンプリング周期ごとに抽出されるものとなることがわかる．したがって，このようなシステムの表現は，サンプリング周期ごとに記述される離散時間表現を行えばよいことがわかる．本節ではこれについて考えて見よう．

図 3-15 ディジタル制御系の概念図

図 3-16 連続時間系の離散化の概念

いま,連続時間の状態方程式が(3-114)式のように与えられるとする.
$$\dot{\boldsymbol{x}}(t) = \boldsymbol{A}_c \boldsymbol{x}(t) + \boldsymbol{b}_c u(t) + \boldsymbol{g}_c d(t) \tag{3-114 a}$$
$$y(t) = \boldsymbol{c}\boldsymbol{x}(t) \tag{3-114 b}$$
この状態方程式の解は(3-53)式においてすでに求めたように
$$\boldsymbol{x}(t) = e^{\boldsymbol{A}_c t}\boldsymbol{x}(0) + \int_0^t e^{\boldsymbol{A}_c(t-\tau)}\boldsymbol{b}_c u(\tau)d\tau$$
$$+ \int_0^t e^{\boldsymbol{A}_c(t-\tau)}\boldsymbol{g}_c d(\tau)d\tau \tag{3-115}$$
となる.ここで,制御入力 $u(t)$ はサンプリング周期 $T$ 内で一定となり,
$$u(t) = u(k) \qquad kT \leq t < (k+1)T \qquad (k = 0, 1, 2, \cdots) \tag{3-116}$$
と表される.また,外乱信号もサンプリング周期 $T$ 内で一定と見なすと
$$d(t) = d(k) \qquad kT \leq t < (k+1)T \tag{3-117}$$
となり,(3-115)式において 0 を $kT$, $t$ を $(k+1)T$ とおいてさらにこれらの関係を用いると
$$\boldsymbol{x}(k+1) = \boldsymbol{A}\boldsymbol{x}(k) + \boldsymbol{b}u(k) + \boldsymbol{g}d(k) \tag{3-118 a}$$
$$y(k) = \boldsymbol{c}\boldsymbol{x}(k) \tag{3-118 b}$$
ただし,$\boldsymbol{A} = e^{\boldsymbol{A}_c T}$, $\boldsymbol{b} = \int_0^T e^{\boldsymbol{A}_c \tau}d\tau \cdot \boldsymbol{b}_c$, $\boldsymbol{g} = \int_0^T e^{\boldsymbol{A}_c \tau}d\tau \cdot \boldsymbol{g}_c$
の離散時間表現を得る.ただし,$kT$ を $k$ で表しており,以下このような表記を用いる.この連続時間系(continuous-time system)を離散時間系(discrete-time system)に変換した離散時間表現は連続時間表現が一階微分方程式で記述され

3-5 離散時間表現

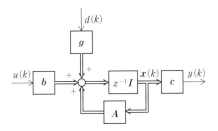

図 3-17 状態変数線図

ていたのに対して，一階差分方程式で記述されている．(2-90)式に示したように $z^{-1}$ を1サンプリング周期だけ時間を遅らせる演算子として，(3-118)式の状態変数線図を描くと図3-17のようになる．

(3-118)式の係数を実際に求める場合には，(3-49)式の行列指数関数の定義で $t=T$ として，

$$A = I + A_c T + \frac{1}{2!}(A_c T)^2 + \cdots + \frac{1}{n!}(A_c T)^n + \cdots \tag{3-119}$$

と $A$ を求め，$b$, $g$ については以下のようにして求めればよい．

$$b = \int_0^T e^{A_c \tau} d\tau \cdot b_c = \left(IT + \frac{1}{2!} A_c T^2 + \frac{1}{3!} A_c^2 T^3 + \cdots \right) b_c \tag{3-120}$$

$$g = \int_0^T e^{A_c \tau} d\tau \cdot g_c = \left(IT + \frac{1}{2!} A_c T^2 + \frac{1}{3!} A_c^2 T^3 + \cdots \right) g_c \tag{3-121}$$

なお $|A_c| \neq 0$ のときは，求めた $A$ を用いて，$b = A_c^{-1}[A-I]b_c$, $g = A_c^{-1}[A-I]g_c$ と $b$, $g$ を計算することもできる．

[例3] 実際の直流サーボモータの状態方程式について，その離散時間系への変換を考える．

いま 100W，24V，5.7A，3000rpm の定格をもつ DC サーボモータを取り上げる．そのパラメータは

$J = 5.0 \times 10^{-4} \text{kgm}^2$   $B = 2.0 \times 10^{-2} \text{kgm}^2/\text{s}$
$R = 0.65 \Omega$   $L = 0.7 \times 10^{-3} \text{H}$
$K = 6.27 \times 10^{-2} \text{Nm/A (Vs/rad)}$

である．これを(3-30)式に用いると

$$\dot{\boldsymbol{x}}(t) = \begin{bmatrix} -4.0\times 10^1 & 1.25\times 10^2 \\ -8.96\times 10^1 & -9.29\times 10^2 \end{bmatrix} \boldsymbol{x}(t)$$
$$+ \begin{bmatrix} 0 \\ 1.43\times 10^3 \end{bmatrix} u(t) + \begin{bmatrix} -2.00\times 10^3 \\ 0 \end{bmatrix} d(t) \tag{3-122}$$

となり，このシステムをサンプリング周期 0.5ms で離散化すると次式が得られる．

$$\boldsymbol{x}(k+1) = \begin{bmatrix} 9.80\times 10^{-1} & 4.96\times 10^{-2} \\ -3.54\times 10^{-2} & 6.28\times 10^{-1} \end{bmatrix} \boldsymbol{x}(k)$$
$$+ \begin{bmatrix} 1.92\times 10^{-2} \\ 5.71\times 10^{-1} \end{bmatrix} u(t) + \begin{bmatrix} -9.90\times 10^{-1} \\ 1.92\times 10^{-2} \end{bmatrix} d(t) \tag{3-123}$$

またサンプリング周期 1ms で離散化すると以下となる．

$$\boldsymbol{x}(k+1) = \begin{bmatrix} 9.57\times 10^{-1} & 7.97\times 10^{-2} \\ -5.69\times 10^{-2} & 3.92\times 10^{-1} \end{bmatrix} \boldsymbol{x}(k)$$
$$+ \begin{bmatrix} 6.62\times 10^{-2} \\ 9.29\times 10^{-1} \end{bmatrix} u(t) + \begin{bmatrix} -1.96 \\ 6.62\times 10^{-2} \end{bmatrix} d(t) \tag{3-124}$$

いま，(3-118)式を $z$ 変換すると以下のようになる．

$$z\boldsymbol{X}(z) - z\boldsymbol{x}(0) = \boldsymbol{A}\boldsymbol{X}(z) + \boldsymbol{b}U(z) + \boldsymbol{g}D(z) \tag{3-125 a}$$
$$Y(z) = \boldsymbol{c}\boldsymbol{X}(z) \tag{3-125 b}$$

ただし，$\mathscr{F}[\boldsymbol{x}(k)] = \boldsymbol{X}(z)$, $\mathscr{F}[u(k)] = U(z)$, $\mathscr{F}[y(k)] = Y(z)$
これらを $\boldsymbol{x}(0) = \boldsymbol{0}$ として解くと次式となる．

$$Y(z) = \boldsymbol{c}[z\boldsymbol{I} - \boldsymbol{A}]^{-1}\boldsymbol{b}U(z) + \boldsymbol{c}[z\boldsymbol{I} - \boldsymbol{A}]^{-1}\boldsymbol{g}D(z) \tag{3-126}$$

連続時間系の伝達関数に相当したものが離散時間系ではパルス伝達関数(pulse transfer function)であり，入力-出力間のパルス伝達関数 $G(z)$ および外乱-出力間のパルス伝達関数 $G_D(z)$ はそれぞれ次のようになる．

$$G(z) = \frac{Y(z)}{U(z)} = \boldsymbol{c}[z\boldsymbol{I} - \boldsymbol{A}]^{-1}\boldsymbol{b} \tag{3-127}$$

$$G_D(z) = \frac{Y(z)}{D(z)} = \boldsymbol{c}[z\boldsymbol{I} - \boldsymbol{A}]^{-1}\boldsymbol{g} \tag{3-128}$$

なお，(3-127), (3-128)式は連続系の(3-36), (3-37)式に対応したものとなる．

ディジタル制御理論は本節で述べたことを基本として構成されていくが，本章で述べた実現問題，可制御性，可観測性，正準形などは基本的には連続時間系のものと同様の形となるので，これらについては本書では省略する．

## 演 習 問 題

1. 図に示すブロック線図において $R(s)$-$Y(s)$ 間の伝達関数を求めよ．

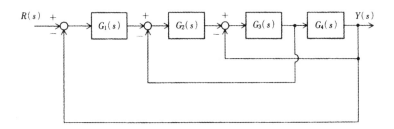

2. 下図に示すブロック線図がある．このブロック線図の入出力関係は
$$Y(s) = G_R(s)R(s) + G_D(s)D(s)$$
で与えられる．
   （1） $G_R(s)$ を求めよ．
   （2） $G_D(s)$ を求めよ．

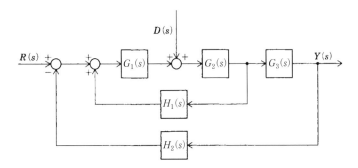

3. 以下に示す DC サーボモータの比例制御系のブロック線図について以下の問いに答えよ．

（1） $R(s)$ と $T_L(s)$ から $\Omega(s)$ までの伝達特性を求めよ．
（2） $T_L(s)$ から $I(s)$ までの伝達関数を求めよ．

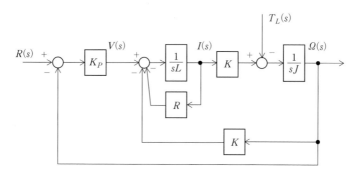

4. (3-50), (3-51) 式を証明せよ．

5. 初期値を $t = t_0$ のとき $\boldsymbol{x}(t_0)$ としたときの状態方程式の解（3-56）式を求めよ

6. $\dot{\boldsymbol{x}}(t) = \begin{bmatrix} 0 & 1 \\ -2 & -3 \end{bmatrix} \boldsymbol{x}(t) + \begin{bmatrix} 0 \\ 1 \end{bmatrix} u(t),\ \boldsymbol{x}(0) = \begin{bmatrix} 1 \\ 0 \end{bmatrix}$

で与えられるシステムがある．
（1） 行列指数関数を求めよ．
（2） 単位ステップ関数を入力したときの $\boldsymbol{x}(t)$ を求めよ．

7. (3-70)式の伝達関数が (3-58)式となることを示せ．

8. 可制御性の条件について，対角正準形において $b_i$ がすべて零でないという条件と (3-86) 式の条件が一致することを示せ．

9. (3-86) 式の条件と (3-87) 式の条件が一致することを示せ．

10. (3-98) 式のケーリー・ハミルトンの定理を示せ．

11. 図に示す機械系がある．次のように変数を定義するとき以下の設問に答えよ．
　　$M$：質量，$D$：粘性摩擦係数，$K$：ばね定数

演習問題

質量 $M$ の物体を力 $u(t)$ で引いた場合を考え，平衡点からの変位を $x(t)$ とする．$u(t)$ をこの系に対する入力，$x(t)$ を出力とする．また，状態変数として $x(t)$ と $\dot{x}(t)$ をとり，これを $x_1(t)$，$x_2(t)$ とする．ただし，床におけるころがりまさつは無視する．
 (1) このシステムの状態方程式，出力方程式を求めよ．
 (2) このシステムの状態変数線図を描け．
 (3) (2)で求めた状態変数線図をブロック線図に変換せよ．
 (4) ブロック線図を変換し指定された入力-出力間の伝達関数を求めよ．

12. 図に示すタンク系がある．次のように変数を定義するとき，以下の設問に答えよ．
 $A_1$，$A_2$：各タンク1およびタンク2の断面積，$R_1$，$R_2$：各パイプの流出抵抗，$u$：入力=タンク1への流入流量，$y$：出力=タンク2からの流出流量，$x_1$，$x_2$：状態変数=各タンクの水位，なお，各パイプの流出抵抗は (水位)/(流出流量) で定義する．

（1） このシステムの状態方程式，出力方程式を求めよ．
（2） このシステムの状態変数線図を描け．
（3） （1）で求めた式をラプラス変換し，ブロック線図を描け．
（4） ブロック線図を等価変換し，入力-出力間の伝達関数を求めよ．
（5） 一般にシステムの状態方程式を
$$\dot{x}(t)=Ax(t)+bu(t)$$
$$y(t)=cx(t)$$
と表現したとき，この式をラプラス変換して，伝達関数を求めよ．その結果を利用して図のタンク系の伝達関数を求めよ．
（6） このタンク系の極を求めよ．

13. $\dot{x}(t)=\begin{bmatrix} -3 & -4 \\ -1 & -3 \end{bmatrix} x(t) + \begin{bmatrix} 2 \\ 1 \end{bmatrix} u(t)$

$y(t)=\begin{bmatrix} 1 & -1 \end{bmatrix} x(t)$　において

（1） このシステムの固有値 $\lambda_1$, $\lambda_2$ およびそれらに対する固有ベクトル $v_1$, $v_2$ を求めよ．
（2） $x(t)=Tz(t)=\begin{bmatrix} v_1 & v_2 \end{bmatrix} z(t)$ の状態変数変換を行うことによりこのシステムを対角正準形に変換せよ．
（3） 対角正準形に変換したシステムの状態変数線図を描け．
（4） （3）で求めた状態変数線図を用いてこのシステムの可制御性，可観測性を調べよ．
（5） 可制御性行列，可観測性行列を用いてこのシステムの可制御性，可観測性を調べよ．

# 第4章 特性表現

　前章では制御対象や制御系などのシステムを伝達関数や状態方程式などの形で表現することを学んだが，本章ではこれらのシステムに入力信号を印加したときに，入力信号の変化に応じて出力信号がどのような応答を示すかを調べることでシステムの特性をとらえる．

　システムの応答を調べるための標準的な入力信号としてはインパルス入力やステップ入力，正弦波入力などがよく用いられる．このうち，インパルス入力やステップ入力はシステムの過渡応答を調べるために用いられ，正弦波入力はいろいろな周波数の正弦波に対する定常な周波数応答によって，システムの特性をとらえようとするために用いられる．

　本章では与えられたシステムの伝達関数や状態方程式から，システムの時間応答や周波数応答をどのように求めるかを述べる．そして，求められた応答からそれらの特性をどのように表現するかを学ぶ．過渡応答に関しては1次遅れ要素と2次遅れ要素の応答にどのような特性があるかについて述べる．3次以上のもっと高次の要素についても，虚軸に最も近い極の応答が支配的な応答になるため，多くの場合近似的には2次遅れ系と見なせ，1次と2次の応答の特性を理解していれば対応可能である．周波数応答に関しては，その応答の特性を表現する方法として，ベクトル軌跡やボード線図などについて述べる．

## 4-1 過渡応答

　伝達関数 $G(s)$ の伝達要素に入力信号 $U(s)$ が印加された場合の出力の時間

応答 $y(t)$ が一定の状態すなわち定常状態に達するまでの過渡的経過を過渡応答 (transient response) という.

ここで伝達要素の出力 $Y(s)$ は前章で示したように次のように表現される.

$$Y(s) = G(s)U(s) \tag{4-1}$$

そして過渡応答波形の形は伝達関数 $G(s)$ により決定される.(4-1) 式の時間領域での表現はこれをラプラス逆変換することによって次式のようになる.

$$y(t) = \mathcal{L}^{-1}\{G(s)U(s)\} \tag{4-2}$$

とくに $U(s)$ がステップ関数(大きさが1のときはとくに単位ステップ関数)であるとき $y(t)$ をステップ応答(同様に単位ステップ応答)(step response, unit step response) と呼び,インパルス関数(面積が1のときはとくに単位インパルス関数)であるとき $y(t)$ をインパルス応答(同様に単位インパルス応答)(impulse response, unit impulse response) と呼ぶ.

ここでまず1次遅れ要素(first order lag element)の過渡応答を調べる. 一般的に1次遅れ要素は次のように表される.

$$G(s) = \frac{K}{Ts+1} \tag{4-3}$$

ただし,$K$ はゲイン定数 (gain constant),$T$ は時定数 (time constant) と呼ばれる.

[例1] 1次遅れ要素の例として図 4-1 の RC 回路を考えてみる.

キルヒホッフの法則により入力電圧 $e_i(t)$ と出力電圧 $e_o(t)$ の間の関係は次式となる.

図 4-1 RC 回路

$$RC\frac{de_o(t)}{dt} + e_o(t) = e_i(t) \tag{4-4}$$

これをラプラス変換すれば,その伝達関数は (4-3) 式に対応したものとなり $K=1$,$T=RC$ となる.例えば,$R=5\,\mathrm{k\Omega}$,$C=2\,\mu\mathrm{F}$ とすると $T=10\,\mathrm{ms}$ となる.

図 4-2 1次遅れ系のステップ応答

入力信号を単位ステップ信号と考えるとそのラプラス変換は $U(s)=1/s$ である．ゆえに $Y(s)$ は次式となる．

$$Y(s) = \frac{K}{s(Ts+1)} \tag{4-5}$$

ここで，右辺を部分分数展開すると，

$$Y(s) = K\left(\frac{1}{s} - \frac{1}{s+(1/T)}\right) \tag{4-6}$$

となり，両辺のラプラス逆変換を行うと次式を得る．

$$y(t) = K(1-e^{-t/T}) \tag{4-7}$$

(4-7)式を図示したのが図4-2である．特に $t=T$ のとき，出力 $y(t)$ は最終値 $y(\infty)$ の約63.2%になる．時定数は1次遅れ要素のステップ応答において，出力が最終値の約63.2%に達するまでの時間であるといえる．つまり，時定数が小さいほど速く最終値に到達することがわかる．また，時定数は $y(t)$ の $t=0$ における接線がその最終値 $y(\infty)=K$ と交わる時間とも等しい．すなわち(4-8)式が成り立つ．

$$\left.\frac{dy(t)}{dt}\right|_{t=0} = \left.\frac{K}{T}e^{-t/T}\right|_{t=0} = \frac{K}{T} \tag{4-8}$$

1次遅れ要素の単位ステップ応答は必ず (4-7)式の形になることが明らかであるのでその応答波形は同じ形であり，ゲイン定数と時定数の大小により最終

値と応答の速さが変化する．

[例2] 3-1節で述べたDCサーボモータの時定数について考えてみる．DCサーボモータの時定数には電気的時定数と機械的時定数がよく用いられている．

(3-2)式でモータを拘束した$\omega(t)=0$の場合を考えると電気系のみの特性を考えることができる．このとき(3-27)式において$V(s)$-$I(s)$間の伝達関数を求めると

$$\frac{I(s)}{V(s)} = \frac{1}{Ls+R} = \frac{1/R}{(L/R)s+1} \quad (4\text{-}9)$$

より電気的時定数（electrical time constant）$\tau_e$は以下のようになる．

$$\tau_e = \frac{L}{R} \quad (4\text{-}10)$$

次に摩擦係数$B$を小さいとして無視して，機械的時定数（mechanical time constant）について考えてみる．図3-11(b)のブロック線図には電気的遅れと機械的遅れが含まれているので，電気的遅れを無視して機械的な遅れを見るために$L=0$とおいて$V(s)$-$\Omega(s)$間の伝達関数を求めると

$$\frac{\Omega(s)}{V(s)} = \frac{K}{RJs+K^2} = \frac{1/K}{(RJ/K^2)s+1} \quad (4\text{-}11)$$

となることから機械的時定数$\tau_m$は次のように求められる．

$$\tau_m = \frac{JR}{K^2} \quad (4\text{-}12)$$

機械的時定数に比較して電気的時定数がかなり小さい場合には考察を簡単にするために電気的時定数を零とおいて議論する場合もある．

次に2次遅れ要素（second order lag element）について調べる．
一般的に2次遅れ要素（零点のない場合）は次の標準形で表わされる．

$$G(s) = \frac{\omega_n^2}{s^2 + 2\zeta\omega_n s + \omega_n^2} \quad (4\text{-}13)$$

ただし，$\zeta$は減衰係数あるいは制動係数（damping ratio），$\omega_n$は固有角周波数（natural angular frequency）と呼ばれる．

[例3] 2次遅れ要素の例として図4-3のRLC回路を取り上げる．入力電圧 $e_i(t)$ と出力電圧 $e_o(t)$ の関係は次のようになる．

図4-3 2次遅れ系の例（RLC回路）

$$L\frac{di(t)}{dt} + Ri(t) + \frac{1}{C}\int i(t)\,dt = e_i(t) \tag{4-14 a}$$

$$\frac{1}{C}\int i(t)\,dt = e_o(t) \tag{4-14 b}$$

これより，

$$LC\frac{d^2 e_o(t)}{dt^2} + RC\frac{de_o(t)}{dt} + e_o(t) = e_i(t) \tag{4-15}$$

の関係が得られ，入力電圧から出力電圧までの伝達関数は次のように求められる．

$$G(s) = \frac{E_o(s)}{E_i(s)} = \frac{1}{LCs^2 + RCs + 1} = \frac{1/LC}{s^2 + (R/L)s + 1/LC} \tag{4-16}$$

ここで，$\zeta = (R/2)\cdot\sqrt{C/L}$，$\omega_n = 1/\sqrt{LC}$ となる．

[例4] 図4-4の機械系を考える．ある平衡位置 $x_0$ からの質量 $m$ の物体の変位を $x$ とし，これに外力 $f$ が働いた場合を考える．$k$ をばね定数，$c$ をダッシュポットの粘性定数，$g$ を重力加速度とすると定常状態では $mg = kx_0$ が成り立つ．したがって，ニュートンの法則を適用して次式を得る．

$$m\frac{d^2(x+x_0)}{dt^2} = mg - k(x+x_0) - c\frac{d(x+x_0)}{dt} + f \tag{4-17}$$

ゆえに次式となる．

$$m\frac{d^2 x(t)}{dt^2} = -kx(t) - c\frac{dx(t)}{dt} + f(t) \tag{4-18}$$

図 4-4　2次遅れ系の例（機械系）

上式をラプラス変換して外力から変位までの伝達関数は次のように求められる．

$$G(s) = \frac{X(s)}{F(s)} = \frac{1}{ms^2+cs+k} = \frac{1}{k} \cdot \frac{k/m}{s^2+c/m\cdot s+k/m} \tag{4-19}$$

ここで，$\zeta = c/2\sqrt{mk}$，$\omega_n = \sqrt{k/m}$ となり，標準形に $1/k$ を乗じたものとなる．

[例5]　(3-28) 式に示したように DC サーボモータも2次遅れ系となる．(3-28) 式を時定数 $\tau_e$ と $\tau_m$ を用いて表すと次式のようになる．

$$\Omega(s) = \frac{1/K}{\tau_e\tau_m s^2+\tau_m s+1} V(s) - \frac{(\tau_e\tau_m s+\tau_m)/J}{\tau_e\tau_m s^2+\tau_m s+1} T_L(s) \tag{4-20}$$

ここで $V(s)$-$\Omega(s)$ 間の伝達関数を考えると $\zeta = (1/2)\cdot\sqrt{\tau_m/\tau_e}$，$\omega_n = 1/\sqrt{\tau_e\tau_m}$ となり，標準系に $1/K$ を乗じたものとなる．

2次遅れ標準形の2つの極は $\zeta>1$ のとき相異なる実根，$\zeta=1$ のとき重根，$0\leq\zeta<1$ のとき共役復素根になり，それらによりステップ応答が典型的に変化するのでそれぞれの場合の単位ステップ応答について以下に述べる．

(i)　2実根の場合（$\zeta>1$）

$$Y(s) = \frac{\omega_n^2}{(s-\alpha)(s-\beta)} U(s) \tag{4-21}$$

ここで，$\alpha = (-\zeta+\sqrt{\zeta^2-1})\omega_n$，$\beta = (-\zeta-\sqrt{\zeta^2-1})\omega_n$

$U(s)$ として単位ステップ信号を考え，(4-21) 式を部分分数展開する．

$$Y(s) = \frac{\omega_n^2}{(s-\alpha)(s-\beta)} \frac{1}{s}$$
$$= \frac{1}{s} + \frac{\beta}{\alpha-\beta}\frac{1}{s-\alpha} - \frac{\alpha}{\alpha-\beta}\frac{1}{s-\beta} \tag{4-22}$$

(4-22) 式をラプラス逆変換をして次式を得る．
$$y(t) = 1 + \frac{1}{\alpha-\beta}(\beta e^{\alpha t} - \alpha e^{\beta t}) = 1 - \frac{1}{2\sqrt{\zeta^2-1}}\{(\zeta+\sqrt{\zeta^2-1})e^{\sqrt{\zeta^2-1}\,\omega_n t}$$
$$- (\zeta-\sqrt{\zeta^2-1})e^{-\sqrt{\zeta^2-1}\,\omega_n t}\}e^{-\zeta\omega_n t} \tag{4-23}$$

（ⅱ）重根の場合（$\zeta=1$）
この場合には入出力関係は次のようになる．
$$Y(s) = \frac{\omega_n^2}{(s+\omega_n)^2} U(s) \tag{4-24}$$
$U(s)$ として単位ステップ信号を考えて (4-24) 式は次のように展開される．
$$Y(s) = \frac{\omega_n^2}{s(s+\omega_n)^2} = \frac{1}{s} - \frac{1}{s+\omega_n} - \frac{\omega_n}{(s+\omega_n)^2} \tag{4-25}$$
ゆえに次式が成り立つ．
$$y(t) = 1 - e^{-\omega_n t}(1+\omega_n t) \tag{4-26}$$

（ⅲ）共役複素根の場合（$0 \leq \zeta < 1$）
共役複素根を
$$\gamma+j\delta = (-\zeta+j\sqrt{1-\zeta^2})\omega_n, \quad \gamma-j\delta = (-\zeta-j\sqrt{1-\zeta^2})\omega_n \tag{4-27}$$
とおく．

$U(s)$ として単位ステップ信号を考え，2実根の場合と同様に考えると
$$y(t) = 1 + \frac{1}{j2\delta}\{(\gamma-j\delta)e^{(\gamma+j\delta)t} - (\gamma+j\delta)e^{(\gamma-j\delta)t}\}$$
$$= 1 + \frac{1}{j2\delta}\{\gamma e^{\gamma t}(e^{j\delta t} - e^{-j\delta t}) - j\delta e^{\gamma t}(e^{j\delta t} + e^{-j\delta t})\}$$
$$= 1 - e^{\gamma t}(\cos \delta t - \frac{\gamma}{\delta}\sin \delta t)$$
$$= 1 - e^{-\zeta\omega_n t}\left\{\cos(\sqrt{1-\zeta^2}\,\omega_n t) + \frac{\zeta}{\sqrt{1-\zeta^2}}\sin(\sqrt{1-\zeta^2}\,\omega_n t)\right\}$$

$$= 1 - \frac{1}{\sqrt{1-\zeta^2}} e^{-\zeta\omega_n t} \sin\left(\sqrt{1-\zeta^2}\,\omega_n t + \tan^{-1}\frac{\sqrt{1-\zeta^2}}{\zeta}\right) \quad (4\text{-}28)$$

となる．なお(4-28)式は

$$Y(s) = \frac{\omega_n^2}{s^2 + 2\zeta\omega_n s + \omega_n^2} \frac{1}{s} = \frac{1}{s} - \frac{s + 2\zeta\omega_n}{s^2 + 2\zeta\omega_n s + \omega_n^2}$$

$$= \frac{1}{s} - \frac{s + \zeta\omega_n}{(s+\zeta\omega_n)^2 + (1-\zeta^2)\omega_n^2} - \frac{\zeta}{\sqrt{1-\zeta^2}} \frac{\sqrt{1-\zeta^2}\,\omega_n}{(s+\zeta\omega_n)^2 + (1-\zeta^2)\omega_n^2}$$

$$(4\text{-}29)$$

と展開して，表2-1のラプラス変換表の(11)，(12)を用いることによっても得られる．

なお，(4-28)式は $\zeta=0$ のときには

$$y(t) = 1 - \cos \omega_n t \quad (4\text{-}30)$$

となる．

以上の代表的な応答波形を図4-5に示す．$\zeta > 1$ の場合には非振動で定常値に単調に漸近するが，速応性に欠ける．この状態を過制動 (over damping) という．$\zeta = 1$ のときは非振動で最も速い応答になり，この状態を臨界制動 (critical damping) という．$0 < \zeta < 1$ の場合は振幅が指数関数的に減衰する減衰振動とな

図 4-5 2次遅れ系のステップ応答

る．この状態を不足制動（under damping）という．さらに $\zeta=0$ のときは減衰のない持続振動となる．以上のことから $\zeta$ が制動係数と呼ばれる理由が明らかである．また (4-30) 式より $\zeta=0$ の持続振動のときには図 4-5 にも示したように $y(t)=1-\cos\omega_n t$ となることから，$\omega_n$ を固有角周波数と呼ぶことも明らかである．

　その他いろいろな要素のステップ応答は，伝達関数が与えられていれば上述した方法によって計算することができる．伝達関数は実際には 3 次以上の高次で与えられる場合も多いが，その場合でも基本的な応答はここで学んだ 1 次や 2 次に近似して扱えることも多い．以上は伝達関数が与えられた場合の話であるが，伝達関数が与えられていない場合には，制御要素の入力側に実際にステップ信号を印加して出力信号を測定することになる．その出力波形を観察することによって伝達要素を推定することができる．このように，入出力信号から伝達要素の伝達関数や状態方程式を求めようとする分野を総称してシステム同定 (system identification) と呼ぶ．システム同定の方法にはこのようなステップ応答から求めるものや 4-3 節で述べる周波数応答から求めるものなどを含めて種々の方法がある．詳しくは専門の書物を参考にして欲しい．

　ここでは伝達関数を用いて解析を行なったが，状態方程式に基づく解析では伝達関数にはない情報，つまり初期状態 $x(t_0)$ と外乱信号 $d(t)$ に関する情報を入力信号と同時に扱うことができる．これは伝達関数というものが前にも述べたように，初期条件をすべて零とした場合に定義されており，普通は伝達関数というと入力信号と出力信号間のものを指し，外乱信号と出力間の伝達関数は改めて求めなければならないことが多いためである．この点から見ると状態方程式の方がシステムの表現としてより基本的であると言える．

## 4-2　インパルス応答・重み関数・伝達関数

　これまでは代表的な信号として単位ステップ信号を取り上げ，その応答を単位ステップ応答として求めた．ここでは伝達関数と密接な関係があり第 2 章でも述べた単位インパルス信号に対する単位インパルス応答を扱う．まず，次のようなパルス関数を考える．

$$\delta_\alpha(t) = \begin{cases} 0 & t<0 \\ 1/\alpha & 0 \leq t \leq \alpha \\ 0 & \alpha < t \end{cases} \tag{4-31}$$

ここで，$\alpha \to 0$ の極限，すなわちパルス幅 $\alpha$ を零，パルス高さ $1/\alpha$ を無限大とした極限の関数が単位インパルス関数である．

$$\delta(t) = \lim_{\alpha \to 0} \delta_\alpha(t) \tag{4-32}$$

これを形式的に書くと次のようになる．

$$\delta(t) = \begin{cases} \infty & t=0 \\ 0 & t \neq 0 \end{cases} \tag{4-33}$$

および

$$\int_{-\infty}^{+\infty} \delta(t) \, dt = 1 \tag{4-34}$$

また $f(t)$ を連続関数としたとき，以下が成り立つ（演習問題 2 参照）．

$$\left. \begin{array}{l} \int_{-\infty}^{+\infty} f(t) \delta(t) \, dt = f(0) \\ \int_{-\infty}^{+\infty} f(t) \delta(t-\tau) \, dt = f(\tau) \end{array} \right\} \tag{4-35}$$

$\delta_\alpha(t)$ は単位面積をもつパルスであり，図 4-6(a) のように幅が $\alpha$，高さが $1/\alpha$（面積が 1）のパルス関数である．$\delta(t)$ はそこにおいて $\alpha \to 0$ の極限を考えた場合の関数であり，図 4-6(b) のように単に矢印にて示す．ある制御対象にこの単位インパルス関数が印加されたときの応答が図 4-7 に示す単位インパルス応答であるが，制御対象の性質を知ろうとするときに非常によく使われる

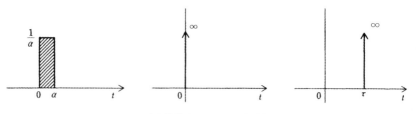

(a) パルス（幅：$\alpha$, 高さ：$\frac{1}{\alpha}$）　(b) 単位インパルス関数 $\delta(t)$　(c) 単位インパルス関数 $\delta(t-\tau)$

図 4-6　単位インパルス関数

## 4-2 インパルス応答・重み関数・伝達関数

方法である．例えば，ハンマーで車輪をたたいてその音を聞いて車輪のヒビ割れの有無を調べたり，スイカをコンコンとたたくなども同じである．このときハンマーや手でたたく信号は決して図4-6(b)に示すような理想的なインパルス信号ではないが，対象の応答の速さに比較して相対的にインパルス信号と見なせれば実際上十分であるといえる．このようなインパルス応答をここでは $g(t)$ と書くことにする．また，この $g(t)$ は伝達関数 $G(s)$ の時間領域表現であり，これを重み関数あるいは荷重関数（weighting function）と呼ぶ．

インパルス応答の重要さはそれ自体が対象の性質を表しているとともに，インパルス応答を知ることによりその対象の任意の信号に対する応答を容易に求めることができることである．ステップ応答を微分すればインパルス応答になるのでその点ではステップ応答でも同じことである．しかし，実験で求めたステップ応答が微分できるかという実際的な観点からはインパルス応答の方が重要である．

いまある対象のインパルス応答 $g(t)$ がわかっている場合に，図4-8に示すようにその対象に $u(t)$ なる任意の入力が印加された場合の出力信号 $y(t)$ を求めてみよう．(3-53)式において初期状態 $x(0)=0$ とし，外乱は考えないとすると任意の入力 $u(t)$ に対する出力は次のようになる．

$$y(t) = \int_0^t c e^{A(t-\tau)} b u(\tau) d\tau \tag{4-36}$$

図4-7 単位インパルス応答

図4-8 重み関数 $g(t)$

ここで，(3-36), (3-52)式を用いると

$$g(t) = \mathcal{L}^{-1}[c[sI-A]^{-1}b] = ce^{At}b \qquad (4\text{-}37)$$

となるので (4-36)式は次式のようになる．

$$y(t) = \int_0^t g(t-\tau)u(\tau)d\tau \qquad (4\text{-}38)$$

いま，$u(t) = \delta(t)$ とおくと，(4-38)式は (4-35)式より，

$$y(t) = \int_0^t g(t-\tau)\delta(\tau)d\tau = \int_0^t g(\tau)\delta(t-\tau)d\tau = g(t) \qquad (4\text{-}39)$$

となり $g(t)$ は単位インパルス信号に対する(3-53)式の系の応答, すなわち単位インパルス応答となっていることがわかる．そして初期状態が $x(0)=0$ であるとき，インパルス応答が $g(t)$ である系の任意の入力 $u(t)$ に対する出力 $y(t)$ は(4-38)式により表されることがわかる．なお，2-1-1で述べたように(4-38)式は入力 $u(t)$ とインパルス応答 $g(t)$ とのたたみ込み積分である．

(4-38)式のラプラス変換を求めると (2-13)式により (4-1)式でも示したような次式となる．

$$Y(s) = G(s)U(s) \qquad (4\text{-}40)$$

ただし，$Y(s) = \mathcal{L}[y(t)]$，$U(s) = \mathcal{L}[u(t)]$，$G(s) = \mathcal{L}[g(t)]$：伝達関数
すなわち，(4-40)式で用いた関係は実はシステムのインパルス応答を基にしたたたみこみ積分の $s$ 領域での表現にほかならないことがわかる．

## 4-3 周波数応答

前節までは制御対象または制御系の特性を表すのにそれらにインパルス関数，ステップ関数などの代表的な信号を印加してその応答，すなわち過渡応答に注目する方法について述べてきた．一方，正弦波信号も代表的な信号である．なぜならば任意の周期信号はフーリエ級数展開できることからわかるように，種々の周波数や振幅をもった正弦波の合成と考えることができるからである．そこでここでは制御対象に正弦波信号を印加した場合について検討する．

いま図 4-9 に示すような $G(s)$ の伝達関数をもつ線形システムに $u(t) = R\sin\omega t$ の正弦波信号が印加される場合に，出力 $y(t)$ の定常応答はどのようになるであろうか．

## 4-3 周波数応答

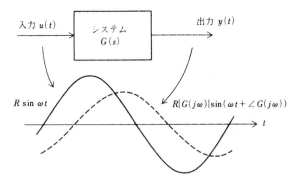

図 4-9 周波数応答

$\mathcal{L}^{-1}[G(s)] = g(t)$ とすると,この伝達関数に入力 $u(t)$ を印加したときの出力 $y(t)$ の応答は (4-38)式あるいは (2-13),(2-14)式より以下のようになる.

$$y(t) = \int_0^t g(t-\tau) u(\tau) d\tau = \int_0^t g(\tau) u(t-\tau) d\tau \tag{4-41}$$

時間が十分経過したときの $y(t)$ の定常応答は (4-41)式で $0$ を $-\infty$ として

$$y(t) = \int_{-\infty}^t g(t-\tau) u(\tau) d\tau = \int_0^\infty g(\tau) u(t-\tau) d\tau \tag{4-42}$$

となる.

ここで入力を $u(t-\tau)$ として

$$u(t) = Re^{j\omega t}$$
$$= R\cos\omega t + jR\sin\omega t \tag{4-43}$$

を考える.$u(t)$ の虚数部が $R\sin\omega t$ であるので,出力 $y(t)$ の虚数部をとれば正弦波信号に対する応答となる.このとき

$$y(t) = \int_0^\infty g(\tau) R e^{j\omega(t-\tau)} d\tau$$
$$= R e^{j\omega t} \int_0^\infty g(\tau) e^{-j\omega\tau} d\tau \tag{4-44}$$

となるが,ここで $\int_0^\infty g(\tau) e^{-j\omega\tau} d\tau$ はラプラス変換の定義において $s = j\omega$ とおいたものとなるため,

$$G(j\omega) = \int_0^\infty g(\tau) e^{-j\omega\tau} d\tau \tag{4-45}$$

と書くことができる.したがって $u(t)=Re^{j\omega t}$ を印加したときの出力の定常応答は,

$$y(t)=Re^{j\omega t}G(j\omega) \qquad (4\text{-}46)$$

となる.

ここで

$$G(j\omega)=|G(j\omega)|e^{j\angle G(j\omega)} \qquad (4\text{-}47)$$

とおくと,(4-46)式は

$$y(t)=R|G(j\omega)|e^{j(\omega t+\angle G(j\omega))}$$
$$=R|G(j\omega)|\cos(\omega t+\angle G(j\omega))+jR|G(j\omega)|\sin(\omega t+\angle G(j\omega))$$
$$(4\text{-}48)$$

となる.この虚数部をとると

$$y(t)=R|G(j\omega)|\sin(\omega t+\angle G(j\omega)) \qquad (4\text{-}49)$$

となってこれが $u(t)=R\sin\omega t$ の正弦波信号が印加される場合の出力 $y(t)$ の定常応答である.(4-49)式を見ると入力が正弦波信号であれば出力 $y(t)$ は入力信号と同じ角周波数の正弦波信号となり,その振幅は $|G(j\omega)|$ 倍され,位相は $\angle G(j\omega)$ だけずれることが示されている.

このように正弦波信号を入力したときの出力の定常応答を周波数応答(frequency response)と呼び,入力の角周波数を変化させたときのこの振幅と位相の変化の特性を周波数特性(frequency characteristics)と呼ぶ.

また $G(j\omega)$ を伝達関数 $G(s)$ をもつシステムの周波数伝達関数(frequency transfer function)という.これは物理的には周波数応答そのものを表している.いま,制御対象あるいは制御系の伝達関数が与えられているとすると,その周波数応答はその伝達関数において $s$ の代わりに $j\omega$ を代入するだけで求められることになるが,これはちょうど電気回路の解析において $Ldi/dt$ の微分を $j\omega$ で,$(1/C)\int idt$ の積分を $1/j\omega$ で置き換えて定常状態の解析をするのに対応している.電気回路においても,定常状態の電流や電圧などを求めるときにそのような演算を行っているのである.ただし,どちらの場合も入力信号は正弦波に限っての話である点に注意する.伝達関数が与えられていない場合にシステム同定などによりシステムの特性を知るためには,上述のことからわかるように

## [例6]

$G(s) = \dfrac{2}{s^2+3s+6}$ で与えられる伝達関数をもつシステムに $u(t) = 5\sin\sqrt{3}\,t$ を入力したときの定常状態出力を求める．周波数伝達関数 $G(j\omega)$ は，

$$G(j\omega) = \frac{2}{6-\omega^2+j3\omega} = \frac{2(6-\omega^2)}{(6-\omega^2)^2+9\omega^2} - j\frac{6\omega}{(6-\omega^2)^2+9\omega^2} \tag{4-50}$$

となり，

$$|G(j\omega)| = \frac{2}{\sqrt{(6-\omega^2)^2+9\omega^2}}, \quad \angle G(j\omega) = -\tan^{-1}\frac{3\omega}{6-\omega^2}$$

$\omega = \sqrt{3}$ なので，$|G(j\sqrt{3})| = \dfrac{1}{3}$, $\angle G(j\sqrt{3}) = -\tan^{-1}\sqrt{3} = -\dfrac{\pi}{3}$

となる．したがって定常状態出力は以下となる．

$$y(t) = \frac{5}{3}\sin\left(\sqrt{3}\,t - \frac{\pi}{3}\right) \tag{4-51}$$

## 4-4 周波数特性

システムの性質は周波数伝達関数 $G(j\omega)$ の大きさと位相角あるいはその実数部と虚数部により表現できることがわかった．これらは角周波数 $\omega$ の関数であるから，この2つの量をすべての周波数（実際上は広い範囲）について同時に表現することによってそのシステムの特性を示すことができるわけである．この方法は過渡応答法のように直観的ではないが，いろいろな情報を読み取るためには少し慣れると極めて有用である．このような周波数特性についていくつかの表現方法があるが，よく用いられている2つの方法についてのみ述べる．

### (a) ナイキスト線図・ベクトル軌跡

角周波数 $\omega$ が決まると複素数である周波数応答

$$G(j\omega) = Re[G(j\omega)] + jIm[G(j\omega)] = \alpha(\omega) + j\beta(\omega) \tag{4-52}$$

が決まる．複素平面上において複素ベクトル $G(j\omega)$ は点 $(\alpha, j\beta)$ を先端とするベクトルで表され，$\omega$ を変えるとその先端はある軌跡を描く．$\omega$ を 0 から $\infty$ まで変化させたときの軌跡をベクトル軌跡（vector locus），$\omega$ を $-\infty$ から $+\infty$ まで変化させたときの一巡伝達関数の軌跡をナイキスト線図（Nyquist diagram）という．しかし，$-\infty$ から 0 までの軌跡は実軸に関して対称であるので実際上軌跡は 0 から $+\infty$ まで描けばよい．

**（b）ボード線図**

横軸に $\log_{10}\omega$ をとり，縦軸には振幅比（ゲインと呼ぶ））$|G(j\omega)|$ の対数量と位相 $\angle G(j\omega)$ の 2 つの量を表示するものをボード線図（Bode diagrams）という．

$$\text{ボード線図} \begin{cases} \text{ゲイン線図：} 20\log_{10}|G(j\omega)| & [\text{dB}] \\ \text{位相線図：} \angle G(j\omega) & [°] \end{cases} \tag{4-53}$$

ここで，ゲインはデシベル（decibel, dB）という単位を使う．$X$ に対して $20\log_{10}X$ を $X$ のデシベル表現という．$X=1$ という値を基準にとると，$X=1$ は 0 dB，$X=10$ は 20 dB，$X=100$ は 40 dB，$X=0.1$ は $-20$ dB，$X=0.01$ は $-40$ dB などである．また，周波数が 10 倍となる範囲を 1 デカード（decade），2 倍となる範囲を 1 オクターブ（octave）という．ボード線図のゲイン線図の勾配を示すのに 20 dB/dec というような表示があるが，これは周波数が 10 倍変化するときゲインが 20 dB 変化するという意味である．ボード線図の利点は次のようである．

（1）角周波数とゲインが対数量で表されているので，広い範囲の角周波数とゲインをコンパクトに表すことができる．

（2）ゲインが対数量で表されているので，ゲインの積はゲイン線図上では代数和となる．また，位相についても線図上での和となる．例えば，$G(s) = G_1(s)G_2(s)$ のボード線図を描く場合には次のようになる．

$$G(j\omega) = |G(j\omega)| e^{j\angle G(j\omega)} \tag{4-54}$$

と書くと

$$G_1(j\omega) = |G_1(j\omega)| e^{j\angle G_1(j\omega)}, \quad G_2(j\omega) = |G_2(j\omega)| e^{j\angle G_2(j\omega)} \tag{4-55}$$

であるので，ゲインと位相は和で計算される．

$$20\log_{10}|G(j\omega)| = 20\log_{10}|G_1(j\omega)\cdot G_2(j\omega)|$$
$$= 20\log_{10}|G_1(j\omega)| + 20\log_{10}|G_2(j\omega)| \tag{4-56}$$
$$\angle G(j\omega) = \angle G_1(j\omega) + \angle G_2(j\omega)$$

通常，定係数線形システムの伝達関数は積分要素，1次要素，2次要素などによって表されるから，これらの基本的要素のボード線図を知っていれば一般の線形系のボード線図は線図上でそれらの和として簡単に求めることができる．

（3） ゲイン線図の大略は折れ線近似により簡単に知ることができる場合が多い．

以下にベクトル軌跡とボード線図の具体例を示す．

[例7] 1次遅れ要素の場合には以下の各式が成り立つ．
伝達関数
$$G(s) = \frac{1}{1+Ts} \tag{4-57}$$

周波数伝達関数
$$G(j\omega) = \frac{1}{1+j\omega T} \tag{4-58}$$

ゲイン
$$|G(j\omega)| = \frac{1}{\sqrt{1+\omega^2 T^2}} \tag{4-59}$$

位相
$$\angle G(j\omega) = -\tan^{-1}(\omega T) \tag{4-60}$$

ベクトル軌跡は図4-10(a)に，ボード線図は図4-10(b)に示す．
1次遅れ要素の場合のベクトル軌跡は

$G(j\omega) = \dfrac{1-j\omega T}{1+(\omega T)^2} = \alpha + j\beta$ とすると $\alpha = \dfrac{1}{1+(\omega T)^2}, \beta = -\dfrac{\omega T}{1+(\omega T)^2}$ となるが，$\alpha, \beta$ の式から $\omega T$ を消去すると $\left(\alpha - \dfrac{1}{2}\right)^2 + \beta^2 = \left(\dfrac{1}{2}\right)^2$ となり $\beta \leq 0$ であることから図4-10(a)のように半円になる．このベクトル軌跡で，例えば $\omega = \dfrac{1}{T}$ のときのベクトルは4-10(a)に描き入れたようになり，直角2等辺3角形の比

(a) ベクトル軌跡

(b) ボード線図

**図 4-10** 1次遅れ要素 $G(s)=1/(1+Ts)$ のベクトル軌跡とボード線図

率より,このときのゲイン $|G(j\omega)|$ は $\dfrac{\sqrt{2}}{2}$,位相 $\angle G(j\omega)$ は $-\dfrac{\pi}{4}$ となることが読み取れる.また4-10(a)より,$\omega=0 \to \omega=\infty$ でゲインは $1\to 0$ と変化し,位相差は $0°\to -90°$ と変化することなどもわかる.

一方,ボード線図のゲインを求めるにあたって次のような近似が有用である.

$$g = 20\log_{10}|G(j\omega)| = 20\log_{10}\frac{1}{\sqrt{1+\omega^2 T^2}}$$
$$= -10\log_{10}(1+\omega^2 T^2) \tag{4-61}$$

ここで, $\omega T \ll 1$ のとき　$g \fallingdotseq 0$ dB

$\omega T \gg 1$ のとき　$g \fallingdotseq -20\log_{10}(\omega T)$

この近似を $\omega T<1$, $\omega T>1$ というように置き換えて描かれたのが図 4-10(b)の折れ点線であり, 正確に描かれたのが実線である. その差の最大値は $\omega=1/T$ のとき $-3.01$ dB くらいであり折れ線近似がかなり有効であることがわかる. ボード線図はこのようにゲインに関しては折れ線近似が可能であるのが有利な点である. なお $\omega=1/T$ を折れ点角周波数(break point angular frequency)という.

位相線図についてはゲイン線図のような折れ線近似は普通使えない. しかし, 折れ点角周波数における $\phi=-\tan^{-1}\omega T$ の接線は, 片対数目盛りで表しているため $\omega T=10^x (x=\log_{10}\omega T)$ とおくと, $\phi=-\tan^{-1}10^x$ を $x$ で微分した $\dfrac{d\phi}{dx}=-\dfrac{10^x \ln 10}{1+10^{2x}}\bigg|_{x=0}=-\dfrac{\ln 10}{2}\approx -1.15$ を傾きとする $\phi=-1.15x-\dfrac{\pi}{4}$ となる. これと $\phi=0$ および $\phi=-\dfrac{\pi}{2}$ との交点は, それぞれ $x\approx -0.68$ および $x\approx 0.68$ となることより, ほぼ $\omega=\dfrac{0.2}{T}$ で $0°$ および $\omega=\dfrac{5}{T}$ で $-90°$ と交わるので, 少し粗いが図 4-10(b)のような折れ線で近似できる.

なお, ボード線図を描く場合には, $\log_{10}2\approx 0.3$, $\log_{10}3\approx 0.48$, $\log_{10}5\approx 0.7$, $\log_{10}7\approx 0.85$ を覚えておくと便利である.

[**例 8**] (4-57)式で $T=1$ とすると $G(s)=\dfrac{1}{s+1}$ となる. これは例 1 の $RC$ 回路で $RC=1$ とした場合に対応する.

この伝達関数を持つシステムに図 4-11 の(a)$\sin 0.2t$, (b)$\sin 10t$, (c)$\sin 0.2t+\sin 10t$ の波形を入力する. このとき図 4-10(b)のボード線図で $T=1$ としたときのゲインと位相を読むとそれぞれ(a)と(b)に対しては

(a) $\omega=0.2$:　ゲイン　$0$ dB($=1$)　位相　$-11.3°$

(b) $\omega=10$:　ゲイン　$-20$ dB($=0.1$)　位相　$-84.3°$

となる. 実際, その出力は図 4-12 の(a), (b), (c)のようになる.

これは実際の回路で(a)$\sin 0.2t$ の信号に対して, (b)$\sin 10t$ のノイズが加

*102*  第 4 章 特 性 表 現

図 4-11  入力波形

図 4-12  図 4-11 の入力に対する出力波形

わったとき，信号は$(c)\sin 0.2t+\sin 10t$のようになるが，$G(s)=\dfrac{1}{s+1}$の伝達関数を持つ回路を通すと図4-12の(a)，(b)，(c)のようになり，(c)の波形はノイズがカットされ，(a)の波形とほとんど同じになることを意味する．実際，例1のRC回路は高周波のノイズをカットする1次ローパスフィルタとして電気回路などで良く用いられている．

[例9] 2次遅れ要素の場合には以下の各式が成り立つ．

伝達関数
$$G(s)=\frac{\omega_n^2}{s^2+2\zeta\omega_n s+\omega_n^2} \tag{4-62}$$

周波数伝達関数
$$\begin{aligned}G(j\omega)&=\frac{\omega_n^2}{(j\omega)^2+2\zeta\omega_n(j\omega)+\omega_n^2}\\&=\frac{(\omega_n^2-\omega^2)\omega_n^2}{(\omega_n^2-\omega^2)^2+(2\zeta\omega\omega_n)^2}-j\frac{2\zeta\omega\omega_n^3}{(\omega_n^2-\omega^2)^2+(2\zeta\omega\omega_n)^2}\\&=\frac{1-(\omega/\omega_n)^2}{\{1-(\omega/\omega_n)^2\}^2+\{2\zeta(\omega/\omega_n)\}^2}\\&\quad-j\frac{2\zeta(\omega/\omega_n)}{\{1-(\omega/\omega_n)^2\}^2+\{2\zeta(\omega/\omega_n)\}^2}\end{aligned} \tag{4-63}$$

(a) ベクトル軌跡

(b) ボード線図(ゲイン線図)

(c) ボード線図(位相線図)

**図 4-13** 2次遅れ要素 $G(s)=\omega_n^2/(s^2+2\zeta\omega_n s+\omega_n^2)$ のベクトル軌跡とボード線図(ゲイン線図,位相線図)

このベクトル軌跡は図 4-13(a)に,ボード線図は図 4-13(b)(c)に示される.制御係数 $\zeta$ の大きさによってベクトル軌跡やボード線図の形が非常に違うことに注意する.なお,図 4-5 に示した 2 次遅れ要素のステップ応答と対応させると特徴がよりとらえやすい.

1次遅れ要素と 2 次遅れ要素の特性を比較すると,1 次遅れ要素の振幅比は1より大きくなることはないが,2 次遅れ要素は $\zeta$ が小さくなると振幅比が1

## 4-4 周波数特性

より大きくなることがあることが分かる．またどちらも位相が進むことはないが $\omega$ が大きくなると，1次遅れ要素では位相が 90° 遅れるのに対して，2次遅れ要素では 180° 遅れることも分かる．

[例10]

$G(s) = \dfrac{10}{2s^2 + 3s + 2}$ で与えられる2次遅れ要素のボード線図を求める．

$G(s) = \dfrac{10}{2s^2+3s+2} = \dfrac{10}{(s+1)(2s+1)} = \dfrac{1}{s+1} \cdot \dfrac{10}{2s+1} = G_1(s)G_2(s)$ と1次遅れ要素の積となるので，4-4（b）より $G(s)$ のボード線図は $G_1(s)$ と $G_2(s)$ の和となる．

[$G_1(s)$ について]

　ゲイン

$$g_1 = 20 \log_{10} |G_1(j\omega)| = 20 \log_{10} \dfrac{1}{\sqrt{1+\omega^2}}$$

　　$\omega \ll 1$ のとき　$g_1 \approx 0 \text{ dB}$
　　$\omega \gg 1$ のとき　$g_1 \approx -20 \log_{10} \omega \text{ dB}$

　位相

$$\phi_1 = -\tan^{-1} \omega$$

[$G_2(s)$ について]

　ゲイン

$$g_2 = 20 \log_{10} |G_2(j\omega)| = 20 \log_{10} \dfrac{10}{\sqrt{1+4\omega^2}}$$

　　$\omega \ll 0.5$ のとき　$g_1 \approx 20 \text{ dB}$
　　$\omega \gg 0.5$ のとき　$g_1 \approx 20 \log_{10} \dfrac{10}{2\omega} = 20 - 20 \log_{10} 2\omega \text{ dB}$

　位相

$$\phi_2 = -\tan^{-1} 2\omega$$

より $G_1(s)$ と $G_2(s)$ のボード線図，これを加えた $G(s)$ のボード線図は図 4-14 となる．

ただし，点線は折れ線近似であり，正確に描かれたのが実線である．

**図 4-14** 2次遅れ要素 $G(s) = 10/(2s^2 + 3s + 2)$ のボード線図

[**例11**] むだ時間要素(dead time element)の場合には以下の各式が成り立つ.

伝達関数
$$G(s) = e^{-sL} \tag{4-64}$$

周波数伝達関数
$$G(j\omega) = e^{-j\omega L} = \cos \omega L - j \sin \omega L \tag{4-65}$$

(a) ベクトル軌跡

(b) ボード線図

図 4-15　むだ時間要素 $G(s) = e^{-sL}$ のベクトル軌跡とボード線図

ゲイン
$$|G(j\omega)| = 1 \tag{4-66}$$
位相
$$\angle G(j\omega) = -\omega L \tag{4-67}$$

ベクトル軌跡は図4-15(a)に，ボード線図は図4-15(b)に示される．

## 4-5 閉ループ系の周波数特性

以上はとくに開ループ系と閉ループ系の区別をつけないで述べてきたが，大体においてこれらは開ループ系の周波数特性を意識していることが多い．ここでは，図4-16のような閉ループ系の周波数特性についてその要点をまとめておく．

この場合の閉ループ周波数伝達関数は次のようになる．

$$W(j\omega) = \frac{G(j\omega)}{1 + G(j\omega)} \tag{4-68}$$

ここで，$G(j\omega) = ge^{j\theta}$，$g = |G(j\omega)|$，$\theta = \angle G(j\omega)$ とおいて(4-68)式に代入して整理すると次式となる．

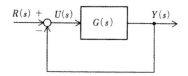

**図 4-16** 単一フィードバック系

$$W(j\omega) = \frac{g\cos\theta + jg\sin\theta}{(1+g\cos\theta) + jg\sin\theta} = Me^{j\phi} \qquad (4\text{-}69)$$

(4-69)式の $M$ と $\phi$ はそれぞれ以下に示すような閉ループ系のゲインと位相である.

$$M = \frac{g}{\sqrt{1+g^2+2g\cos\theta}} \qquad (4\text{-}70)$$

$$\phi = \tan^{-1}\frac{\sin\theta}{g+\cos\theta} \qquad (4\text{-}71)$$

すなわち，閉ループ系のゲイン $M$ と位相 $\phi$ は上式により開ループ系の周波数伝達関数のゲイン $g$ と位相 $\theta$ から計算で求めることができる．ニコルズ線図 (Nichols charts)というのはこの計算を図上で行うために用いられる線図であるがここでは省略する．上の計算により閉ループ系の周波数特性を求めると，例えば図4-17のようになる．この周波数特性で用いられる重要な定義には次のようなものがある．

（1） ピークゲイン（$M_p$）

閉ループ系の周波数特性のゲインの最大値．これは閉ループ系の安定度を表す指標となる．ピークゲインが大きいということは，共振周波数近辺の周波数が低周波数に比較して出力が大きくなるということであるので制御系の安定度は悪いことになる．ピーク値の最適値は $M_p \fallingdotseq 1.3$ といわれている．

（2） 共振ピーク周波数（$\omega_p$）

共振ピークゲイン（$M_p$）をもつ場合その値 $M_p$ を与える周波数．ただし，閉ループ系の周波数特性がピークをもたない場合定義されない．共振ピーク周波数は速応性の尺度になる．これが大きいということは高い周波数の信号（目標値）にも系が応答するということであり速応性がよい．

図 4-17 閉ループ系の周波数特性

（3） 帯域幅（$\omega_b$）

通常，入力信号の周波数が高くなると閉ループ系のゲイン特性は低下し，位相も遅れてくる．閉ループ系周波数特性のゲインが低周波（$\omega \to 0$）におけるゲインより 3 dB（$= 1/\sqrt{2}$）低下する周波数を帯域幅という．閉ループ系への入力信号は一般に種々の周波数を含んだものであるので，システムの出力が入力に忠実に応答するためには，閉ループ系の周波数特性は入力信号を含む周波数にわたって一様に 1（0 dB）のゲインをもっていることが必要である．

## 演 習 問 題

1. $a, b, c$ を正係数として，制御対象が次式で与えられるシステムがある．

$$a\frac{dy(t)}{dt} + by(t) = cu(t)$$

このシステムの操作量を $u(t)$，制御量を $y(t)$ とする．いま下図に示すような制御系を構成し，$R(t)$ を目標値，$e(t)$ を誤差とし，制御器の伝達関数を $G_c(s)$ とする．た

だし，$\mathcal{L}[u(t)] = U(s)$, $\mathcal{L}[y(t)] = Y(s)$, $\mathcal{L}[e(t)] = E(s)$, $\mathcal{L}[R(t)] = R(s)$ とする．いま制御器として $G_c(s) = K_I/s$ なる積分制御系を用いるものとする．

（1） この制御系は2次遅れ要素となるが，制動係数，固有角周波数はそれぞれどのようになるかを示せ．

（2） この制御系が臨界制動状態であるとして，目標値を $R_0$（一定）としたとき，この制御系の制御量 $y(t)$ を求めよ．

（3） この制御系が不足制動状態にあるとして，目標値を単位インパルス信号としたときのこの制御系の制御量 $y(t)$ を求めよ．

2．（4-35)式が成り立つことを示せ．

3．周波数応答法において，種々の角周波数における振幅比と位相差を広い周波数範囲にわたって見やすく表現するためにナイキスト線図，ボード線図などがある．

（1） ナイキスト線図について説明せよ．

（2） ボード線図も非常によく使われるが，ボード線図は2つの線図からなり，対数の特徴をうまく利用している．ボード線図について説明せよ．

4．$G(s) = 10/(4s+1)$ の伝達関数で与えられるシステムがある．

（1） ベクトル軌跡が数式でどのような形になるかを示し，そのベクトル軌跡を描け．

（2） 描いたベクトル軌跡を用いて $\omega = \sqrt{3}/4 \, [\mathrm{rad/s}]$ のときのゲインと位相を読みとれ．

5．$G(s) = 10/s(2s+1)$ の伝達関数で与えられるシステムのボード線図を描け．

# 第5章　安定性・安定度

　制御系の安定・不安定は第1章でも述べたように制御問題のすべてに優先して確保されなければならない重要な性質である．すなわち，いかにフィードバック制御系により，よりよい制御ができる可能性があるといっても，出来上がった制御系が安定でなかったらすべては何もならない絵に描いた餅でしかない．安定・不安定の概念は次のような例を考えるとわかりやすい．すなわち，おわんのように水のようなものを入れる物を通常の向きに置いてその中にピンポン球を入れた場合に，球がどの位置に置かれようとも球は最終的にはおわんの底に落ち着く．これが安定な状況である．一方，おわんを逆の向きに置いたとして球をその上に乗せると，球は当然止まることはなくおわんから落ちてしまう．これが不安定な状況である．本章ではシステムが安定かどうかをどのように判別するかや，システムが安定であるためにはどのような条件が必要であるかなどについて述べる．

## 5-1　安定とは

　状態方程式
$$\dot{\boldsymbol{x}}(t) = \boldsymbol{A}\boldsymbol{x}(t) + \boldsymbol{b}u(t) \tag{5-1}$$
で表されるシステムにおける零入力応答，すなわち入力信号 $u(t)$ が零であるときの応答は(3-56)式より
$$y(t) = \boldsymbol{c}e^{A(t-t_0)}\boldsymbol{x}(t_0) \tag{5-2}$$

であるが，この値が任意の初期値 $\boldsymbol{x}(t_0)$ に対して $t \to \infty$ のとき零に収束するとき，このシステムは漸近安定（asymptotically stable）であるという．ここでは考察する対象を線形系に限っているので議論を簡単にするが，非線形系も含めた場合には，安定についての定義から注意して議論していく必要があることに留意してほしい．

ところで，以上では(5-1)式の安定性は入力を零とした系の応答のみによって，つまり状態方程式の $\boldsymbol{A}$ の性質のみによって決定されている．それでは(5-1)式において入力が零でない $u = u_0 = $ 一定の場合についてはどのようになるであろうか．

このときの平衡点 $\boldsymbol{x}_0$ は次式を満足する．

$$\dot{\boldsymbol{x}}_0 = \boldsymbol{A}\boldsymbol{x}_0 + \boldsymbol{b}u_0 = 0 \tag{5-3}$$

そして(5-1)式より

$$\frac{d}{dt}[\boldsymbol{x}(t) - \boldsymbol{x}_0] = \boldsymbol{A}\boldsymbol{x}(t) + \boldsymbol{b}u_0 - [\boldsymbol{A}\boldsymbol{x}_0 + \boldsymbol{b}u_0]$$

$$= \boldsymbol{A}[\boldsymbol{x}(t) - \boldsymbol{x}_0] \tag{5-4}$$

となるが，ここで，$\boldsymbol{z}(t) = \boldsymbol{x}(t) - \boldsymbol{x}_0$ とおくと上式は

$$\dot{\boldsymbol{z}}(t) = \boldsymbol{A}\boldsymbol{z}(t) \tag{5-5}$$

となり，$\boldsymbol{x}(t)$ が平衡点 $\boldsymbol{x}_0$ に収束するかどうかという安定性はやはり $\boldsymbol{A}$ の性質にのみ依存することがわかる．つまり入力が零でない場合にも座標変換することによって入力を零とした場合と同じ議論ができることになる．

つぎに(5-1)式のシステムを次のような伝達関数で表わした場合の安定性について考えてみよう．なおここでの係数の表現はいままで用いてきた表現と逆になっていることに注意されたい．

$$G(s) = \boldsymbol{c}[s\boldsymbol{I} - \boldsymbol{A}]^{-1}\boldsymbol{b} = \frac{N(s)}{D(s)} = \frac{b_0 s^m + \cdots + b_{m-1} s + b_m}{a_0 s^n + a_1 s^{n-1} + \cdots + a_{n-1} s + a_n} \tag{5-6}$$

ただし，$m < n$　$b_0 \neq 0$

(5-6)式の分母，分子多項式を因数分解すると以下のようになる．

$$N(s) = b_0(s - z_1)(s - z_2) \cdots (s - z_m)$$
$$D(s) = a_0(s - p_1)(s - p_2) \cdots (s - p_n) \tag{5-7}$$

前述のように，上式で $D(s) = 0$ の根 $p_i$ は分母多項式を零とするものであり伝達

関数の極である.また,$N(s)=0$ の根 $z_i$ は分子多項式を零とするものであり伝達関数の零点である.そして,各多項式は実数係数をもつので $p_i$ と $z_i$ は実根であるか共役複素根のいずれかである.いま,単位インパルス関数を入力したときの単位インパルス応答 $g(t)$ を調べることにより漸近安定の条件を求めてみよう.ただし,ここでは簡単のために2次系に限って述べることにする.

### (a) 極がすべて相異なる実根の場合

伝達関数 $G(s)$ を部分分数展開する.

$$G(s) = \sum_{i=1}^{2} \frac{K_i}{s-p_i} \tag{5-8}$$

ただし,係数 $K_i$ は次のようにして求められる.

$$K_i = [(s-p_i)G(s)]_{s=p_i} \quad (i=1,2) \tag{5-9}$$

重み関数 $g(t)$,すなわち単位インパルス応答は(5-8)式をラプラス逆変換することにより次式のように求められる.

$$g(t) = K_1 e^{p_1 t} + K_2 e^{p_2 t} \tag{5-10}$$

2つの極 $p_1, p_2$ が負であれば $g(t)$ は $t \to \infty$ で零に収束するのでシステムは安定となる.

### (b) 極が共役複素根の場合

一般的には極は複数の複素根と実根を両方含むが,ここでは2次系を扱うので2つの極がある場合のみを考え,それが複素根の場合を扱う.

$$G(s) = \frac{\omega_n^2}{s^2 + 2\zeta\omega_n s + \omega_n^2} = \frac{\omega_n^2}{(s-p_1)(s-p_2)} \tag{5-11}$$

ただし,$p_1 = -\zeta\omega_n + j\omega_n\sqrt{1-\zeta^2}$, $p_2 = -\zeta\omega_n - j\omega_n\sqrt{1-\zeta^2}$

この場合の重み関数は次のようになる.

$$g(t) = \frac{\omega_n}{\sqrt{1-\zeta^2}} e^{-\zeta\omega_n t} \sin(\sqrt{1-\zeta^2}\,\omega_n t) \tag{5-12}$$

したがって,2つの複素根の実数部がいずれも負であるならば $g(t)$ は $t \to \infty$ で零に収束しシステムは安定となる.虚数部は正弦波関数になり,±1の範囲で変化するので安定性には影響を及ぼさない.

### (c) 極が多重根の場合

多重根がある場合の簡単な例として1つの根が多重度2であるときを扱う．このとき伝達関数は次のようになる．

$$G(s) = \frac{\omega_n^2}{(s+\omega_n)^2} \tag{5-13}$$

この場合の重み関数は次のようになる．

$$g(t) = \omega_n^2 t e^{-\omega_n t} \tag{5-14}$$

この場合の根は $-\omega_n$ の2重根である．やはり根の実数部（この場合は根そのもの）が負であればシステムは安定となる．

以上は重み関数 $g(t)$ を見ることによって安定性を考察したわけであるが，考察している対象は線形系であるので，任意の入力が印加された場合の安定・不安定の考察も全く同様に考えることができる．以上のように，制御対象あるいは制御系が(5-1)式か(5-6)式で与えられる場合のその安定性は，(5-6)式でいえば分母＝0とする極の実数部が負であれば安定であるということがわかった．また(5-2)式によれば $e^{At}$ により安定か否かを判定できるということになるわけであるが，第3章にも述べたとおり $e^{At} = \mathcal{L}^{-1}[[sI-A]^{-1}]$ であるので，システムを表す行列 $A$ の固有値（つまり極）の実数部が負であれば安定であるということになる．(5-1)式による表現も(5-6)式による表現も安定性を検討する場合

図 5-1　$s$ 平面の安定領域

には，極あるいは固有値により判断することができるのでとくに区別することなく次のようにまとめることができる．

(5-6)式で表されるシステムについて安定であるための必要十分条件は

$$D(s) = a_0 s^n + a_1 s^{n-1} + \cdots + a_{n-1} s + a_n$$
$$= 0 \tag{5-15}$$

と表わされる特性方程式において，

　　　実数部 [特性根 $p_i$] $< 0$　　　($i = 1, 2, \cdots, n$) (5-16)

となることである．虚数部は安定性には影響を及ぼさない．

つまり以下のようになる．

① すべての極の実数部が負のとき，システムは安定である
② 極の内で1つでも実数部が正のものがあれば，システムは不安定である
③ 実数部が零である極がある場合は安定限界である

[例1] 剛体の棒を上端を支点とすると振り子になり，下端を支点とすると倒立振子となる．直感的に考えるとそれぞれに単位インパルス状の外乱を加えると振り子は元の平衡点である鉛直下方に収束するので安定，倒立振子は鉛直上方からどんどん離れていくので不安定となる．同じ棒でも支点の上下で安定，不安定が異なるわけであるが，これを極の面からみるとどのようになるであろうか．詳細は演習問題1に示しているが，振り子の場合はすべての極が負となり，倒立振子の場合は正の極が含まれることになる．このように直感と理論を結びつけて考えるようにするとより理解が深まるようになる．

これらのことを複素平面（$s$ 平面）で示したのが図5-1である．極 $p_i$ が $s$ 平面の左半平面にあることが安定のための必要十分条件である．したがって，制御系あるいは制御対象の特性方程式が与えられるとき，その極 $p_i$ が $s$ 平面でどこにあるかを知ることができれば安定・不安定がわかることになる．また，$s$ 平面に極をプロットしたときに安定・不安定がわかるとともにどの程度安定であるかの安定度も示される．つまり，極が $s$ 平面の左にいけばいくほど急速に過渡現象が消滅することになり，虚軸に近づけば近づくほど過渡現象が長時間継続して，不安定の方向に移動することになる．実軸上にのみすべての極がある

場合にはその過渡現象は非振動的であるが，それ以外の場合には応答は振動的になる．このように，極がどこにあるかによりそのシステムの応答の重要な部分が決定されることに注意する．なお，システムの応答は極だけでなく零点の位置がどこにあるかにも影響されることに注意すべきである．

## 5-2 閉ループ系の安定性

5-1節で述べたことは線形系についての一般論であり，どのようなシステムであれ(5-1)式あるいは(5-6)式の形で表されていれば成り立つ話である．つぎにより具体的に次のようなフィードバック制御系における安定性を考えよう．図5-2のような一般的なフィードバック制御系の目標値-制御量間の伝達関数は次のように表わされる．

$$W(s) = \frac{G_c(s)G(s)}{1+G_c(s)G(s)H(s)} \tag{5-17}$$

混乱はないと思われるので，これを改めて(5-6)式と同じ表現を使って次のように表す．

$$W(s) = \frac{N(s)}{D(s)} = \frac{b_0 s^m + \cdots + b_{m-1}s + b_m}{a_0 s^n + a_1 s^{n-1} + \cdots + a_{n-1}s + a_n} \tag{5-18}$$

このとき，特性方程式はその分母多項式より

$$D(s) = 1 + G_c(s)G(s)H(s) = 0 \tag{5-19 a}$$
$$D(s) = a_0 s^n + a_1 s^{n-1} + \cdots + a_{n-1}s + a_n = 0 \tag{5-19 b}$$
$$D(s) = a_0(s-p_1)(s-p_2)\cdots(s-p_n) = 0 \tag{5-19 c}$$

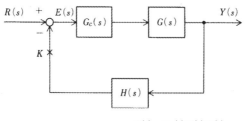

$F(s) = G_c(s)G(s)H(s)$

図 5-2 フィードバック制御系

などと表わされる．したがって，この特性方程式の根，すなわち極について安定・不安定の判定を行えばよいことになる．制御対象 $G(s)$ のみの安定・不安定は $G(s)$ の分母多項式 $=0$ とおいた特性方程式の特性根を調べればよいわけであるが，フィードバック制御系としての安定性は(5-19 a)式からわかるように，制御対象の極がフィードバック系の極に複雑にかかわるために容易には判断できない．(5-19 c) 式のように特性方程式が因数分解できる場合は，その安定・不安定の判定は上の原理に従って極めて容易にできる．しかし，一般には多項式の因数分解は容易ではない．数値計算により (5-19 b)式の根を求める場合にも，ガロアの定理により 2～4 次方程式には解の公式が存在するが，5 次以上の方程式には解の公式が存在しないことが示されている．直接特性根を知らないでも，要するに特性根が s 平面の左半平面にあるかどうかさえわかればよいという立場から次節で述べるような Routh の方法，Hurwitz の方法がよく知られている．さらに単なる数値計算ではわからない制御系の全貌を知るための方法である Nyquist の方法は，安定・不安定のみならずどの程度安定であるかを見るにも極めて有力な方法である．

このように，制御対象を(5-1)式または(5-6)式のように表した場合でも，あるいはフィードバック制御系として構成されていて，その目標値-制御量間の伝達関数がわかっている場合でも，その安定性については特性方程式の特性根あるいは極について検討することによって判断できる．普通問題となるのは制御対象の安定・不安定よりも図 5-2 のような制御系を構成した場合にこのフィードバック制御系が安定であるかどうかを知ることである．

制御対象が安定であるからといって，構成されたフィードバック制御系が安定であるとは決していえない．逆に制御対象が不安定であってもフィードバック制御系を構成することによって安定に制御することができる．例えば，ロケットの姿勢制御や倒立振子の制御などは，不安定な制御対象をフィードバック制御系により安定化するわかりやすい例である．制御対象が安定であっても制御系を構成したときに不安定になる身近な例としては，マイクロフォンとスピーカのシステムで，スピーカの音が不用意にマイクロフォンに入ることにより（正フィードバック系が構成される）アンプのゲインを上げるとハウリングを起こすなどがある．このような安定・不安定を判断するのに以下では特性根を

求めることなく一般的に安定判別する方法について述べる.

## 5-3 安定判別法—Routh/Hurwitz の安定判別法

まず，Routh の安定判別法について述べる．この方法は特性方程式を (5-19 b)式としたとき，その係数 $a_0, a_1, a_2, \cdots, a_n$ を用いたある数列を作りそれにより安定判別をしようとする方法である．これにより特性方程式の特性根を直接求めることなく安定判別が可能になる.

まず，次のような Routh 表 (Routh table) を作る.

$$\begin{array}{c|cccc} s^n & a_0 & a_2 & a_4 & a_6 & \cdots \\ s^{n-1} & a_1 & a_3 & a_5 & a_7 & \cdots \\ \hline s^{n-2} & b_1 & b_2 & b_3 & \cdots \\ s^{n-3} & c_1 & c_2 & \cdots \\ s^{n-4} & d_1 & d_2 \\ \vdots & \vdots & \vdots \\ s^0 & \end{array} \tag{5-20}$$

ここで,

$$b_1 = \frac{-\begin{vmatrix} a_0 & a_2 \\ a_1 & a_3 \end{vmatrix}}{a_1} = \frac{-a_0 a_3 + a_1 a_2}{a_1}$$

$$b_2 = \frac{-\begin{vmatrix} a_0 & a_4 \\ a_1 & a_5 \end{vmatrix}}{a_1} = \frac{-a_0 a_5 + a_1 a_4}{a_1}$$

$$c_1 = \frac{-\begin{vmatrix} a_1 & a_3 \\ b_1 & b_2 \end{vmatrix}}{b_1} = \frac{a_3 b_1 - a_1 b_2}{b_1}$$

$$c_2 = \frac{-\begin{vmatrix} a_1 & a_5 \\ b_1 & b_3 \end{vmatrix}}{b_1} = \frac{a_5 b_1 - a_1 b_3}{b_1}$$

..............

## 5-3 安定判別法―Routh/Hurwitz の安定判別法

このとき，
① 係数 $a_0, a_1, \cdots, a_n$ がすべて正（同符号）である
② Routh 表の最初の列 $a_0, a_1, b_1, c_1, \cdots$ が正である

の2つの条件が(5-19 b)式の特性方程式の根の実数部がすべて負であり，システムが安定であるための必要十分条件である．

また，特性方程式の正の実数部をもつ根の数は最初の列の符号変化数に等しいということもわかっている．

なお，Routh 表については以下のようにも説明できる．
(5-19 b)式の特性多項式 $D(s)$ を

$$\begin{aligned}D(s) &= a_0 s^n + a_1 s^{n-1} + \cdots + a_{n-1} + a_n \\ &= (a_0 s^n + a_2 s^{n-2} + \cdots + a_n) + (a_1 s^{n-1} + a_3 s^{n-3} + \cdots + a_{n-1} s) \\ &= D_n(s) + D_{n-1}(s)\end{aligned} \quad (5\text{-}21)$$

と分けて考えると多項式 $D_n(s)$ の係数は(5-20)式の Routh 表の第1行，$D_{n-1}(s)$ の係数は第2行に相当する．さらに $D_n(s)$ を $D_{n-1}(s)$ で割り，そのあまりを $D_{n-2}(s)$ とすると，

$$\begin{aligned}D_n(s) &= \frac{a_0}{a_1} s D_{n-1}(s) + b_1 s^{n-2} + b_2 s^{n-4} + \cdots \\ &= \frac{a_0}{a_1} s D_{n-1}(s) + D_{n-2}(s)\end{aligned} \quad (5\text{-}22)$$

となり，$D_{n-2}(s)$ の係数は第3行になる．同様に $D_{n-1}(s)$ を $D_{n-2}(s)$ で割り，そのあまりを $D_{n-3}(s)$ とすると

$$\begin{aligned}D_{n-1}(s) &= \frac{a_1}{b_1} s D_{n-2}(s) + c_1 s^{n-3} + c_2 s^{n-5} + \cdots \\ &= \frac{a_1}{b_1} s D_{n-2}(s) + D_{n-3}(s)\end{aligned} \quad (5\text{-}23)$$

となり，$D_{n-3}(s)$ の係数は第4行になるというようになり，いわゆるユークリッドの互除法を行っていることになる．

ついで，Routh の方法と等価である Hurwitz の安定判別法を述べる（演習問題2参照）．

この方法は係数 $a_0, a_1, \cdots, a_n$ を用いて

$$H_i = \begin{vmatrix} \overset{H_1}{a_1} & \overset{H_2}{a_3} & \overset{H_3}{a_5} & \cdots & a_{2i-1} \\ a_0 & a_2 & a_4 & \cdots & a_{2i-2} \\ 0 & a_1 & a_3 & \cdots & a_{2i-3} \\ 0 & a_0 & a_2 & \cdots & a_{2i-4} \\ 0 & 0 & a_1 & \cdots & a_{2i-5} \\ \vdots & \vdots & \vdots & & \vdots \\ 0 & 0 & 0 & \cdots & a_n \end{vmatrix} \quad (5\text{-}24)$$

と定義されるHurwitz行列式(Hurwitz determinant)を用いる．ここで，$i=1,2,\cdots,n$であり，$k>n$の場合には$a_k=0$とする．

このときシステムが安定である必要十分条件は次のようになる．
① 係数$a_0, a_1, \cdots, a_n$がすべて正である．
② (5-13)の行列式において$H_i>0 (i=1,2,\cdots,n)$である．
  すなわち，$H_1>0, H_2>0, \cdots, H_n>0$

[**例2**]　図5-3に示すフィードバック制御系が安定であるための$K$の値の範囲を求める[20]．

図 5-3　フィードバック制御系

図5-3は図5-4のようなブロック線図にまとめられる．

図 5-4　図5-3をまとめたブロック線図

したがって，全体のフィードバック制御系の閉ループ系伝達関数は

$$W(s) = \frac{K}{0.1\,s^3 + 0.75\,s^2 + 1.1\,s + K} \tag{5-25}$$

となり，特性方程式 $D(s)$ は次のようになる．

$$D(s) = 0.1\,s^3 + 0.75\,s^2 + 1.1\,s + K = 0 \tag{5-26}$$

Routh の安定判別法によりこの制御系が安定であるための条件を求める．

$$
\begin{array}{c|ll}
s^3 & a_0 = 0.1 & a_2 = 1.1 \\
s^2 & a_1 = 0.75 & a_3 = K \\
\hline
s^1 & b_1 = 1.1 - \dfrac{0.1}{0.75}K & \\
s^0 & c_1 = K &
\end{array}
$$

$$b_1 = \frac{-\begin{vmatrix} 0.1 & 1.1 \\ 0.75 & K \end{vmatrix}}{0.75} = 1.1 - \frac{0.1}{0.75}K$$

$$c_1 = \frac{-\begin{vmatrix} 0.75 & K \\ b_1 & 0 \end{vmatrix}}{b_1} = K$$

ゆえに安定条件は次のようになる．

$$1.1 - \frac{0.1}{0.75}K > 0 \quad \text{および} \quad K > 0 \tag{5-27}$$

これより求める $K$ の値の範囲は次のようになる．

$$0 < K < 8.25 \tag{5-28}$$

次に Hurwitz の判別法を用いて解く．この場合には，

$$D(s) = s^3 + 7.5\,s^2 + 11\,s + 10K = 0 \tag{5-29}$$

のように特性方程式 $D(s)$ を10倍して考えると楽である．

Hurwitz 行列式は次のようになる．

$$H_3 = \begin{vmatrix} 7.5 & 10K & 0 \\ 1 & 11 & 0 \\ 0 & 7.5 & 10K \end{vmatrix} \tag{5-30}$$

特性方程式 $D(s)$ の係数はすべて正であり，

$$H_1 = 7.5$$

$$H_2 = \begin{vmatrix} 7.5 & 10K \\ 1 & 11 \end{vmatrix} = 7.5 \times 11 - 10K > 0 \tag{5-31}$$

$$H_3 = \begin{vmatrix} 7.5 & 10\,K & 0 \\ 1 & 11 & 0 \\ 0 & 0.75 & 10\,K \end{vmatrix} = 7.5 \times 11 \times 10\,K - (10\,K)^2 > 0$$

となるので，これより制御系が安定である条件はやはり次のようになる．

$$0 < K < 8.25 \tag{5-32}$$

## 5-4 Nyquistの安定判別法と安定度

Routh-Hurwitzの安定判別法はシステム（制御対象でも制御系でもよい）の安定判別を特性方程式の係数から判断する方法であった．Nyquistの安定判別法は周波数応答法の考え方に基づくもので，特性方程式が無限次元となるむだ時間系や分布定数系などにも適用可能な方法であり，かつ安定の度合いも見れるなど非常に有力なものである．再び図5-2について考える．特性方程式は

$$1 + F(s) = 0 \tag{5-33}$$

ただし，$F(s) = G_c(s)G(s)H(s)$
となる．ここで$E(s)$から$E(s)$までのループ一巡の伝達関数$F(s)$が一巡伝達関数（loop transfer function）でありNyquistの安定判別を行う手順は以下のようである．

① 4-4節に述べた方法により一巡伝達関数$F(s)$のナイキスト線図を描く．すなわち，$F(s)$において$s = j\omega$とおき$\omega$を$-\infty$から$+\infty$まで変化させたときのベクトルの先端の軌跡を描く．

② 複素平面上の$(-1 + j0)$点から描かれたナイキスト線図上の1点にベクトルを引き，$\omega$を$-\infty$から$+\infty$まで変化させたときのこのベクトルの回転を調べ，反時計方向まわりの回転数を$R$とする．

③ 一巡伝達関数$F(s)$の極の内で実部が正なるものの数を$P$とする．このときシステムが安定であるのは$R = P$の場合のみである．もし$F(s)$の極の実部が正のものがない，すなわち開いた系が安定な場合には$P = 0$であるからその安定条件は回転数$R = 0$となる．またシステムの不安定極数は$P - R$で与えられる．

## 5-4 Nyquist の安定判別法と安定度

以上の点について簡単に説明してみよう．いま，$A$ をゲインとし，

$$D(s) = 1 + F(s) = A\frac{(s-q_1)(s-q_2)\cdots(s-q_m)}{(s-p_1)(s-p_2)\cdots(s-p_n)} \tag{5-34}$$

と表すと $D(s)$ の分母は一巡伝達関数 $F(s)$ の特性多項式，分子は閉ループ系の特性多項式となる．簡単のため $F(s)$ の極は虚軸上に存在しないとする．

いま，図5-5に示すように，$s$ 平面において原点0を出発点とし，虚軸上を $+\infty$ まで進んで，そこから半径 $\infty$ の半円上を時計回りに $\pi$ だけ回り，虚軸上の $-\infty$ に達したら，原点に戻るような右半平面全体を虚軸と半径無限大の円周で囲む閉曲線Cを考える．

$s-p_i (i=1, 2, \cdots, n)$, $s-q_k (k=1, 2, \cdots, m)$ を $s$ 平面上のベクトルとみて，

$$s-p_i = |s-p_i| e^{j\angle(s-p_i)} \tag{5-35}$$

$$s-q_k = |s-q_k| e^{j\angle(s-q_k)} \tag{5-36}$$

と表すと

$$D(s) = |D(s)| e^{j\angle D(s)} = A\frac{|(s-q_1)||(s-q_2)|\cdots|(s-q_m)|}{|(s-p_1)||(s-p_2)|\cdots|(s-p_n)|} \exp[j\{\sum_{k=1}^{m}\angle(s-q_k) - \sum_{i=1}^{n}\angle(s-p_i)\}] \tag{5-37}$$

となる．$\angle D(s)$ については一巡伝達関数 $F(s)$ の極 $p_i$ が $s$ 平面上の左半面にある，すなわち一巡伝達関数 $F(s)$ の安定極のときは，$\angle(s-p_i)$ は $s$ の移動の途中では $\pm\pi/2$ の範囲で増減するが，$s$ が原点まで戻ると出発点の偏角と同じ値まで戻る．しかし，一巡伝達関数 $F(s)$ の極 $p_i$ が $s$ 平面上の右半面にある，すなわち不安定極の時は $\angle(s-p_i)$ は原点を中心に時計方向に $2\pi$ だけ進む．すなわち $-2\pi$ だけ変化する．同様に閉ループ系の極 $q_k$ が $s$ 平面上の右半面にあるときは，$\angle(s-q_k)$ は原点を中心に $-2\pi$ だけ変化する．したがって，$F(s)$ の不安定極数を $P$，閉ループ系の不安定極数を $L$ とすると，$D(s)$ は $-2\pi(L-P)$ だけ原点を中心に回転することになる．$D(s) = 1 + F(s)$ が原点を中心に回転すると言うことは，一巡伝達関数 $F(s)$ が $-1+j0$ を中心に回転することに等しい．すなわち $-1+j0$ を中心とした反時計方向まわりの回転数を $R$ とすると $R = P - L$ となる．したがって，閉ループ系が安定なときは $L = 0$ より $R = P$ のときとなる．また，閉ループ系の不安定極数 $L$ は $L = P - R$ となる．

**図 5-5** $s$ 平面上の閉曲線 $C$

なお，$F(s)$ が虚軸上に極をもつ場合には，図 5-5 の $C$ で極を右側に迂回するように閉経路を修正して考えればよい．

［例 3］　一巡伝達関数が

$$F(s) = \frac{K}{(s+1)(s^2+2s+2)}$$

で与えられるシステムにおいて $K=6$ の場合と $K=14$ の場合について考えてみる．一巡伝達関数 $F(s)$ の極は $-1$，$-1\pm j$ であるので安定であり，$P=0$ である．$K=6$ のときはナイキスト線図は図 5-6 の破線のようになり，$-1+j0$ の周りを回らないので $R=0$ となり，$R=P$ より図 5-2 のフィードバック制御系は安定である．$K=14$ のときは図 5-6 の実線のようになり，$-1+j0$ の周りを時計方向に 2 回まわるので $R=-2$ となり，$P \neq R$ であるのでこのフィードバック制御系は不安定となる．

なお，$P-R$ がフィードバック制御系の不安定極数になるため，このフィードバック制御系は $P-R=2$ 個の不安定極数を持つ．

理解を容易にするために一巡伝達関数 $F(s)$ が右半平面に極をもっていない場合，すなわち $P=0$ の場合を考えてみよう．この場合の安定条件は $R=0$ であるから，一巡周波数伝達関数 $F(j\omega)$ のナイキスト線図が点 $(-1+j0)$ を囲まなければ図 5-2 のフィードバック制御系は安定であるということになる．す

**図 5-6** $F(s) = K/\{(s+1)(s^2+2s+2)\}$ のナイキスト線図

なわち図 5-7 のようにナイキスト線図 ($\omega = 0 \sim \infty$) が点 $(-1+j0)$ のどちら側にあるかによって安定判別が可能となる．

図 5-2 の閉ループ系で入力 $R(t) = 0$ として $e(t) = A\sin\omega t$ の信号が存在し，この信号が一巡して $K$ 点まで戻ってきたときその点における信号の振幅と位相を調べると，上に述べた安定の物理的な意味がよりわかりやすい．いま一巡周波数伝達関数 $F(j\omega)$ を基にして考えてみる．$K$ 点での振幅は $A|F(j\omega)|$ で位相を $\angle F(j\omega) = \phi$ とすると，$K$ 点での信号 $e_K(t)$ は次のようになる．

$$e_K(t) = A|F(j\omega)|\sin(\omega t + \phi) \tag{5-38}$$

いま，

$$|F(j\omega)| = 1 \tag{5-39}$$

$$\angle F(j\omega) = \angle G_0(j\omega) + \angle H(j\omega) = \phi = -180° \tag{5-40}$$

が満足されるならば

$$e_K(t) = A\sin(\omega t - 180°) = -A\sin\omega t \tag{5-41}$$

となり，$e(t) = -e_K(t)$ となり，元の信号と全く同じ信号が再びこのループをめぐることになり，この閉ループ系には定常的に $A\sin\omega t$ の信号が残ることになる．そして出力側には

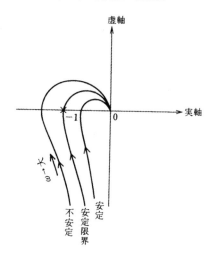

図 5-7　一巡伝達関数の極が右平面にない場合のナイキスト安定判別

$$y(t) = A|F(j\omega)|\sin[\omega t + \angle F(j\omega)] \tag{5-42}$$

なる信号が持続的に出力されることになる．(5-39), (5-40)式の条件は

$$F(j\omega) = -1 \tag{5-43}$$

つまり，

$$1 + F(j\omega) = 0 \tag{5-44}$$

となるが，これはナイキスト線図が点 $(-1+j0)$ 上にあることを意味し，安定限界の条件となる．

そして，$\angle F(j\omega) = \pm 180°$ であって，$|F(j\omega)| < 1$ ならば，信号は閉ループ系を巡回しているうちに振幅はしだいに減少していくので閉ループ系は安定である．また $\angle F(j\omega) = \pm 180°$ であって，$|F(j\omega)| > 1$ ならば，信号は閉ループ系を巡回しているうちに振幅はしだいに増大し閉ループ系は不安定となる．

図 5-7 から容易にわかるように，システムが安定であるときナイキスト線図が点 $(-1+j0)$ にどれくらい近いかによって安定の度合いを見ることができる．そのような安定の度合いを定量的に表示するために安定余有（stability margin, ゲイン余有（gain margin）と位相余有（phase margin））というものがある（図5-8）．まず，$\omega_1$（これを位相交差角周波数（phase crossover angular frequency）

という)の点では位相が $-180°$ で限界であるが,ゲインが1以下であるので安定限界まではまだ余裕があり,図に示すようなデシベル表現をしたゲイン余有を定義する.つぎに,複素平面に原点を中心とする単位円を描く.この単位円と描かれたナイキスト線図との交点が図5-8では角周波数 $\omega_2$(これをゲイン交差角周波数(gain crossover angular frequency)という)のときに生じている.そのときはゲインは1であり点 $(-1+j0)$ の大きさと同じであるが,位相は点 $(-1+j0)$ が $-180°$ であるのに対して $\phi_m$ だけ $-180°$ に余裕があるという意味で $\phi_m$ を位相余有と呼ぶ.まとめると以下のようになる.

ゲイン余有　　$g_m = 20\log_{10} 1 - 20\log_{10} \overline{OC} = 20\log_{10}(1/\overline{OC})$　　(5-45 a)

位相余有　　　$\phi_m = \phi + 180°$　　(5-45 b)

$F(j\omega)$ のナイキスト線図が点 $(-1+j0)$ をちょうど通れば図5-2のフィードバックシステムは安定限界であり $g_m = 0$ dB, $\phi_m = 0°$ である.$g_m$, $\phi_m$ が大きいほどシステムは安定性がよいことになる.しかし,制御系は安定性に加えて定常特性,過渡特性などの要素も総合的に判断して設計されるべきであり,安定度の大きさだけを評価にして考えるべきでない.一般に追従制御ではゲイン余有は10〜20 dB 程度,位相余有は $40°$〜$60°$,定値制御ではそれぞれ 3〜10 dB,$20°$ 以上が適当といわれている.ゲイン余有とは位相を変えないで $F(j\omega)$ のゲインをさらにいくら増やせば安定限界になるかを示し,位相余有とはゲインを変え

図5-8　ナイキスト線図によるゲイン余有と位相余有

ないで位相だけをどれだけ増やせば安定限界になるかを示している．注意すべきはこの場合のゲインや位相とは一巡伝達関数 $F(s)$ のものであり，構成された図5-2のフィードバック制御系のものではないことである．つまり，ナイキスト線図は前章に述べたように一巡伝達関数のベクトル軌跡を描くものであって，Nyquistの安定判別法はそれによって一巡伝達関数 $F(s)$ をもつフィードバック制御系（ここでは図5-2）の安定判別を行い，安定度を見るものである．このように，ゲイン余有，位相余有は開ループ周波数特性から見た閉ループ系の安定性に関する定義である．なお，この安定余有はボード線図上では図5-9に示すようになる．

詳細は省略するが，閉ループ系の周波数特性を直接表すものにすでに示したように4-5節のようなものがある．ピークゲイン $M_p$ が大きいとベクトル軌跡は点 $(-1+j0)$ の近くを通り，ゲイン余有，位相余有ともに少ない．ベクトル軌跡が点 $(-1+j0)$ を通る安定限界のときは $M_p$ は無限大となる．$M_p$ が小さいときはベクトル軌跡は点 $(-1+j0)$ から遠く離れたところを通り，ゲイン余有，位相余有ともに大きくなる．したがって，$M_p$ の大きいときは安定性が悪く，小さいときは安定性はよくなる．しかし，$M_p$ が小さければよいというものでないことは前述のとおりであり，$1.1 < M_p < 1.5$ の値がよいといわれている．

図5-9 ボード線図によるゲイン余有と位相余有

## 5-4 Nyquistの安定判別法と安定度

**［例4］** 図5-10に示すフィードバック制御系のナイキスト線図を描き，安定余有を求める．

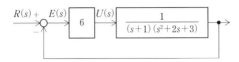

**図5-10** $F(s)=6/\{(s+1)(s^2+2s+3)\}$ のフィードバック制御系

一巡周波数伝達関数は次式のようになる．

$$F(j\omega)=\frac{6}{3-3\omega^2+j\omega(5-\omega^2)}$$
$$=\frac{18(1-\omega^2)}{9(1-\omega^2)^2+\omega^2(5-\omega^2)^2}-j\frac{6\omega(5-\omega^2)}{9(1-\omega^2)^2+\omega^2(5-\omega^2)^2} \quad (5\text{-}46)$$

上式を基にして $\omega$ を $0$ から $+\infty$ まで変化させたときの $F(j\omega)$ のナイキスト線図を描く．ここでつぎのような代表的な点は容易に求められる．

① 実軸との交点は虚数部＝0として求められる．

$\omega(5-\omega^2)=0$ より位相交差角周波数 $\omega_1$ は $\omega_1=0,\sqrt{5}$ と求められる．

$\omega_1=0$ のとき　　$F(j0)=2$

$\omega_1=\sqrt{5}$ のとき　$F(j\sqrt{5})=-0.5$

② $\omega=0$ のとき　　$F(j0)=2$

③ $\omega=\infty$ のとき　$F(j\infty)=0$

④ 虚軸との交点は実数部＝0より求められる．

$1-\omega^2=0$ から $\omega=1$ となり，$F(j1)=-j1.5$

以上のデータからナイキスト線図の概略が描ける．なお，$\omega=-\infty\sim0$ の軌跡は $\omega=0\sim+\infty$ の軌跡と実軸に対して対象であるので省略してある．

このナイキスト線図より以下に示すように安定余裕が求められる．ここで $\log_{10}2\approx0.3$, $\log_{10}3\approx0.48$, $\log_{10}5\approx0.7$ 等を知っていると便利である．

ゲイン余有：$g_m=-20\log_{10}\overline{OC}=-20\log_{10}|F(j\sqrt{5})|=-20\log_{10}0.5\approx6\mathrm{dB}$

位相余有：$\omega=1.6$ のとき　$F(j1.6)=-0.76-j0.63$　より

$\quad|F(j1.6)|\approx0.99\quad\angle(j1.6)\approx36.7°\quad$ となり　$\phi_m\approx39.7°$

図 5-11　$F(s)=6/\{(s+1)(s^2+2s+3)\}$ のナイキスト線図（$\omega=0\sim\infty$）

[**例5**]　図 5-12 に示すフィードバック制御系の $K=5$ としたときのナイキスト線図を描き，このシステムのゲイン余有を求め，このシステムを安定にする $K$ の値を求める．

図 5-12　$F(s)=K/s(s^2+2s+5)$ のブロック線図

このときの一巡周波数伝達関数は次式のようになる．

$$F(j\omega)=\frac{K}{-2\omega^2+j\omega(5-\omega^2)}$$

$$=\frac{-2K}{4\omega^2+(5-\omega^2)^2}-j\frac{K(5-\omega^2)}{4\omega^3+\omega(5-\omega^2)^2} \quad (5\text{-}47)$$

上式を基にして $\omega$ を 0 から $+\infty$ まで変化させたときの $F(j\omega)$ のナイキスト線図を描く．ここでつぎのような代表的な点は容易に求められる．

① 実軸との交点は虚数部＝0 として求められる．

## 5-4 Nyquist の安定判別法と安定度

$\omega_1 = \sqrt{5}$ のとき　$F(j\sqrt{5}) = -0.1K$

② $\omega = 0$ のとき　$F(j0) = -0.08K - j\infty$

③ $\omega = \infty$ のとき　$F(j\infty) = 0$

④ $\omega = +\infty$ の終点を除いては実部は0にならないため虚軸との交点はない.

上式は $K=5$ としたとき以下のようになる.

$K=5$ のとき:

① $F(j\sqrt{5}) = -0.5$

② $F(j0) = -0.4 - j\infty$

③ $F(j\infty) = 0$

また $\omega = 1.15$ のとき　$F(j1.15) = -0.53 - j0.85$ より

$|F(j1.15)| \approx 1.00$　$\angle F(j1.15) \approx 58.1°$

以上のデータから $K=5$ としたときは図5-13のナイキスト線図の概略が描ける. なお同様に $\omega = -\infty \sim 0$ の軌跡は省略してある.

このナイキスト線図よりゲイン余有は以下となる.

ゲイン余有: $g_m = -20\log_{10}|F(j\sqrt{5})| = -20\log_{10}0.1K$

またこのシステムが安定になるのは実軸との交点 $-0.1K$ が $-1$ と $0$ の間に

**図 5-13**　$F(s) = 5/\{s(s^2+2s+5)\}$ のナイキスト線図 ($\omega = 0 \sim \infty$)

あるときであるので，$-1<-0.1K<0$ より $0<K<10$ となる．

例4と例5で描いたナイキスト線図は形状が異なっている．ナイキスト線図の形状を決めるのは大きくは始点 ($\omega=0$) と終点 ($\omega=\infty$) である．$\omega=\infty$ の無限大の周波数に対しては通常のシステムは反応しないのでどちらも $F(j\infty)=0$ と原点となるが，$\omega=0$ の一定の信号に対しては例4では有限の値，例5では負の無限大になるためこのような形状になっている．

## 5-5 Lyapunovの安定定理

前節では，線形システムだけに的を絞って安定性や安定判別法について述べてきた．通常，フィードバック制御系の安定性はそのような方法によって議論することが多いが，本節では，線形システムはもちろん非続形システムの安定性を議論する場合によく用いられるLyapunovの安定定理について述べる．これは後の章で用いられる．

いま次の非線形システムを考える．
$$\dot{x}(t) = f[x(t)], \quad f(0) = 0 \tag{5-48}$$
ただし，$x$ は $n$ 次ベクトルである．

(5-48)式のシステムの安定性は次のようなLyapunovの安定定理により定義される．「(5-48)式のシステムに対しである正定関数 $V(x)$ が存在し，かつ(5-48)式の軌道に沿った時間微分 $\dot{V}(x)$ が負定関数ならば原点は漸近安定 (asymptotically stable) である」．

この定理は(5-48)式の方程式の解を求めずにシステムの安定性を調べるのに用いられ，このとき $V(x)$ をLyapunov関数（Lyapunov function）という．ただし，この定理は十分条件であることに注意する．したがって，$V(x)$ なる関数が求められると非線形系の安定性は容易にわかるが，この $V(x)$ なる関数を一般的に求める方法がないのが問題である．

一方，この定理を次の線形システムについて考えてみるとこの場合には必要十分条件が求められる．

$$\dot{x}(t) = Ax(t) \tag{5-49}$$

いま正定関数 $V(\boldsymbol{x})$ として次のものを選ぶ．
$$V(\boldsymbol{x}) = \boldsymbol{x}^T(t)\boldsymbol{P}\boldsymbol{x}(t) \tag{5-50}$$
ここで，$\boldsymbol{P}$ は $n \times n$ の実対称正定行列である．$V(\boldsymbol{x})$ の時間微分は次のように求められる．
$$\begin{aligned}\dot{V}(\boldsymbol{x}) &= \dot{\boldsymbol{x}}^T(t)\boldsymbol{P}\boldsymbol{x}(t) + \boldsymbol{x}^T(t)\boldsymbol{P}\dot{\boldsymbol{x}}(t) \\ &= \boldsymbol{x}^T(t)[\boldsymbol{A}^T\boldsymbol{P} + \boldsymbol{P}\boldsymbol{A}]\boldsymbol{x}(t)\end{aligned} \tag{5-51}$$

したがって，もし行列 $\boldsymbol{P}$ が正定，$(\boldsymbol{A}^T\boldsymbol{P}+\boldsymbol{P}\boldsymbol{A})$ が負定ならば $V(\boldsymbol{x})$ は正定関数，$\dot{V}(\boldsymbol{x})$ は負定関数となり，Lyapunov の安定定理から $\boldsymbol{x}=\boldsymbol{0}$ は漸近安定である．これを次のようにまとめることができる．

「システム (5-49) 式の原点が漸近安定であるための必要十分条件は，任意の正定実対称行列 $\boldsymbol{Q}$ に対して

$$\boldsymbol{A}^T\boldsymbol{P} + \boldsymbol{P}\boldsymbol{A} = -\boldsymbol{Q} \quad \text{(Lyapunov 方程式 (Lyapunov equation))} \tag{5-52}$$

を満足する正定実対称行列 $\boldsymbol{P}$ が存在することである」

[例 6] 次の非線形システムの安定条件を求める．
$$\begin{aligned}\dot{x}_1(t) &= -x_1(t)\,x_2^6(t) \\ \dot{x}_2(t) &= -x_1^6(t)\,x_2(t)\end{aligned} \tag{5-53}$$
ここで正定なスカラー関数 $V$ を次のように選ぶ．
$$V(\boldsymbol{x}) = x_1^6(t) + x_2^6(t) \tag{5-54}$$
このとき $V(\boldsymbol{x})$ の時間微分は次のように求められる．
$$\frac{dV(\boldsymbol{x})}{dt} = 6x_1^5(t)\,\dot{x}_1(t) + 6x_2^5(t)\,\dot{x}_2(t) = -12\{x_1(t)\,x_2(t)\}^6 < 0 \tag{5-55}$$
したがって正定スカラー関数 $V(\boldsymbol{x})$ の時間微分は負定であるのでこの $V(\boldsymbol{x})$ は Lyapunov 関数であり，与えられた非線形システムの原点は漸近安定である．

[例 7] 次の線形システムの安定条件を Lyapunov の安定定理を用いて示す．
$$\ddot{x}(t) + a\dot{x}(t) + bx(t) = 0 \tag{5-56}$$
ここで $x_1(t) = x(t), x_2(t) = \dot{x}(t)$ とおいて (5-56) 式を次のように状態方程式で表す．

$$\begin{bmatrix} \dot{x}_1(t) \\ \dot{x}_2(t) \end{bmatrix} = \begin{bmatrix} 0 & 1 \\ -b & -a \end{bmatrix} \begin{bmatrix} x_1(t) \\ x_2(t) \end{bmatrix} \tag{5-57}$$

この系に対して(5-51)式のLyapunov方程式を適用する．いま，行列$P$を次のようにおく．

$$P = \begin{bmatrix} p_1 & p_2 \\ p_2 & p_3 \end{bmatrix} \tag{5-58}$$

(5-52)式における$Q$は任意の実対称行列であるからここでは単位行列に選ぶ．もちろん許された範囲で任意に選んでさしつかえない．このとき，Lyapunov方程式は次のようになる．

$$\begin{bmatrix} 0 & -b \\ 1 & -a \end{bmatrix} \begin{bmatrix} p_1 & p_2 \\ p_2 & p_3 \end{bmatrix} + \begin{bmatrix} p_1 & p_2 \\ p_2 & p_3 \end{bmatrix} \begin{bmatrix} 0 & 1 \\ -b & -a \end{bmatrix} = -\begin{bmatrix} 1 & 0 \\ 0 & 1 \end{bmatrix} \tag{5-59}$$

この式から$P$行列を求め，$P$が正定であれば原系の安定性が示せることになる．

具体的に$a=3$，$b=1$として求めるとLyapunov方程式の解$P$は次のように求まり，正定となるため原系は安定であることがわかる（演習問題7参照）．

$$P = \begin{bmatrix} 11/6 & 1/2 \\ 1/2 & 1/3 \end{bmatrix} \tag{5-60}$$

## 5-6 離散時間値系の安定判別

離散時間値系の安定性を考えるとき，連続時間値系の極$s$，すなわち$s$平面上の極と離散時間値系の極$z$，すなわち$z$平面上の極との間に

$$z = e^{sT} \quad (T \text{はサンプリング周期}) \tag{5-61}$$

なる関係があることを利用すると考えやすい．ここで，$z=re^{j\theta}$，$s=\alpha+j\beta$とおいて考えると$r<1$は$\alpha<0$に，$r=1$は$\alpha=0$に対応する．したがって，図5-14のように$z$平面上の$r=1$なる円は$s$平面の虚軸に対応し，また単位円内は$s$平面の左半平面に対応することがわかる．したがって，離散時間値系が$x(k+1)=Ax(k)$のように状態方程式で表されている場合，その固有値（すなわちシステムの極，$\det[zI-A]=0$の根）$\lambda$が$z$平面の単位円内に入っていれば安定であるということがわかる．

(5-1)式に述べた連続時間値系に対応した形で離散時間値系が次のように表現

## 5-6 離散時間値系の安定判別

される場合を考える．

$$x(k+1) = Ax(k) + bu(k) \tag{5-62}$$
$$y(k) = cx(k)$$

これより入出力間のパルス伝達関数は次式となる．

$$G(z) = c[zI - A]^{-1}b \tag{5-63}$$

ここでは，システムの極と零点の消去はないとして以下の議論を進める．極と零点の消去が生じる場合はより検討を必要とすることに注意する．

(5-62)式から連続時間値系と同じく次の特性方程式が求まる．

$$a_0 z^n + a_1 z^{n-1} + \cdots + a_n = 0 \tag{5-64}$$

前述した原理に従って，この特性方程式の根の絶対値が1より小さいかどうかを判別することによって安定・不安定がわかる．まず第一に連続時間値系で用いたRouth/Hurwitzの方法を用いることについて述べる．ここで次の双1次変換（bilinear transformation）を用いる．

$$s = \frac{z-1}{z+1} \quad \text{または} \quad z = \frac{1+s}{1-s} \tag{5-65}$$

これによって図5-14に示すようにz平面の単位円の円周上はs平面の虚軸上に対応し，単位円の内部はs平面の左半平面に対応することになるので，安定判別に限れば(5-65)式の変換を行ってRouth/Hurwitzの方法を用いればよい．その他の安定判別法としてはSchur-Cornの方法，Juryの方法などあるが，本書では省略する．

図5-14  s平面の安定領域とz平面の安定領域の対応

次に前節で述べた Lyapunov の安定定理について述べる．いま一般に離散時間値システムが次のように表現されているとする．

$$x(k+1) = f[x(k)] \tag{5-66}$$

ただし，$x$ は $n \times 1$ のベクトルである．

(5-66)式のシステムの安定性は連続時間系と同じく次のような Lyapnov の安定定理により定義される．「(5-66)式のシステムに対してある正定関数 $V(x)$ が存在し，かつその時間差分 $\Delta V(x)$ が負定関数ならば原点は漸近安定である」．ここで $\Delta V[x(k+1)] = V[x(k+1)] - V[x(k)]$ である．

以上の定理を

$$x(k+1) = Ax(k) \tag{5-67}$$

の線形系に適用する．このとき，ある正定実対称行列 $Q$ が与えられ，

$$A^T P A - P = -Q \quad \text{(Lyapunov 方程式)} \tag{5-68}$$

を満足する正定実対称行列 $P$ が存在する場合に限り平衡状態 $x_e = 0$ は安定となる．

これは連続時間値系の(5-52)式に対応したものであり，そのとき，

$$V(x) = x^T(k) P x(k) \tag{5-69}$$

はシステムの Lyapunov 関数となって，さらに，

$$\Delta V(x) = -x^T(k) Q x(k) < 0 \tag{5-70}$$

が成り立つ．

## 演習問題

1. 下図に示す棒状の剛体を考える．この剛体は $\theta = 0°$ のときにはいわゆる倒立振子

となるが,このときはほんの少しの外乱が加わっただけで倒れてしまう.また $\theta=180°$ のときにはいわゆる振り子となるが,このときには外乱が加わってしばらくすると平衡点に落ち着く.すなわち $\theta=0°$ のときには不安定,$\theta=180°$ のときには安定となるが,この剛体の数式モデルを導出し,$\theta=0°$ と $\theta=180°$ の近辺で線形化して,それぞれの安定性について調べよ.

2. ラウスの安定判別法とフルビッツの安定判別法は独立に確立されたものであるが,本質的には等価である.両者の関係を示せ.

3. 特性方程式が $3s^5+2s^4+6s^3+s^2+4s+4=0$ で与えられるシステムがある.このシステムは不安定でない極をいくつもつか.

4. 下図に示す制御系がある.この制御系は $K/s(Ts+1)$ $(T>0,\ K>0)$ なる制御対象に対して比例制御器 $K_P$ および積分制御器 $K_I/s$ を用いて PI(比例積分)制御系を構成したものである.この制御系で比例制御器,積分制御器の両者を用いなければ制御系は安定にならない.このことを示し,両者を用いたときの安定となるための係数の条件を求めよ.

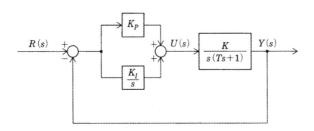

5. 一巡伝達関数が
$$G(s)=\frac{K}{s(1+s)(1+3s)}$$
で与えられるフィードバック系がある.
 (1) 位相交差周波数を求めよ.
 (2) ゲイン余有を求めよ.
 (3) ゲイン余有が 40 dB になるような $K$ を求めよ.

6. 一巡伝達関数が
$$F(s) = \frac{0.3}{s(s+1)(2s+1)}$$
で与えられるシステムがある．この一巡伝達関数のボード線図は下記のようになるが，このナイキスト線図（$\omega = 0 \sim \infty$）を描き，それぞれのグラフにゲイン余有と位相余有を描き入れ，比較せよ．またこのシステムのゲイン余裕を求めよ．

7. Lyapunov の安定判別法について以下の問いに答えよ．
   （1） 例題 7 において $a=3, b=1$ のときの具体的な Lyapunov 関数を求め，それが正定関数であることを示せ．またこの場合の原系の固有値を求め，これが安定な値であることを確かめよ．
   （2） 例題 7 で他の $a$ と $b$ の値（例えば $a=1, b=-2$）でも同様なことを調べよ．

# 第6章 フィードバック制御系

　第1章でも述べたように制御系の安定性，目標値追従性，外乱・パラメータ変動抑制など制御系に要求される目的を達成するためにフィードバック制御系が用いられる．フィードバック制御系は制御工学の基本原理であり，第5章までに学んできたラプラス変換，伝達関数，ブロック線図，安定性などはこのフィードバック制御系の基本的な性質を理解し，これを実際に制御系構成に用いるための数学的な準備であるといっても過言ではない．
　本章ではまずこのフィードバック制御系の性質について一般的な観点から論じ，ついでその具体的な実現の一例として，古典制御理論的な観点から産業界で幅広く用いられているPID制御系について述べる．PID制御系は制御器が比例制御，積分制御，微分制御の3つの制御動作から構成される制御系であり，水位制御やDCサーボモータ制御への適用例やその周波数特性について示す．また現代制御理論的な観点からは現代制御理論の本質である状態フィードバックによる極配置やオブザーバについて論じる．

## 6-1　フィードバック制御系の性質

### 6-1-1　フィードバック制御系
　一般に制御問題とは，与えられた制御対象に対して制御量が目標値に一致するように制御器を設計する問題であるといえる．そして制御の究極的な目的は制御量（出力）を目標値に完全に一致させることである（もっとも操作量が過大になって制御装置を壊したり，飽和したりしない範囲の目標値に限るものと

図 6-1　開ループ制御

する).

　いま，$G(s)$ の伝達関数をもつ制御対象を考えてみよう．直感的には図 6-1 に示すように，伝達関数が $1/G(s)$ となる制御器を用いることにより目標値-制御量間の伝達関数を全周波数にわたって 1（ゲイン 0 dB，位相 0°）とすれば制御量は目標値に完全に一致することになる．

　このような制御がフィードフォワード制御 (feed-forward control) である．しかしこのようなフィードフォワード制御系が構成できるためには $G(s)$ および $1/G(s)$ がともに安定，すなわち $G(s)$ の極も零点も安定である必要がある．また通常の $G(s)$ は分子の次数の方が分母の次数より低いのでその逆伝達関数を取ることによって高次の微分動作が制御器に必要となり実現が困難となる場合がある．

　さらに，$G(s)$ の動特性（次数，パラメータ）が完全に既知であり，外乱がなく，またそれらが変化しないという条件も必要となる．もし，制御対象の伝達関数が実際には $G'(s)$ であったとすれば目標値-制御量間の伝達関数は $G'(s)/G(s)$ となり，制御量はどのような応答をするかわからなくなるからである．これはフィードフォワード制御が制御量をフィードバックせずに信号の流れが一方向であるためである．

　そこで，今度は図 6-2 に示すようなフィードバック制御 (feedback control)

図 6-2　フィードバック制御

を考えてみよう．ここでは制御器の伝達関数は $G_c(s)$ とする．このとき目標値-制御量間の伝達関数は (6-1) 式となる．

$$\frac{Y(s)}{R(s)} = \frac{G_c(s) G(s)}{1 + G_c(s) G(s)} \tag{6-1}$$

(6-1)式は 1 にはなっていないが $|G_c(j\omega) G(j\omega)|$ が 1 に比べて十分に大きくなるように $G_c(s)$ を選定することにより，$G(s)$ の動特性の変化にかかわらず，

$$\frac{Y(s)}{R(s)} \fallingdotseq 1 \tag{6-2}$$

とすることができる．しかしここで注意することは，全周波数にわたって $|G_c(j\omega) G(j\omega)| \gg 1$ となるようにすると操作量が過大になったり制御系が不安定になったりすることがあることである．このため，この制御系がとくに問題としている周波数領域（少なくとも低周波領域）において $|G_c(j\omega) G(j\omega)|$ が 1 に比べて十分に大きくなり，なおかつ制御系が不安定にならないように $G_c(s)$ を選定する．そのようにするとこの周波数領域において目標値-制御量間の伝達関数を近似的に 1 とすることができる．もし，目標値が一定値で与えられるとすれば周波数 0 ($s=0$) において，以上のことを考えればよい．このようにすることにより，先ほどのフィードフォワード制御に見られた問題点がすべて解決されることになる．このようなフィードバック制御のアプローチが実際に制御系を構成する上で最も本質的なものと考えられる．

### 6-1-2 フィードバック制御系の性質

このように，フィードバック制御系を構成することにより，不安定な制御対象は安定化して制御量を目標値に一致させるだけでなく，さらにその追従特性を改善したり，予期し得ない外乱や制御対象のパラメータの変化，雑音などが制御量に及ぼす影響を抑制したりするなどさまざまな効果が得られる．以下ではこのフィードバック制御系の性質について調べてみる．

図 6-3 にフィードバック制御系の基本的な構成を示す．ここでは基本として負フィードバック制御系を考える．$G(s)$, $G_c(s)$, $H(s)$ はそれぞれ制御対象，制御器，センサなどのフィードバック要素の伝達関数であり，$G(s)$ や $H(s)$ は制御するものや用いるセンサによって決まってしまうが，$G_c(s)$ は設計者が

図 6-3 フィードバック制御系の基本的構成

任意に決められるものであり，これによって制御性能が決定される．また，$Y(s)$ は制御量，$U(s)$ は操作量，$R(s)$ は目標値であり，$D(s)$ は外乱で通常，制御対象 $G(s)$ に加わるが制御対象によっては $G(s)$ の前あるいは後に加わる場合も考えられる．$N(s)$ は観測雑音（measurement noise）でセンサなどによって検出する際に考慮する雑音である．

ここでは，図 6-4 に示すように外乱 $D(s)$ は制御対象の前に加わるものとする．このときこのフィードバック制御系の伝達特性は (6-3) 式に示すようになる．

$$Y(s) = \frac{G_c(s)\,G(s)}{1+G_c(s)\,G(s)\,H(s)} R(s) + \frac{G(s)}{1+G_c(s)\,G(s)\,H(s)} D(s)$$
$$- \frac{G_c(s)\,G(s)\,H(s)}{1+G_c(s)\,G(s)\,H(s)} N(s)$$

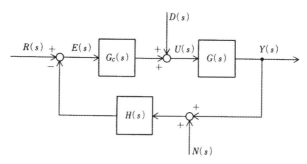

図 6-4 フィードバック制御系

$$= W_{Ry}(s)R(s) + W_{dy}(s)D(s) + W_{ny}(s)N(s) \qquad (6\text{-}3)$$

本章においては，このフィードバック制御系の特徴について（a）内部パラメータ変化の影響，（b）外乱，雑音の影響，（c）設計指針，（d）定常特性 (steady-state characteristic)，（e）2自由度制御系といった面から述べることにする．

### （a） 内部パラメータ変化の影響

フィードバック制御系を構成することにより，内部パラメータの変化に対してもその影響が直接出力に表れないようにすることができる．ここでは外乱や雑音は考えないものとする．いま，制御対象の伝達関数 $G(s)$ が $G(s) \to G(s) + \Delta G(s)$ に変化する場合を考える．このとき出力 $Y(s)$ が $Y(s) \to Y(s) + \Delta Y(s)$ に変化したとする．ここで図6-5に示すような制御対象と制御器からなる開ループ制御系において考えると，

図 6-5 開ループ制御系

パラメータ変化前： $Y(s) = G_c(s)G(s)R(s)$ (6-4)

パラメータ変化後： $Y(s) + \Delta Y(s) = G_c(s)(G(s) + \Delta G(s))R(s)$ (6-5)

より，

$$\frac{\Delta Y(s)}{Y(s)} = \frac{\Delta G(s)}{G(s)} \qquad (6\text{-}6)$$

となり，パラメータの変化率はそのまま出力の変化率として表れることがわかる．

一方，図6-6に示すように基本的なフィードバック制御系を構成する場合を考える．このとき制御対象の伝達関数 $G(s)$ が $G(s) \to G(s) + \Delta G(s)$ に変化する場合を考えると，同様にして，

$$\frac{\Delta Y(s)}{Y(s)} = \frac{1}{1 + G_c(s)\{G(s) + \Delta G(s)\}H(s)} \cdot \frac{\Delta G(s)}{G(s)} \qquad (6\text{-}7\,\text{a})$$

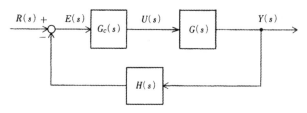

図 6-6 フィードバック制御系

となるが,ここで $\Delta G(s) \Delta Y(s) \fallingdotseq 0$ とすると

$$\frac{\Delta Y(s)}{Y(s)} \fallingdotseq \frac{1}{1+G_c(s)G(s)H(s)} \cdot \frac{\Delta G(s)}{G(s)} \quad (6\text{-}7\,\mathrm{b})$$

が得られる.(6-7 b)式より出力 $Y(s)$ の変化率はパラメータ変化率の $1/(1+G_c(s)G(s)H(s))$ となることがわかる.したがって,$|G_c(j\omega)G(j\omega)H(j\omega)|\gg 1$ が成り立つ周波数範囲において制御対象のパラメータの変化の影響は出力にはほとんど表れないことがわかる.

次に図 6-6 においてフィードバック要素 $H(s)$ が $H(s)\to H(s)+\Delta H(s)$ と変化した場合を考える.このときも同様にして次式となる.

$$\begin{aligned}\frac{\Delta Y(s)}{Y(s)} &= -\frac{G_c(s)G(s)H(s)}{1+G_c(s)G(s)\{H(s)+\Delta H(s)\}} \cdot \frac{\Delta H(s)}{H(s)} \\ &\fallingdotseq -\frac{G_c(s)G(s)H(s)}{1+G_c(s)G(s)H(s)} \cdot \frac{\Delta H(s)}{H(s)}\end{aligned} \quad (6\text{-}8)$$

したがって,フィードバック要素のパラメータ変化に対してはパラメータの変化率がほとんどそのまま出力に表れることがわかる.このことはどんなによい制御器を用いてもセンサの特性が変化してしまうような場合にはよい制御はできないことを意味している.

ここで,これらのフィードバック制御系の性質を感度特性の面から考えてみよう.目標値-制御量間の伝達関数を $W_{Ry}(s)$ として制御対象 $G(s)$ が $\Delta G(s)$ だけ変化したときの $W_{Ry}(s)$ が受ける影響は Bode 感度(Bode sensitivity)と呼ばれ次のように定義される.

$$S(s) = \frac{\Delta W_{Ry}(s)/[W_{Ry}(s)+\Delta W_{Ry}(s)]}{\Delta G(s)/[G(s)+\Delta G(s)]} \quad (6\text{-}9)$$

この感度 $S(s)$ を計算すると次のようになる.

$$S(s) = \frac{[G_c(G+\Delta G)/\{1+G_c(G+\Delta G)H\} - G_c G/\{1+G_c GH\}](G+\Delta G)}{\Delta G\, G_c(G+\Delta G)/\{1+G_c(G+\Delta G)H\}}$$

((s)を省略)

$$= \frac{1}{1+G_c(s)G(s)H(s)} \tag{6-10}$$

このことから $|G_c(j\omega)G(j\omega)H(j\omega)|$ を大きくすれば感度 $S(s)$ を小さくできる．すなわち，制御対象の伝達関数 $G(s)$ が多少変動しても閉ループ伝達関数 $W_{Ry}(s)$ はあまり影響を受けないことがわかる．(6-7)および(6-8)式はこの感度 $S(s)$ を用いるとそれぞれ次式のように表わすことができる．

$$\frac{\Delta Y(s)}{Y(s)} = S(s)\frac{\Delta G(s)}{G(s)} \tag{6-11}$$

$$\frac{\Delta Y(s)}{Y(s)} = [S(s)-1]\frac{\Delta H(s)}{H(s)} \tag{6-12}$$

したがって，開ループゲインを上げて低感度(low sensitivity)にすると(6-11)式より制御量は制御対象のパラメータ変動の影響を受けにくくなるが，反面(6-12)式よりセンサの不正確さの影響を受けやすいことがわかる．そのためこれらに対して考慮することが必要となる．

### (b) 外乱，雑音の影響

外乱，雑音がフィードバック系に及ぼす影響について調べてみる．図6-7に示すように開ループ系においては①，②のどの位置に外乱が入っても外乱-制御量間の伝達関数はそれぞれ1，$G(s)$ となって出力には外乱の影響が直接表れる．それに対して図6-8に示すようなフィードバック制御系では外乱の入る位置によって出力に対する外乱の影響の表れ方が異なる．①，②のそれぞれの位置について外乱-制御量間の伝達関数は次のようになる．

図 6-7 開ループ制御系（外乱のある場合）

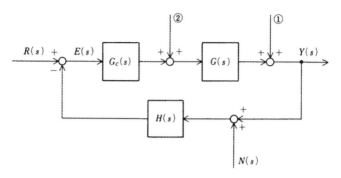

図 6-8 フィードバック制御系（外乱のある場合）

① $\dfrac{Y(s)}{D(s)} = \dfrac{1}{1+G_c(s)G(s)H(s)} = S(s)$ (6-13)

② $\dfrac{Y(s)}{D(s)} = \dfrac{G(s)}{1+G_c(s)G(s)H(s)} = G(s)S(s)$ (6-14)

一方，雑音-制御量間の伝達関数は次式となる．

$$\dfrac{Y(s)}{N(s)} = -\dfrac{G_c(s)G(s)H(s)}{1+G_c(s)G(s)H(s)} = S(s)-1 \qquad (6\text{-}15)$$

以上の結果より，①，②の位置に外乱が入った場合には $G_c(s)G(s)H(s)$ のゲインが十分大きければ外乱の出力に与える影響がほとんど表れないようにできる．一方，観測雑音に対しては雑音の出力に及ぼす影響の抑制はできないことになる．

### (c) 設計指針

(a)，(b)で述べた内容をふまえて，周波数特性の面からフィードバック制御系の設計の基本的な指針について述べる．

図6-4に示した基本的なフィードバック制御系の伝達関数(6-3)式は感度 $S(s)$ を用いて表し，$H(s)=1$ とすると(6-16)式となる．

$$Y(s) = W_{Ry}(s)R(s) + S(s)G(s)D(s) + [S(s)-1]N(s)$$
$$= [1-S(s)]R(s) + S(s)G(s)D(s) - [1-S(s)]N(s) \qquad (6\text{-}16)$$

ここで $T(s) = W_{Ry}(s)$ とおいてこれを相補感度 (complimentary sensitivity)

という.このとき

$$S(s) + T(s) = 1 \tag{6-17}$$

が成り立つことに注意する.これはフィードバック制御系のもつ基本的な性質であり,フィードバック制御系を設計する場合の拘束を与えていることになる.$H(s) = 1$ でない場合には,

$$S(s) + H(s)T(s) = 1 \tag{6-18}$$

となり拘束される点では基本的に同じである.

図6-4で示されるフィードバック制御系の目的は外乱 $D(s)$ や雑音 $N(s)$ の存在にもかかわらず,$Y(s) = R(s)$ を実現すること,すなわち $T(s) = 1$,$S(s) = 0$ を達成することである.あるいは可能な限りそれに近づけることである.そのことが可能であるかどうかを(6-16)式を(6-17)式の条件のもとで考察してみよう.以下には理想の場合と $S(s) = 0$ と $S(s) = 1$ とした場合について,(6-16)式の $R(s)$,$D(s)$,$N(s)$ の係数がどのような値をとるかを示している.

$$Y(s) = [1 - S(s)]R(s) + S(s)G(s)D(s) + [S(s) - 1]N(s)$$

| | $[1-S(s)]$ | $S(s)G(s)$ | $[S(s)-1]$ |
|---|---|---|---|
| 理想の場合 | 1 | 0 | 0 |
| $S(s) = 0$ の場合 | 1 | 0 | $-1$ |
| $S(s) = 1$ の場合 | 0 | $\neq 0$ | 0 |

以上より $S(s) = 0$ を選んだ場合には $Y(s) = R(s)$ は満足されるが,雑音の影響をもっとも激しく受けることとなる.また $S(s) = 1$ を選んだ場合には $Y(s) = R(s)$ は全く満たされず,外乱の影響も消すことができないということがわかる.つまりどのように $S(s)$ を選んでも理想には到達できないことになる.これがフィードバック制御系の宿命である.したがって,安定性を含めてこれらを総合的に考えて制御系の設計を進めなければならない.これに対する1つの考え方を以下に示そう.

図6-9にフィードバック制御系にかかわる3つの外生信号,すなわち目標値信号 $R(s)$,外乱信号 $D(s)$ および雑音 $N(s)$ の周波数成分を概念的に示す.このような外生信号の実質的な性質を利用すると,低周波数領域においては $S(s)$ を0とし,高周波数領域では $S(s)$ を1とするように制御器などを設計するという方法が有効であることがわかる.すなわち,低周波数領域では実質的には雑

図 6-9 目標値, 外乱, 雑音の周波数成分の概念

音成分はそもそもないと考えられるので(6-16)式の右辺第3項のことは考えなくてもよく, $S(s)=0$ とすれば制御目的は達成する. また, 高周波数領域では実質的には目標値信号と外乱信号成分はないと考えられるので(6-16)式の第1項と第2項がないとして考えればよい. 後述するように制御器に積分制御を用いた制御はこのような考え方を使った実用的なアプローチの1つである. このような制御を積分制御 (I制御) というが, 他の要求 (安定性, 即応性など) もかなえなければならないので後述するように積分制御単独で使うということはないと考えてよい.

フィードバック制御系を設計する場合にもっとも注意をしなければならないことはフィードバック制御系の安定性の確保である. 上に述べた観点に加えてフィードバック制御系の安定性に悪影響を及ぼさないためにはどのようにすればよいか基本的な考え方を第5章で学んだ Nyquist の安定判別法により説明しよう.

図6-4に示した制御系の安定性は $H(s)$ を1とすると $1+G_c(s)G(s)=0$ なる特性方程式の根(極)により決まる. そして, 一巡伝達関数 $G_c(s)G(s)$ と相補感度すなわち目標値から制御量までの伝達関数 $T(s)=W_{Ry}(s)$ の関係は次のように書ける.

## 6-1 フィードバック制御系の性質

図 6-10 フィードバック制御系のナイキスト線図 ($\omega=0\sim\infty$)

$$G_c(s)G(s) = \frac{T(s)}{1-T(s)} \tag{6-19}$$

一方，図6-4の系のナイキスト線図を図6-10に示す．図6-10において①のような場合はフィードバック制御系は安定であり，②のような場合には不安定であることはすでに第5章で述べた．図6-10から①の状態から全周波数帯に渡ってゲインを上げると②の状態となり，単なるゲイン増強は危険であることがわかる．しかし，低周波でのみゲインを上げ，高周波ではゲインを上げないようにすれば③のようになり安定性にほとんど影響を与えない．すなわち，フィードバック制御系を安定に保ちながらこのような操作を行なえばよいことが明らかになる．したがって制御系はこれらのバランスをとって設計され，以上のことをまとめると以下のようになる．

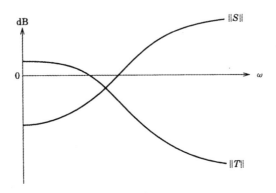

図 6-11 $S$ と $T$ に対する設計仕様

高周波領域で　$G_c(s)\,G(s) \to$ 小　　（ゲインを小さく）
　　　すなわち　　　　$T(s) \to 0$　　$S(s) \to 1$
低周波領域で　$G_c(s)\,G(s) \to$ 大　　（ゲインを大きく）
　　　すなわち　　　　$T(s) \to 1$　　$S(s) \to 0$

ここでも積分制御を導入する意味が明らかである．

以上のようなことをまとめて扱うために，設計者が図 6-11 のようにボード線図上で全周波数帯にわたって $S$ と $T$ の望ましいパターンを与えて安定性を考慮しながら制御系の設計を行うという有用なアプローチもあるが，詳細はここでは省略する．

### (d) 定 常 特 性

図 6-4 に示す基本的なフィードバック制御系において(6-3)式より $H(s)$ を 1 とすると誤差 $E(s)$ は (6-20) 式のようになる．

$$E(s) = \frac{1}{1+G_c(s)\,G(s)} R(s) - \frac{G(s)}{1+G_c(s)\,G(s)} D(s)$$
$$+ \frac{G_c(s)\,G(s)}{1+G_c(s)\,G(s)} N(s) \tag{6-20}$$

定常誤差 (steady-state error) $e(\infty)$ については以下のように最終値の定理を用いることにより $s$ 領域で計算できる．

目標値に対する定常誤差 $e(\infty)$ は(6-21)式のようになる．

$$\lim_{t \to \infty} e(t) = \lim_{s \to 0} \frac{s}{1+G_c(s)G(s)} R(s) \tag{6-21}$$

ここで，目標値が単位ステップ入力 ($R(s)=1/s$) のとき (6-21)式は次式となる．

$$\lim_{t \to \infty} e(t) = \lim_{s \to 0} \frac{1}{1+G_c(s)G(s)} = \frac{1}{1+K_p} \tag{6-22}$$

$K_p(=\lim_{s \to 0} G_c(s)G(s))$ は位置偏差定数 (position error coefficient) と呼ばれている．また有限の定常位置偏差 (steady-state position error) をもつような制御系は0型の制御系 (type 0 control system) といわれる．一方，$K_p$ の中に $1/s$ が含まれているとき定常位置偏差は零となり，このような制御系は1型の制御系 (type 1 control system) と呼ばれる．

次に目標値が単位定速度入力 ($R(s)=1/s^2$) のとき(6-21)式は (6-23) 式となる．

$$\lim_{t \to \infty} e(t) = \lim_{s \to 0} \frac{1/s}{1+G_c(s)G(s)} = \lim_{s \to 0} \frac{1}{sG_c(s)G(s)} = \frac{1}{K_v} \tag{6-23}$$

$K_v(=\lim_{s \to 0} sG_c(s)G(s))$ は速度偏差定数 (velocity error coefficient) と呼ばれており，有限の定常速度偏差 (steady-state velocity error) のもつような制御系は1型の制御系といわれ，このような制御系は定常位置偏差 (steady-state position error) が零となる．一方，$K_v$ の中に $1/s^2$ が含まれているとき定常位置偏差，定常速度偏差は零となり，このような制御系は2型の制御系 (type 2 control system) と呼ばれる．

同様に目標値が単位定加速度入力 ($R(s)=1/s^3$) のとき(6-21)式は (6-24) 式のようになる．

$$\lim_{t \to \infty} e(t) = \frac{1}{s^2 G_c(s)G(s)} = \frac{1}{K_a} \tag{6-24}$$

$K_a(=\lim_{s \to 0} s^2 G_c(s)G(s))$ は加速度偏差定数 (acceleration error coefficient) と呼ばれており，有限の定常加速度偏差 (steady-state acceleration error) をもつような制御系は2型の制御系といわれ，このような制御系は定常位置偏差，定常速度偏差が零となる．一方，$K_a$ の中に $1/s^3$ が含まれているとき定常位置偏差，定常速度偏差および定常加速度偏差は零となり，このような制御系は3型

の制御系(type 3 control system)と呼ばれる．

以上より $G_c(s)G(s)$ に目標値と同じモデル（$1/s$, $1/s^2$, $1/s^3$）を含ませることで定常誤差を0にできることがわかる．外乱については $G_c(s)$ に外乱と同じモデルを含ませると定常誤差を0にできる．これを内部モデル原理（internal model principal）と言う．

通常のサーボ系は目標値に対して1型あるいは2型となっている場合が多い．また，目標値に対して0型の制御系は外乱に関しても0型であるが，目標値に対して1型，2型であっても外乱に対して同じ型であるとは限らず外乱の入る位置によって変わる．また雑音に関しては常に0型となる．

### (e) 2自由度制御系

図6-4に示す基本的なフィードバック制御系においては(6-3)式より，目標値-制御量間の伝達関数 $W_{Ry}(s)$，外乱-制御量間の伝達関数 $W_{dy}(s)$，雑音-制御量間の伝達関数 $W_{ny}(s)$ はいずれも独立には設定できない．これらをそれぞれ独立して設定できれば外乱特性，感度特性，安定性などのフィードバック特性と目標値追従特性の両者を考慮した制御系設計が可能となり，外乱，雑音双方の影響を抑制し，良好な目標値追従特性をもつ制御系の設計が可能となる．

いま，図6-12に示すような目標値からのフィードフォワードループを追加したフィードバック制御系を考える．この制御系の伝達特性は次のようになる．

$$Y(s) = W_{Ry}(s)R(s) + W_{dy}(s)D(s) + W_{ny}(s)N(s)$$
$$= \frac{(G_c(s) + G_R(s))G(s)}{1 + G_c(s)G(s)H(s)}R(s)$$
$$+ \frac{G(s)}{1 + G_c(s)G(s)H(s)}D(s)$$
$$- \frac{G_c(s)G(s)H(s)}{1 + G_c(s)G(s)H(s)}N(s) \qquad (6\text{-}25)$$

この場合には，まず $W_{ny}(s)$ が望ましい特性をもつように制御器の伝達関数 $G_c(s)$ を決め，ついで $W_{Ry}(s)$ が望ましい特性をもつようにフィードフォワードループの伝達関数 $G_R(s)$ を設定することにより $W_{Ry}(s)$ と $W_{ny}(s)$ の伝達関数をそれぞれ独立に設定できることになる．このように，2個の伝達関数を独立に設定できる制御系を2自由度制御系（two-degree-of-freedom control system）

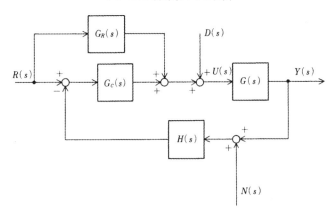

図 6-12  2自由度制御系

と呼ぶ．さらに $W_{dy}(s)$ をも自由に設定できる制御系が3自由度制御系（three-degree-of-freedom control system）であるが詳しいことは省略する．

## 6-2 PID 制御系とその性質

PID 制御（PID control）は PID 補償（PID compensation）ともいわれ，元々はプロセス制御の用語である．図 6-2 の制御器(補償器) $G_c(s)$ がP制御（P補償）(proportional control)，I 制御（I 補償）(integral control)，D 制御（D 補償）(derivative control) の3つの制御動作から構成される制御である．このとき制御器 $G_c(s)$ は図 6-13 に示すように

$$G_c(s) = K_P + \frac{K_I}{s} + K_D s = K_P\Big(1 + \frac{1}{T_I s} + T_D s\Big) \tag{6-26}$$

と表せ，これを PID 制御器（PID contoroller）あるいは PID 補償器（PID compensator），図 6-13 の制御系を PID 制御系（PID control system）と呼ぶ．これらの制御は必ずしも3つ併せて用いられるとは限らず，場合によってはP制御，PI 制御，PD 制御なども用いられる．PID 制御は簡明な構造と長年の経験の蓄積があり，最も実用的な制御方式として戦後の自動制御を支えてきており，いまでもその地位を維持し続けている．しかし，最近では制御器はディジタル

図 6-13 PID 制御系

化され，I-PD 制御系や 2 自由度 PID 制御系など構造的にも改良されたものが見られるようになってきている．

　この PID 制御器の実用的でよく見られるパラメータの調整法としては限界感度法（ultimate sensitivity method）とステップ応答法（step response method）がよく知られている．比例制御器だけを用い，比例ゲインを徐々に大きくして行くと目標値あるいは外乱のステップ状変化に対する制御量の応答は次第に振動的になり，ついには発散してしまうのがふつうである．このときは安定限界となる比例ゲインを $K_C$，振動周期を $T_C$ として，$K_P=0.6\,K_C$，$T_I=0.5\,T_C$，$T_D=0.125\,T_C$ と選ぶのが限界感度法である．一方，制御対象に操作量として，単位ステップ入力を加えたときの制御対象のステップ応答を入力むだ時間＋1次遅れに近似し，むだ時間の大きさ $L[s]$ および 1 次遅れの時定数 $T[s]$ から $K_P=L/1.2\,T$，$T_I=2\,L$，$T_D=0.5\,L$ と決定するのがステップ応答法である．

　本節では，第 5 章までに学んできたことのまとめもかねて水槽の水位制御を例として PID 制御系について説明し，多重閉ループ制御系の形で PID 制御器が用いられる DC サーボモータ制御系についても述べる．そしてこれらの制御系の周波数特性，ソフトウエアによる実現などについても論じる．

### 6-2-1　水槽の水位制御

　いま図 6-14 に示すように水槽に目標値水位まで注水する比例制御を考える．この制御は最初は注水量が多く，だんだん誤差が少なくなって来ればそれにつ

## 6-2 PID制御系とその性質

図 6-14 比例制御による水槽系の水位制御

れて注水量も少なくなり，目標水位に一致したとき注水量が零となるような制御であり，我々が日常行う動作とほぼ同じものとなることは直感的にも理解できる．

この制御をいままで学んできたことを生かして数式で表してみよう．いま図 6-14 の水槽系において，操作量を流入流量 $u(t)$，水槽の断面積を $A$ とすると，$\Delta t$ 時間内に水槽内に蓄積される量は $u(t)\Delta t$ であり，この液量によって $\Delta t$ 時間内に制御量である水位が $\Delta y(t)$ だけ高まるとすると，

$$A\Delta y(t) = u(t)\Delta t \tag{6-27}$$

となる．このとき $\Delta t \to 0$ の極限において

$$A\frac{dy(t)}{dt} = u(t) \tag{6-28}$$

が成立する．一方，制御器の方は比例制御器をゲイン $K_P$ で表し，目標値を $r(t)$ とすると，誤差 $e(t)$ は

$$e(t) = r(t) - y(t) \tag{6-29}$$

となり，操作量は

$$u(t) = K_P e(t) \tag{6-30}$$

となる．これらをラプラス変換してブロック線図で表すと図 6-15 のようになる．図 6-15 より $R(s)$-$Y(s)$ 間の伝達関数は

$$\frac{Y(s)}{R(s)} = \frac{K_P/A}{s + K_P/A} \tag{6-31}$$

となる．いま目標水位 $r(t)$ を一定値 $r_0$ とすると

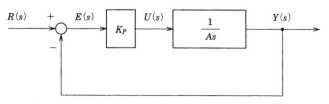

図 6-15 比例制御系のブロック線図

$$y(t) = r_0(1 - e^{-\frac{K_P}{A}t}) \tag{6-32}$$

となり，これを図示すると図 6-16 のようになって，振動したりオーバーシュートしたりすることなく目標水位に一致することがわかる．またこの場合の時定数は $A/K_P$ であり，断面積 $A$ が小さいか，比例ゲイン $K_P$ が大きな場合には応答が速くなることがわかる．

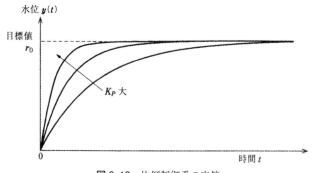

図 6-16 比例制御系の応答

次に図 6-17 のようにこの水槽に排出口がついている場合を考える．この場合，比例制御を用いた場合には

    水位一定→定常的排水→定常的注水が必要
        →注水量に比例した定常誤差が必要

となって水位一定の場合には必ず定常誤差が生じてしまう．

　これも数式で考えてみよう．この場合には流出流量は水位の平方根に比例し，比例係数を $k$ とすると水槽系の微分方程式は

## 6-2 PID制御系とその性質

図 6-17 比例制御による排出口のある水槽系の水位制御

$$A\frac{dy(t)}{dt}=u(t)-k\sqrt{y(t)} \tag{6-33}$$

と非線形になる．このため流入流量と流出流量が釣り合った平衡状態の水位を $y_0$ として，この近辺で線形化し，$\varGamma$ を流出抵抗として $\varGamma=\dfrac{2\sqrt{y_0}}{k}$ とおくと

$$A\frac{dy(t)}{dt}=u(t)-\frac{1}{\varGamma}y-\frac{1}{\varGamma}y_0 \tag{6-34}$$

と線形近似された微分方程式が得られる．この微分方程式の伝達特性を求めると

$$Y(s)=\frac{\dfrac{1}{A}}{s+\dfrac{1}{A\varGamma}}U(s)-\frac{\dfrac{1}{A\varGamma}}{s+\dfrac{1}{A\varGamma}}\frac{y_0}{s} \tag{6-35}$$

となり，定値外乱が印加された形になっていることがわかる．制御器の方は (6-30) 式と同じ比例制御器を用いると，制御系のブロック線図は図 6-18 のように描ける．図 6-18 より以下のような比例制御系の伝達特性が得られる．

$$Y(s)=\frac{\dfrac{K_P}{A}}{s+\dfrac{K_P\varGamma+1}{A\varGamma}}R(s)-\frac{\dfrac{1}{A\varGamma}}{s+\dfrac{K_P\varGamma+1}{A\varGamma}}\frac{y_0}{s} \tag{6-36}$$

ここで目標水位 $r(t)$ を一定値 $r_0$ とすると (6-36) 式は

$$Y(s)=\frac{\dfrac{K_P\varGamma r_0-y_0}{A\varGamma}}{s+\dfrac{K_P\varGamma+1}{A\varGamma}}\frac{1}{s} \tag{6-37}$$

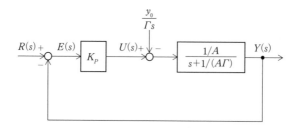

図 6-18 排出口のある水槽系の比例制御系のブロック線図

となり，これをラプラス逆変換して

$$y(t) = \frac{K_P \Gamma r_0 - y_0}{K_P \Gamma + 1}\left(1 - e^{\frac{K_P \Gamma + 1}{A\Gamma}t}\right) \tag{6-38}$$

となることより，これを図示すると図 6-19 のようになる．そして図 6-19 からこの場合は

$$\frac{r_0 + y_0}{K_P \Gamma + 1} \tag{6-39}$$

だけの定常誤差が残ることがわかる．これは(6-37)式から最終値の定理を用いて

$$\lim_{t \to \infty} y(t) = \lim_{s \to 0} sY(s) = s\frac{\frac{K_P \Gamma r_0 - y_0}{A\Gamma}}{s + \frac{K_P \Gamma + 1}{A\Gamma}}\frac{1}{s} = \frac{K_P \Gamma r_0 - y_0}{K_P \Gamma + 1} \tag{6-40}$$

から，

$$\lim_{t \to \infty} e(t) = r_0 - \lim_{t \to \infty} y(t) = \frac{r_0 + y_0}{K_P \Gamma + 1} \tag{6-41}$$

図 6-19 排出口のある水槽系の比例制御系の応答

図 6-20 積分制御系による排出口のある水槽系の水位制御

としても求められる．これから定常誤差を小さくするには比例制御器のゲイン $K_P$ を無限大とすればよいことになるが，実際上無限大とすることは不可能であり，また $K_P$ をハイゲインにすると後に示すように高周波雑音まで一律に増幅してしまうことになり望ましくない．

そこで図 6-20 に示すように積分制御器を用いることを考える．図 6-20 の例で考えてみると積分制御器を用いることにより，

$$u(t) = K_I \int_0^t e(\tau)\,d\tau \tag{6-42}$$

と誤差 $e(t)$ の値を積分した流入流量 $u(t)$ が得られることになる．すなわち，流入流量 $u(t)$ は誤差 $e(t)$ の初期時刻から現在時刻までの面積に比例したものとなり，$e(t)$ が 0 に収束したあとは一定の値をもつ．積分制御にはこのような働きがあるため，この場合には

　　水位一定→定常的排水→定常的注水が必要→誤差は零が必要

となって定常誤差を生じないことになる．

実際，図 6-18 の制御器を $K_P$ の比例制御器から図 6-21 のように $\dfrac{K_I}{s}$ の積分制御器に変えると，(6-36)式は

$$Y(s) = \frac{\dfrac{K_I}{A}}{s^2 + \dfrac{1}{A\varGamma}s + \dfrac{K_I}{A}} R(s) - \frac{\dfrac{s}{A\varGamma}}{s^2 + \dfrac{1}{A\varGamma}s + \dfrac{K_I}{A}} \frac{y_0}{s} \tag{6-43}$$

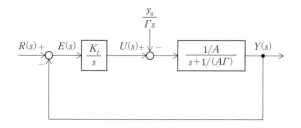

**図 6-21** 排出口のある水槽系の積分制御系のブロック線図

となって，目標水位 $r(t)$ を一定値 $r_0$ とすると

$$Y(s) = \frac{\frac{K_I \Gamma r_0 - s y_0}{A\Gamma}}{s^2 + \frac{1}{A\Gamma}s + \frac{K_I}{A}} \frac{1}{s} \tag{6-44}$$

となる．これに最終値の定理を用いて

$$\lim_{t\to\infty} y(t) = \lim_{s\to 0} sY(s) = s\frac{\frac{K_I \Gamma r_0 - s y_0}{A\Gamma}}{s^2 + \frac{1}{A\Gamma}s + \frac{K_I}{A}} \frac{1}{s} = r_0 \tag{6-45}$$

から

$$\lim_{t\to\infty} e(t) = r_0 - \lim_{t\to\infty} y(t) = 0 \tag{6-46}$$

となって定常誤差は零となる．なお図 6-14 のシステムで比例制御器のみで定常誤差を生じないのは図 6-15 からわかるように制御対象自身が $1/As$ と積分制御器を含んだ形となっているためである．

しかしこの制御では誤差 $e(t)$ の積分に基づいて流入流量 $u(t)$ がじわじわと変化するので制御動作は非常に遅くなる．このため先ほどの P 制御と組み合わせて $K_P + (K_I/s)$ とした PI 制御がよく用いられる．

これらを整理するために図 6-22 に誤差 $e(t)$ と P 制御，I 制御，PI 制御を行ったときの入力を示す．このときの誤差は 0 に収束する場合を示している．定常状態でみると P 制御のみの場合の入力は誤差 $e(t)$ に比例した値になるので定常状態では 0 になるのに対し，I 制御のみの場合は誤差の面積が足合わされた形になるため，一定値になることが分かる．このため I 制御のみでは定常的注水が得られ，定常誤差を 0 とすることが可能になっている．しかし，P 制

図 6-22　P, I, PI 制御における誤差と入力[28), 29)]

御のみの場合とⅠ制御のみの場合の過渡状態を見てみるとP制御のみの場合の方が大きな値を示していることが分かる．このため過渡応答はP制御のみの方が早くなることが分かる．これに対して，PI制御の場合の入力は，定常状態の値はⅠ制御と同じになるため定常誤差は0とでき，過渡状態の値もP制御のみやⅠ制御のみの場合よりも大きくなるため，早くなることが分かり，PI制御が優秀なことが分かる．

次に図 6-23 (a) に示すように排出口がついた水槽系のPI制御において，注水管が非常に長い場合を考えよう．この場合には制御対象である水槽系は図 6-23 (b) に示すようなむだ時間を有するものとなる．この場合には水位の誤差に従って決定された操作量が遅れて加わるため，水位が上昇しているときに目標水位に一致したときには

　　目標水位→バルブを閉める→管内の水が注水→目標値より水位上昇
となり，水位が下降しているときに目標水位になったときは

　　目標水位→バルブを開ける→しばらく注水なし→目標値より水位下降
となって，目標値を中心に振動する形で徐々に目標値に収束して行く．図 6-24 にむだ時間がない場合と1秒のむだ時間がある場合のPI制御を用いたときの水位の応答の一例を示す．このようにむだ時間がある場合には，どうしてPI制御

図6-23(a) PI制御によるむだ時間のある水槽系の水位制御

図6-23(b) むだ時間のある水槽系の応答

では不満足な応答になってしまうのであろうか．これは PI 制御が現在の誤差と過去からの誤差の積分の情報のみを用いているため，誤差の変化にもともとすばやく対応できず，むだ時間のある場合にはそれが顕著に現れるからである．

ここで誤差の変化率の情報を用いることを考えよう．誤差の変化率を考えることは，結局誤差の微分を用いた微分制御

$$u(t) = K_D \frac{de(t)}{dt} \tag{6-47}$$

6-2 PID 制御系とその性質

(a) むだ時間なし

(b) むだ時間あり (1s)

図 6-24　PI 制御を用いたときのむだ時間による応答の違い

を用いることになる．微分制御器は誤差が時間的に変化しないときには制御信号を出さないが，変化しているときには変化率に比例した対応が可能であり，誤差の変化に対してすばやく対応することが可能である．すなわちここで考えている水位制御においては，図 6-25 に示すように最初目標値が与えられて誤差が急激に増えているときには操作量を急増させて急激に注水し，逆に目標値に近づいて誤差が少なくなってくると，誤差自体は正であっても微分値は負となって操作量を減少させるように働く．すなわち誤差の未来値を予測して対応しているともいえる．図 6-26 に図 6-24 のむだ時間がある場合に微分制御を追

図6-25 PI, D, PID制御における誤差と入力

図6-26 微分制御を追加したときの応答

加した場合の応答例を示す．この様子がよくわかる応答となっている．

　微分制御は通常単独では用いられず，通常P制御やPI制御と一緒に用いられてブースターとして過渡応答を改善する働きをする．

## 6-2-2 多重閉ループ制御系を用いたDCサーボモータのPID制御
### （a） 電流制御ループ

通常，市販されているDCサーボモータ制御系においてはほとんどの場合，電流制御ループ，速度制御ループ，位置制御ループを入れ子型に構成した多重閉ループ制御系（multi-closed loop control system）を用いた制御系が構成され，その中にPID制御器が用いられている．これは電流制御ループを用いることにより以下に述べるようなさまざまな利点が生じるからである．

一般に駆動回路に用いられる半導体素子の速応性は非常によく，応答速度の速い回転速度制御が可能となるが，さらに速い応答速度の要求に対してはDCサーボモータの電気的時定数 $\tau_e$（(4-10)式参照）の影響が無視できなくなり，それによって応答速度が抑えられてしまう．例えば，図6-27に示したDCサーボモータのブロック線図においてモータをロックした状態で単位ステップ状の電圧を加えた場合の電流の応答は

$$i(t) = \frac{1}{R}(1 - e^{-\frac{1}{\tau_e}t}) \tag{6-48}$$

となる．そこで $\tau_e$ の影響を打ち消すために図6-27に対して，図6-28のような電流制御ループを付加して電流制御系を構成する方法がよく用いられている．このとき図6-28の伝達特性は機械的時定数 $\tau_m$（(4-12)式参照）を用いて表すと(6-49)式となる（演習問題3参照）．

$$\Omega(s) = \frac{\tau_m s}{R \tau_e \tau_m s^2 + (R + G_{cI}(s))\tau_m s + R} \left[ \frac{K}{Js} G_{cI}(s) I_R(s) \right.$$
$$\left. - \frac{1}{Js}\{Ls + R + G_{cI}(s)\} T_L(s) \right] \tag{6-49}$$

ここで，$G_{cI}(s)$ をPI制御器とし

$$G_{cI}(s) = \frac{K_P(1 + T_I s)}{T_I s} \tag{6-50}$$

で表し，$T_I = \tau_e$ とすると (6-49)式は以下のようになる[30]（演習問題3参照）．

$$\Omega(s) = \frac{(1 + \tau_e s)\tau_m}{\tau_I + (1 + \tau_e s)(1 + \tau_I s)\tau_m} \left\{ \frac{K}{Js} I_R(s) - \frac{1}{Js}(1 + \tau_I s) T_L(s) \right\} \tag{6-51}$$

ただし，$\tau_I = \tau_e R / K_P$

ここで，$K_P$ を大きく取り，$\tau_I \ll 1$ とすると(6-51)式は

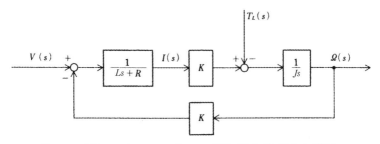

**図 6-27** DC サーボモータのブロック線図（図 3-11（b）と同じ）

**図 6-28** 電流制御ループを付加したブロック線図

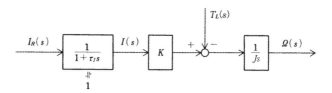

**図 6-29** 図 6-28 の変形

$$\Omega(s) \fallingdotseq \frac{1}{1+\tau_I s}\left\{\frac{K}{Js}I_R(s) - \frac{1}{Js}T_L(s)\right\} \tag{6-52}$$

と近似できる．このとき，

$$\frac{I(s)}{I_R(s)} \fallingdotseq \frac{1}{1+\tau_I s} \tag{6-53}$$

が成り立ち，さらに場合によっては(6-53)式を 1 と近似することもある．

したがって，図 6-28 は図 6-29 のようになり，

$$\Omega(s) = \frac{K}{Js} I_R(s) - \frac{1}{Js} T_L(s) \tag{6-54}$$

と表せる．

そしてこのときモータをロックした状態で電流指令値 $I_R(s)$ を単位ステップ関数とすると電流の応答は(6-53)式から

$$i(t) = 1 - e^{-\frac{1}{\tau_I}t} \tag{6-55}$$

となる．このように，電流制御ループを付加することにより電気的時定数 $\tau_e$ が $\tau_I$ に置き代わった形となり，さらに $\tau_I \ll 1$ であるから電機子電流は電流指令値に瞬時に追従することがわかる．なお，(6-50)式の $G_{cI}(s)$ をハイゲインのP制御器としても同じ効果は得られる．

またこれ以外にも電流制御ループを付加することにより，

① 電流指令をクランプすることにより，モータに流れる最大電流を抑えることができる．

② モータの誘起電圧や電源電圧の変動や非線形性などに対して電流の変動を抑えることができる．

③ モータの次数を下げて考えることができるので，制御系設計が容易となる．

などの利点も重要で，駆動回路の保護の上からも電流制御ループは不可欠なものになっている．

このように電流制御ループを構成した外側に，図6-30のようにPI制御器を用いた制御系を構成すれば1型の速度制御系が構成できる．なお図6-30,31で"*"は目標値を表すものとする．さらに位置制御系を構成する場合には，すでに速度制御系の定常特性が補償されているため図6-31のようにその外側にP制御器を用いた位置フィードバック制御系を構成すればよいことになる．なおここで $K_G$ はギアとボールネジなどの回転運動を直線運動に変換する補助機構のゲインである．このように，まず電流制御ループを構成して，その外側に速度制御ループ，位置制御ループというように多重閉ループの構造を構成し，その中にPID制御器をハードウエアあるいはソフトウエアで構成するのが実際よく用いられるDCサーボモータ制御系の構造である．

図6-30 電流制御ループを用いた速度制御系

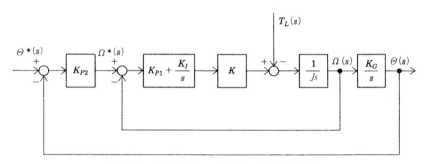

図6-31 電流制御ループを用いた位置制御系

### (b) 速度制御系

図6-30の電流制御ループを用いた速度制御系を考え,PI制御器を $K_P+(K_I/s)$ と表す.いま慣性モーメント $J$ が $J+\varDelta J$ に変化したとすると(6-7)式に対応して,

$$\frac{\varDelta \Omega(s)}{\Omega(s)} = \frac{Js^2}{Js^2+KK_Ps+KK_I}\frac{1/\varDelta J}{1/J} \tag{6-56}$$

となり定常的には回転角速度 $\Omega(s)$ は慣性モーメント $J$ の変動の影響をほとんど受けないようにできる.

一方,外乱をも考慮すると図6-30の伝達特性は次のようになる.

$$\Omega(s) = \frac{KK_Ps+KK_I}{Js^2+KK_Ps+KK_I}\Omega^*(s)$$

$$-\frac{s}{Js^2+KK_Ps+KK_I}T_L(s) \tag{6-57}$$

ここで単位ステップ目標値,単位ステップ外乱を考えると,(6-57)式より $t \to \infty$

の定常状態においては外乱にかかわりなく目標値に追従できることがわかる．ただし，観測雑音が存在する場合には定常偏差を生ずることになる．すなわち後述するようにPI制御器は周波数が零となる一定目標値，一定外乱に対してはゲインが無限大になるが，これは6-1-2項（c）で述べたように$S(s)=0, T(s)=1$とすることになるからである．なおこの場合，6-1-2項（e）で述べた2自由度制御系によれば，$\Omega^*(s)-\Omega(s)$ 間と $T_L(s)-\Omega(s)$ 間の伝達関数を異なるように設定できる．

次に安定性について考えてみよう．(6-57)式において伝達関数の分母を見てみると，このシステムは2次系で係数はすべて正であるので，不安定になることはないが，

$$KK_P{}^2 < 4JK_I \tag{6-58}$$

のときには2複素根をもつため振動することがわかる．

### （c） 位置制御系

位置を出力とした場合の直流サーボモータのブロック線図は図6-31に示されるようになる．図6-31の伝達特性は

$$\Theta(s) = \frac{KK_GK_{P2}(K_{P1}s+K_I)}{Js^3+KK_{P1}s^2+K(K_I+K_GK_{P1}K_{P2})s+KK_GK_IK_{P2}}\Theta^*(s)$$
$$-\frac{K_Gs}{Js^3+KK_{P1}s^2+K(K_I+K_GK_{P1}K_{P2})s+KK_GK_IK_{P2}}T_L(s) \tag{6-59}$$

となり定常的には位置目標値に追従し，外乱の影響を抑制できる．しかしながら安定性を保つためには $K_{P2}$ を

$$K_{P2} < \frac{KK_IK_{P1}}{K_G(JK_I-KK_{P1}{}^2)} \tag{6-60}$$

とする必要がある．

## 6-2-3 制御器の周波数特性

以上においてはPID制御器について比例制御や積分制御，比例積分制御，微分制御などを主として過渡応答の面から説明してきたが，本節ではこれらの制御やPID制御および現在でも広く用いられている古典的な補償法としての位相

遅れ補償，位相すすみ補償などを周波数特性の面から考えてみよう．

**(a) 比 例 制 御**

図 6-32 に示すようなフィードバック制御系において，比例制御器の伝達関数

$$G_c(s) = K_P \tag{6-61}$$

のボード線図を図 6-33 に示す．いま $G(s)$ として 1 次遅れ系 $G(s) = 5/(s+1)$ を考え，制御の効果を見るために $G(s)$ と $G_c(s)G(s)$ のボード線図を示すと図 6-34 のようになる．位相は変化せず，すべての周波数帯域に渡って一律にゲインを大きくする効果があることがわかる．

**(b) 積 分 制 御**

積分制御器の伝達関数は

$$G_c(s) = \frac{K_I}{s} \tag{6-62}$$

となり，このボード線図を図 6-35 に示す．また $K_I=1$ としてこの制御を $G(s) = 5/(s+1)$ の 1 次遅れ系に適用したボード線図を図 6-35 に示す．ゲインに関しては低周波領域のゲインが上げられ，高周波領域のゲインが下げられていることがわかる．とくに $\omega \to 0$ の低周波領域においてはゲインを無限大とでき，比例制御において比例係数 $K_P$ を無限大とした場合と同じ効果があることがわかる．しかし，比例制御と異なって周波数が上がるとゲインは下がってくるため，実現は容易であり，高周波ノイズなどの影響は受けにくいことがわかる．ただし，位相遅れは常に 90 度と大きく，応答は遅くなる欠点もある．

図 6-32　フィードバック制御系

## 6-2 PID 制御系とその性質

図 6-33 比例制御器のボード線図

図 6-34 比例制御器の効果

図6-35　積分制御器のボード線図

図6-36　積分制御器の効果

### （c） 微分制御

微分制御器の伝達関数は

$$G_c(s) = K_D s \tag{6-63}$$

となり，このボード線図を図 6-37 に示す．また $K_D = 1$ としてこの制御を $G(s) = 5/(s+1)$ の 1 次遅れ系に適用したボード線図を図 6-38 に示す．積分制御とは逆に低周波領域のゲインが下げられ，高周波領域のゲインが上げられていることがわかる．この制御の特長は位相が常に 90 度進められることであり，それによって過渡応答の改善が可能となる．しかし，微分制御は高周波信号になるほどそのゲインが上げられるため雑音に極めて弱いことに注意が必要である．

### （d） PID 制御

PID 制御器の伝達関数は

$$G(s) = K_P + \frac{K_I}{s} + K_D s \tag{6-64}$$

となる．この制御器のボード線図を図 6-39 に示し，$K_P = 10$，$K_I = 1$，$K_D = 1$ としてこの制御を $G(s) = 5/(s+1)$ の 1 次遅れ系に適用したボード線図を図 6-39 に示す．低周波領域では積分制御，中間の周波数領域では比例制御，高周波領域では微分制御に近い特性が得られていることがわかる．低周波領域ではゲインを大きくして定常誤差を零とし，高周波領域では位相を進ませて過渡応答を改善でき理想的な特性といえる．

### （e） 位相遅れ補償

位相遅れ補償器の伝達関数は

$$G_c(s) = K \frac{\alpha(1+Ts)}{1+\alpha Ts} \qquad \alpha > 1 \tag{6-65}$$

となり，このボード線図を図 6-41 に示す．また $\alpha = 10$，$T = 0.5$ としてこの補償を $G(s) = 5/(s+1)$ の 1 次遅れ系に適用したボード線図を図 6-42 に示す．

この補償は高周波領域におけるゲインを下げることなく低周波領域のゲインをあげることができる．しかし中間周波数領域の位相が遅れる．この補償において $\alpha \gg 1$ とすると

図 6-37　微分制御器のボード線図

図 6-38　微分制御器の効果

6-2 PID制御系とその性質　　175

図 6-39　PID 制御器のボード線図

図 6-40　PID 制御器の効果

図 6-41 位相遅れ補償器のボード線図

図 6-42 位相遅れ補償器の効果

## 6-2 PID 制御系とその性質

図 6-43 位相進み補償器のボード線図

図 6-44 位相進み補償器の効果

$$G_c(s) \cong K\left(1+\frac{1}{Ts}\right) \tag{6-66}$$

となり PI 制御器となる．

**（f） 位相進み補償**

位相進み補償器の伝達関数は

$$G_c(s) = K\frac{1+Ts}{1+\alpha Ts} \qquad \alpha<1 \tag{6-67}$$

となり，このボード線図を図 6-43 に示す．また $\alpha=0.1$, $T=5$ としてこの補償を $G(s)=5/(s+1)$ の 1 次遅れ系に適用したボード線図を図 6-44 に示す．この補償は低周波領域におけるゲインを下げることなく高周波領域のゲインを上げることができる．また中間周波数領域の位相を進ませることができ，過渡応答の改善が可能となる．この補償において $\alpha\ll1$ とすると

$$G_c(s) \cong K(1+Ts) \tag{6-68}$$

となり PD 制御器となる．

### 6-2-4 制御器のソフトウエアによる構成

最近ではディジタルコンピュータの急速な進歩に伴ってこれまで述べてきた制御器をソフトウエアによって実現するソフトウエアサーボ化が急速に普及している．

ここでは PID 制御器を例にとって述べる．いま，アナログで PID 制御器を (6-69) 式のように構成し，適切な比例係数 $K_P$, 積分係数 $K_I$, 微分係数 $K_D$ が求められているとする．

$$G_c(s) = K_P + \frac{K_I}{s} + K_D s \tag{6-69}$$

このとき (6-69) 式を離散近似によってディジタル制御器で実現することをディジタル再設計（digital redesign）と呼び，いくつかの方法があるがここでは最もよい結果を与えるといわれる双 1 次変換（bilinear transformation）を用いた方法を示す．双 1 次変換は台形積分法とも呼ばれ，積分を台形公式で近似する方法といえる．すなわち，$e(t)$ の積分値を $u(t)$ とするとき図 6-45 に示すように考えると $u(t)$ は

図 6-45 積分のディジタル再設計

$$u(k+1) = u(k) + \frac{T}{2}(e(k+1) + e(k)) \tag{6-70}$$

と近似できる．(6-70)式を初期値を 0 として $z$ 変換すると次式となる．

$$\frac{u(z)}{e(z)} = \frac{T(z+1)}{2(z-1)} \tag{6-71}$$

したがって，$1/s$ を $T(z+1)/2(z-1)$ で置き換えればよいことになる．この変換を行うと(6-69)式は次式のようになる．

$$G_c(z) = K_P + K_I \frac{T(z+1)}{2(z-1)} + K_D \frac{2(z-1)}{T(z+1)} \tag{6-72}$$

以上はアナログで制御器を設計してからそれをディジタルに近似変換してソフトウエアで実現する方法について述べたものであるが，3-5節で示した離散時間表現を用いて最適サーボ系を構成した場合にも制御系構造は基本的にはPI制御となる．それについては第8章で述べる．

## 6-3　状態フィードバックによる極配置

### 6-3-1　極　配　置

制御対象が(6-73)式の状態方程式

$$\dot{x}(t) = Ax(t) + bu(t) \tag{6-73a}$$

$$y(t) = cx(t) \tag{6-73b}$$

で表されるシステムに対して状態変数 $x(t)$ と外部入力 $v(t)$ からなる次の状態

フィードバック入力＋外部入力を考える．

$$u(t) = \boldsymbol{f}\boldsymbol{x}(t) + v(t) \qquad (6\text{-}74)$$

上式を (6-73 a) 式に代入すると次の結果を得る．

$$\dot{\boldsymbol{x}}(t) = (\boldsymbol{A} + \boldsymbol{b}\boldsymbol{f})\boldsymbol{x}(t) + \boldsymbol{b}v(t) \qquad (6\text{-}75)$$

(6-73 a) 式で表されるシステムは(6-74)式の入力を加えることによって(6-75)式で表されるシステムに変換されたことになる．つまり(6-73 a)式のシステムでは特性方程式 $\det[s\boldsymbol{I}-\boldsymbol{A}]=0$ を満足する根がシステムの極であるのに対して，(6-75)式のシステムではその特性方程式は $\det[s\boldsymbol{I}-(\boldsymbol{A}+\boldsymbol{b}\boldsymbol{f})]=0$ と変換されたことになる．すなわちフィードバック入力によりシステムの極の値を変更できることがわかる．

また (6-73)式のシステムの伝達関数は (3-38)式より，

$$\boldsymbol{c}[s\boldsymbol{I}-\boldsymbol{A}]^{-1}\boldsymbol{b} = \frac{\boldsymbol{c}\,\mathrm{adj}(s\boldsymbol{I}-\boldsymbol{A})\boldsymbol{b}}{\det(s\boldsymbol{I}-\boldsymbol{A})}$$

となり，(6-75)，(6-73 b)式のシステムの伝達関数は

$$\boldsymbol{c}[s\boldsymbol{I}-\boldsymbol{A}-\boldsymbol{b}\boldsymbol{f}]^{-1}\boldsymbol{b} = \frac{\boldsymbol{c}\,\mathrm{adj}(s\boldsymbol{I}-\boldsymbol{A}-\boldsymbol{b}\boldsymbol{f})\boldsymbol{b}}{\det(s\boldsymbol{I}-\boldsymbol{A}-\boldsymbol{b}\boldsymbol{f})}$$

となる．これをみると状態フィードバックにより極だけでなく零点も変更させてしまうように思われるが，演習問題5に示されるように

$$\frac{\boldsymbol{c}\,\mathrm{adj}(s\boldsymbol{I}-\boldsymbol{A}-\boldsymbol{b}\boldsymbol{f})\boldsymbol{b}}{\det(s\boldsymbol{I}-\boldsymbol{A}-\boldsymbol{b}\boldsymbol{f})} = \frac{\boldsymbol{c}\,\mathrm{adj}(s\boldsymbol{I}-\boldsymbol{A})\boldsymbol{b}}{\det(s\boldsymbol{I}-\boldsymbol{A}-\boldsymbol{b}\boldsymbol{f})}$$

となり，零点は状態フィードバックによっても不変である．

　極を変更できるということはもともと不安定であるシステムを安定化し，安定の度合いをこのフィードバック入力を加えることによって変更可能で，望ましい速応性や安定度の高いシステムを構成することができることを意味する．このような平衡点からずれた状態変数を速やかにもとに戻すような閉ループ系をレギュレータ（regulator）といい，レギュレータをフィードバック係数 $f$ を選ぶことによって実現することを極配置（pole assignment）という．

　これについて可制御正準形を用いて考えてみよう．いま，(6-73)式として可制御正準形で表された

## 6-3 状態フィードバックによる極配置

$$\dot{\boldsymbol{x}}(t) = \begin{bmatrix} 0 & 1 & 0 & \cdots & 0 \\ \vdots & & & & 0 \\ 0 & & & & 1 \\ -a_0 & -a_1 & \cdots & & -a_{n-1} \end{bmatrix} \boldsymbol{x}(t) + \begin{bmatrix} 0 \\ 0 \\ \vdots \\ 0 \\ 1 \end{bmatrix} u(t) \quad (6\text{-}76\text{a})$$

$$y(t) = [b_0 \quad b_1 \quad \cdots \quad \cdots \quad b_{n-1}] \boldsymbol{x}(t) \quad (6\text{-}76\text{b})$$

を用いる．ここで入力を

$$u(t) = \boldsymbol{f}\boldsymbol{x}(t) + v(t) = [f_0 \quad f_1 \quad \cdots \quad \cdots \quad f_{n-1}] \boldsymbol{x}(t) + v(t) \quad (6\text{-}77)$$

と選び，これを(6-76a)式に代入することによって次式を得る．

$$\dot{\boldsymbol{x}}(t) = \begin{bmatrix} 0 & 1 & 0 & \cdots & 0 \\ \vdots & & & & 0 \\ 0 & & & & 1 \\ -(a_0-f_0) & -(a_1-f_1) & \cdots & & -(a_{n-1}-f_{n-1}) \end{bmatrix} \boldsymbol{x}(t) + \begin{bmatrix} 0 \\ 0 \\ \vdots \\ 0 \\ 1 \end{bmatrix} v(t)$$

$$(6\text{-}78)$$

したがって，(6-78)式の特性多項式は次のようになる．

$$\det[s\boldsymbol{I} - (\boldsymbol{A} + \boldsymbol{b}\boldsymbol{f})] = s^n + (a_{n-1} - f_{n-1})s^{n-1} + \cdots + (a_1 - f_1)s + (a_0 - f_0)$$
$$(6\text{-}79)$$

いま，希望の極を実数または共役な複素数の対として $n$ 個の値 $p_1, p_2, \cdots, p_n$ として指定することを考える．このとき特性多項式を

$$(s-p_1)(s-p_2)\cdots(s-p_n) = s^n + k_{n-1}s^{n-1} + \cdots + k_1 s + k_0 \quad (6\text{-}80)$$

とおいて，(6-79)式との係数比較により

$$f_i = a_i - k_i \quad (i = 0, 1, 2, \cdots, n-1) \quad (6\text{-}81)$$

と選べば(6-78)式の系の極は望まれる値 $p_1, p_2, \cdots, p_n$ に配置される．以上は可制御標準形で表されたシステムについて述べたが，変数変換行列 $\boldsymbol{T}$ を用いればもとのシステムに対する形も容易に求められる．これらよりシステムが可制御であれば状態フィードバックにより極配置は常に可能であることがわかる．ただし，極配置によっても零点は不変であることに注意してほしい（演習問題5参照）．

詳細は省くが多入力多出力形に対しても同様のことがいえる．実用的にも理論的にも重要な極配置の方法として最適レギュレータ系があり，これについては後の章で改めて述べる．また離散時間系においても同様の結果が成り立つ．

以上より連続時間系について極配置はシステムが可制御ならば任意の極配置が可能であることがわかった．離散時間系についても同様であるが，離散時間系には連続時間系にはみられない特有の極配置がありそれについてもふれておこう．

いま次の可制御正準系で表された離散時間表現のシステムを考える．

$$x(k+1) = Ax(k) + bu(k) \tag{6-82}$$

(6-82)式に状態フィードバック入力

$$u(k) = fx(k) + v(k) \tag{6-83}$$

を代入すると閉ループ系は

$$x(k+1) = (A+bf)x(k) + bv(k) \tag{6-84}$$

となる．(6-84)式の行列 $A+bf$ は(6-78)式と全く同じものとなる．ここで

$$f_i = a_i \quad (i=0,1,2,\cdots,n-1) \tag{6-85}$$

と選ぶと，(6-78)式の $A+bf$ の最下行ベクトルは $\mathbf{0}$ となるので

$$(A+bf)^n = 0 \tag{6-86}$$

が成り立つ．いま $v(k)=0$ とすると，任意の初期値 $x(0)$ に対して $nT$ 時刻の状態変数は

$$x(n) = (A+bf)^n x(0) = \mathbf{0} \tag{6-87}$$

となり，任意の初期状態に対して状態変数は $k \geq n$ なるすべての $k$ に対して $x(k)=0$ となる．すなわち $nT$ の有限時間で状態変数は零に整定することになる．このような制御を有限整定制御またはデッドビート制御 (deadbeat control) といい離散時間系独特の制御である．

### 6-3-2 オブザーバ

前節ではシステムが可制御であれば状態変数をフィードバックすることにより任意極配置が可能になることを示した．しかし状態変数をすべて観測するのは困難であり，むしろすべて観測できることの方が希である．このような場合には入力 $u$ や出力 $y$ などの観測できる変数から状態を推定する機構が必要となる．そのような推定機構のうちの代表的なものがオブザーバ（状態観測器，observer）である．本節ではすべての状態変数を推定する同一次元オブザーバ (identity observer) および外乱オブザーバ (disturbance observer) について

### (a) 同一次元オブザーバ

(6-73)式の制御対象に対して，入力 $u(t)$ と出力 $y(t)$ の情報から状態変数 $x(t)$ を推定することを考える．この場合(6-73)式のモデルに実システムと同じ入力を入れてコンピュータの中で計算すれば状態変数 $x(t)$ の値が計算できるように思われる．しかし，このためには状態変数の初期値 $x(0)$ がわからなければならず，またフィードフォワード的に推定を行っているためさまざまな誤差や歪みなどにより実際の値と完全には一致させるのは困難である．そこで図 6-46 の点線内に示すようにモデルの出力 $\hat{y}(t)$ と $y(t)$ との誤差をフィードバックしてフィードバック的に推定することを考える．このシステムは

$$\dot{\hat{x}}(t) = A\hat{x}(t) + bu(t) + k(\hat{y}(t) - y(t)) \tag{6-88}$$

と表すことができ，

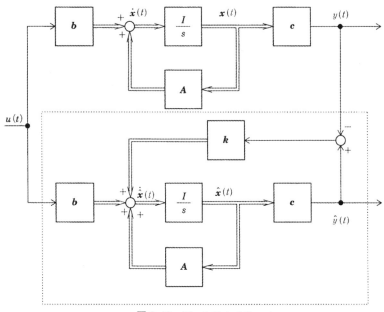

図 6-46　同一次元オブザーバ

$$e(t) = \hat{x}(t) - x(t) \tag{6-89}$$

とおいて，(6-88)式から(6-73 a)式を引くと

$$\dot{e}(t) = (A + kc) e(t) \tag{6-90}$$

と表せる．(6-90)式より $k$ によって $A+kc$ を安定にできれば $t \to \infty$ で $e(t) \to 0$ とでき，推定誤差を零に収束させることができる．システムが可観測であればこのような $k$ が存在し，(6-90)式の極は任意に配置できる．(6-88)式を同一次元オブザーバと呼び，これは前節で述べた極配置と双対性の関係となる．

なお同一次元オブザーバでは状態変数 $x(t)$ の一部が観測できる場合でもすべての状態変数を推定しているが，このような場合には観測できない状態変数だけを推定するようにした最小次元オブザーバ (minimum order observer) も知られている．

### (b) 外乱オブザーバ[31]

上述した同一次元オブザーバはモデルのパラメータが異なっている場合や外乱が入った場合には状態変数の正しい値は推定できない．これは最小次元オブザーバも同じである．実際上，正しいパラメータを求めることは極めて難しいことである．

そこでパラメータ誤差や外乱を等価外乱として推定し，それをフィードバックすることができればこの等価外乱が相殺でき外乱の補償が可能となる．

ここでは 6-2-2 で述べた電流制御ループを付加した DC サーボモータ系を制御対象として等価外乱の推定および補償について説明する．いま，慣性モーメント $J$ およびトルク定数 $K$ のそれぞれのノミナル値を $J_n$, $K_n$ としたとき，(6-54)式は次式のように書き換えることができる．

$$J_n \frac{d\omega(t)}{dt} = K_n i_R(t) - (J - J_n)\frac{d\omega(t)}{dt} + (K - K_n) i_R(t) - T_L(t) \tag{6-91}$$

ここで右辺第 2 項は慣性モーメントに関するノミナル値との誤差項，第 3 項はトルク定数に関するノミナル値との誤差項となる．これらのパラメータ誤差項および負荷トルク $T_L(t)$ を等価外乱と考えて $d(t)$ で表し，

$$d(t) = (J - J_n)\frac{d\omega(t)}{dt} - (K - K_n) i_R(t) + T_L(t) \tag{6-92}$$

## 6-3 状態フィードバックによる極配置

とすると，(6-91)式は (6-93)式のように表せる．

$$J_n \frac{d\omega(t)}{dt} = K_n i_R(t) - d(t) \tag{6-93}$$

さらに(6-93)式を変形すると，

$$-d(t) = J_n \frac{d\omega(t)}{dt} - K_n i_R(t) \tag{6-94}$$

と表すことができる．

図 6-47 に示すように (6-54)，(6-94)式をまとめてブロック線図で表わし，この $-d(t)$ を (6-94)式から推定し，$-1/K_n$ 倍のフィードバックを行って新たな入力 $i_{R0}(t)$ に加える．このようにすると (6-93)式から等価外乱 $d(t)$ が相殺され，(6-93)式を S 領域で表わすと

$$\Omega(s) = \frac{K_n}{sJ_n} I_{R0}(s) \tag{6-95}$$

とノミナル値のみで表すことができ，パラメータ変化も外乱も関係ないものとみなすことができる．

またこの補償方式は図 6-47 を変形すると図 6-48 となるため，

$$\Omega(s) = \frac{K/(sJ)}{1/K_\infty + (KJ_n/K_nJ)} I_{R0}(s) + \frac{1/(sJ)}{1 + K_\infty(KJ_n/K_nJ)} T_L(s)$$

$$\approx \frac{K_n}{sJ_n} I_{R0}(s) + 0 \cdot T_L(s) \tag{6-96}$$

より (6-95)式となることからも説明できる．ただし，$K_\infty$ はゲイン無限大を表すものとする．しかし，これはすでに述べたように比例制御系において比例ゲイ

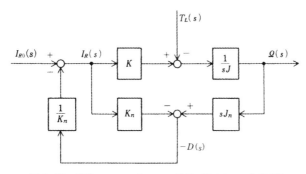

図 6-47 外乱のフィードバック補償 $(D(s) = \mathcal{L}[d(t)])$

ンを無限大としてハイゲインとして外乱の制御量への影響を零とする方式と基本的には同じものとなる。さらに図6-47は角速度の微分が必要となっており，測定雑音の影響を受けやすくなる点も問題点である。

これらの問題を解決するためには図6-49に示すように推定した等価外乱にフィルタの極を$a$とする低域通過フィルタを通して，高周波の観測雑音は押さえ，

図6-48　図6-46の変形

図6-49　外乱オブザーバと外乱補償

低周波の等価外乱のみをフィードバックしてこれを相殺するようにすることが考えられる．また図6-49からわかるように低域通過フィルタを用いることにより，等価的に角速度の微分を用いないで(6-97),(6-98)式の制御系が実現できる．

$$i_R(t) = i_{Ro}(t) - \frac{1}{K_n}\{aJ_n w(t) + w(t)\} \tag{6-97}$$

$$\dot{w}(t) = -a\{w(t) + aj_n w(t) + K_n i_R(t)\} \tag{6-98}$$

これが外乱オブザーバと呼ばれるものであり，構成がわかりやすく効果も大きいので現場などでよく用いられている．ただし，用いる制御対象などによっては実際のパラメータとノミナル値が大きく異なった場合など制御系が不安定になるおそれもあるので注意が必要である．

## 演 習 問 題

1. 図1のようなRL回路がある．この回路の入力を電圧 $u(t)$，状態変数をインダクタンスLを流れる電流 $x(t)$，出力を電圧 $y(t)$ とする．いまこのRL回路に対して図2に示す制御系を構成し，$R(t)$ を目標値，$e(t)$ を誤差とし，制御器の伝達関数を $G_c(s)$ とする．ただし，$\mathcal{L}[u(t)] = U(s)$，$\mathcal{L}[y(t)] = Y(s)$，$\mathcal{L}[e(t)] = E(s)$，$\mathcal{L}[R(t)] = R(s)$ とする．

   まず制御器として $G_c(s) = K_P$ なる比例制御系を用いるものとする．
   (1) この制御対象の状態方程式，出力方程式を求めよ．
   (2) 図2の制御系の伝達関数 ($R(s)$-$Y(s)$ 間) を示せ．
   (3) 目標値 $R_0$ (一定) としたときの制御量の時間変化 $y(t)$ を求め，図示せよ．
   (4) 時定数について説明し，またこの制御系の時定数を求めよ．
   (5) 最終値の定理を微分係数のラプラス変換を証明した上で証明せよ．
   (6) 最終値の定理を用いて，目標値を $R_0$ (一定) としたときのこの制御系の定常誤差 $e(\infty)$ を求めよ．また (3) の結果を用いてこれを求めよ．

図1　図2

つぎに制御器として $G_c(s) = \dfrac{K_I}{s}$ なる積分制御系を用いるものとする．

(7) この制御系は2次遅れ要素となるが，制動係数，固有角周波数はそれぞれどのようになるかを示せ．

(8) この制御系が臨界制動状態であるとして，目標値を大きさ $R_0$ のステップ信号としたとき，この制御系の制御量 $y(t)$ を求めよ．

(9) この制御系が不足制動状態にあるとして，目標値を単位インパルス信号としたときこの制御系の制御量 $y(t)$ を求めよ．

(10) 目標値 $R_0$（一定）としたときのこの制御系の定常誤差 $e(\infty)$ を求め，どうしてそのようになるかを簡単に説明せよ．

2. 増幅度 $A$ のアンプを下図のように $\beta$ のフィードバックをかけた場合の特性について検討せよ．

(1) 利得の安定化
(2) 周波数特性の改善．ただし，アンプのゲイン $A$ は次のように与えられる．

中域におけるゲイン　$A_0$

高域におけるゲイン　$A_h = \dfrac{A_0}{1 + j(f/f_h)}$

低域におけるゲイン　$A_l = \dfrac{A_0}{1 - j(f_l/f)}$

ただし，$f_h$ は高域遮断周波数と呼びゲイン $A_h$ が $A_0$ の $1/\sqrt{2}(=-3\,\mathrm{dB})$ になる周波数をいう．$f_l$ は低域遮断周波数と呼びこれはゲイン $A_l$ が $A_0$ の $1/\sqrt{2}(=3\,\mathrm{dB})$ になる周波数をいう．$f$ は周波数．

（3） ノイズの影響の低減．下図のような場合について考察せよ．

（4） ひずみの低減．下図のような場合について考察せよ．

3．(6-49)および(6-51)式を導出せよ．

4．$G_c(s)=1+\dfrac{1}{s}$ のPI制御器のボード線図を描き，さらに折れ点角周波数より低周波数領域では $G_c(s)=\dfrac{1}{s}$ のI制御器，高周波数領域では $G_c(s)=1$ のP制御器のボード線図を同じグラフ上に描き入れ，PI制御器とP制御器，I制御器の周波数特性について考察せよ．

5．(6-74)式の状態フィードバックによる極配置を行った閉ループ系(6-75), (6-73 b)式の零点は不変であることを示せ．

# 第7章 最適レギュレータ系

　本章では，理論的にも実用的にも興味のある最適レギュレータ系について述べる．考察しているシステムが可制御ならば状態フィードバックにより閉ループ系の極を任意のところに指定できることを前章で述べた．それにより構成された制御系に望ましい速応性や安定度を与えることができる基本的な可能性が示された．どこにどのように極を配置すればよいかの方針が出ればそれを実現するには適切なアルゴリズムを用いればよい．ところが，1個の極しかないシステムならまだしも，多入力多出力系はもちろん1入力1出力系でも指定すべき極がたくさんある場合に多くの極をどのように配置すればよいかは非常に難しい工学的な問題である．

　最適レギュレータ理論 (optimal regulator theory) はそのような問題に対する1つの有用な解決策を与えてくれるものである．ただし，本来の最適レギュレータ理論の出発点は極配置にあるのではなく，最適な制御を行うための1つの考え方，すなわちある評価関数を最小とすることを目的とした制御の考え方に基づいているといった方が適当かもしれない．結果的にはそのような考え方による極配置による最適レギュレータ系は種々の優れた性質をもっていることがわかっている．また，多入力多出力系に対しても最適レギュレータ系の設計がかなり容易に行えるという面も大きな特長であり，それが実用面で有用であるという大きな理由である．もっとも，最適レギュレータ系そのものが実用的に有用であるということではなく，最適レギュレータ系の優れた性質を保持しつつ，最適レギュレータ理論に基づいてより実用的な制御系が構成できるという意味で有用である．

主として前章までの議論における制御系構成は周波数領域における設計について述べてきた．そこでは制御系が扱うと思われる目標値信号や外乱信号の周波数範囲にわたっての制御系の性質を種々の面から考察する道具立てが用意されてきた．制御系の全貌を見るのにはそのような立場は大変都合がよいため，現在多くのところで有効に活用されている．本章からは時間領域における制御系構成についての1つのアプローチを述べる．両者の差異や利点や問題点などは第1章において述べている．それぞれの特徴を理解した上で実際の制御系構成に生かすのがよいと思われる．

なお，本章で用いる"最適"という言葉は必ずしも工学的な意味での最適を意味しているとは限らないことに注意して欲しい．最適制御の分野でも最短時間制御などという場合には確かに工学的にも最適な目的を示しているが，最適レギュレータ理論における"最適"の意味は設計者が定義した評価関数を最小とするという意味における"最適"である．また，前章までは1入力1出力系を制御対象として考えてきたが，本章以降は一般の多入力多出力系を対象として扱うものとする．

## 7-1 連続時間系最適レギュレータ系

考察する制御対象は次の状態方程式により表現されているシステムとする．

$$\dot{\boldsymbol{x}}(t) = \boldsymbol{A}\boldsymbol{x}(t) + \boldsymbol{B}\boldsymbol{u}(t) \qquad \boldsymbol{x}(0) = \boldsymbol{x}_0 \qquad (7\text{-}1\,\text{a})$$

$$\boldsymbol{y}(t) = \boldsymbol{C}\boldsymbol{x}(t) \qquad (7\text{-}1\,\text{b})$$

ここで，$\boldsymbol{x}(t)$：状態変数（$n \times 1$），$\boldsymbol{u}(t)$：入力変数（$r \times 1$），$\boldsymbol{y}(t)$：出力変数（$m \times 1$）

最小とすべき次の上限を無限大とした2次形式評価関数を定義する．

$$J = \int_0^\infty [\boldsymbol{x}^T(t)\boldsymbol{Q}\boldsymbol{x}(t) + \boldsymbol{u}^T(t)\boldsymbol{H}\boldsymbol{u}(t)]dt \qquad (7\text{-}2)$$

ここで，$\boldsymbol{Q}$：正定行列（$n \times n$）または半正定行列の場合 $\boldsymbol{Q} = (\boldsymbol{Q}^{\frac{1}{2}})^T \boldsymbol{Q}^{\frac{1}{2}}$ として $(\boldsymbol{Q}^{\frac{1}{2}}, \boldsymbol{A})$ は可観測，$\boldsymbol{H}$：正定行列（$r \times r$）

上記システムで $(\boldsymbol{A}, \boldsymbol{B})$ は可制御とする．

この評価関数の意味するところは状態変数 $\boldsymbol{x}(t)$ についてはその初期値 $\boldsymbol{x}_0$ か

## 7-1 連続時間系最適レギュレータ系

らできるだけ速く $x(t)=0$ に移動させることを要求している.ただし,その要求のみでは入力 $u(t)$ が過大になってしまうので $u(t)$ を適当な大きさに抑えるための1つの方法として $u^T(t)Hu(t)$ なる項を考慮に入れている.すなわち,(7-1)式のシステムにおいて(7-2)式の評価関数を最小とするような入力 $u(t)$ を求めよという最適制御問題である.このような問題を最適レギュレータ問題 (optimal regulator problem) と呼ぶ.

最適レギュレータ問題を解くには,変分法,最大原理,動的計画法によるものなどがあるが,ここではより理解が容易と思われる Brockett の方法を用いる[35].

(7-1)式で表される制御対象と(7-2)式の評価関数を考える.(7-2)式の評価関数の最小値が存在するためには $t\to\infty$ で $x(t)\to 0$ でなければならない.このため $P$ を任意の $n\times n$ 対称行列とすると,

$$\begin{aligned}\int_0^\infty \frac{d}{dt}[x^T(t)Px(t)] &= x^T(\infty)Px(\infty)-x^T(0)Px(0) \\ &= -x^T(0)Px(0) \\ &= \int_0^\infty [\dot{x}^T(t)Px(t)-x^T(t)P\dot{x}(t)]dt \\ &= \int_0^\infty [\dot{x}^T(t)(A^TP+PA)x(t) \\ &\quad +u^T(t)B^TPx(t)+x^T(t)PBu(t)]d \end{aligned} \quad (7\text{-}3)$$

が成り立つ.
(7-3)式を変形すると

$$\int_0^\infty [x^T(t)(A^TP+PA)x(t)+u^T(t)B^TPx(t) \\ +x^T(t)PBu(t)]dt+x^T(0)Px(0)=0 \qquad (7\text{-}4)$$

となり,(7-4)式を(7-2)式に加えると

$$\begin{aligned}J=\,&x^T(0)Px(0) \\ &+\int_0^\infty [u^T(t)Hu(t)+u^T(t)B^TPx(t)+x^T(t)PBu(t) \\ &\quad +x^T(t)(A^TP+PA+Q)x(t)]dt \\ &+\int_0^\infty [u^T(t)Hu(t)+u^T(t)B^TPx(t)+x^T(t)PBu(t) \\ &\quad +x^T(t)PBH^{-1}B^TPx(t)+x^T(t)(A^TP+PA+Q)x(t)\end{aligned}$$

$$- \boldsymbol{x}^T(t) PBH^{-1}B^T P\boldsymbol{x}(t)]dt$$
$$= \boldsymbol{x}^T(0) P\boldsymbol{x}(0)$$
$$+ \int_0^\infty [[\boldsymbol{u}(t)+ H^{-1}B^T P\boldsymbol{x}(t)]^T H[\boldsymbol{u}(t)+ H^{-1}B^T P\boldsymbol{x}(t)]$$
$$+ \boldsymbol{x}^T(t)(A^T P + PA + Q - PBH^{-1}B^T P)\boldsymbol{x}(t)]dt \tag{7-5}$$

が成り立つ.

(7-5)式より $J$ を最小とする条件は(7-5)式の2行目が0となる条件より,
$$\boldsymbol{u}(t) = - H^{-1}B^T P\boldsymbol{x}(t) = F\boldsymbol{x}(t) \tag{7-6}$$
となり, (7-5)式の3行目が0となる条件より,
$$A^T P + PA + Q - PBH^{-1}B^T P = 0 \tag{7-7}$$
となる. (7-7)式を Riccati 代数方程式 (Riccati algebraic equation) という. Riccati 方程式の解 $P$ は正定対称行列となり, $(A, B)$ が可制御, $(Q^{\frac{1}{2}}, A)$ が可観測のとき一意に存在することが知られている. このとき(7-5)式は,
$$J_{\min} = \boldsymbol{x}(0)^T P\boldsymbol{x}(0) \tag{7-8}$$
となる.

以上より最適レギュレータ系は次の式で表されることがわかる.
$$\dot{\boldsymbol{x}}(t) = (A+BF)\boldsymbol{x}(t) = (A - BH^{-1}B^T P)\boldsymbol{x}(t) \tag{7-9}$$

この最適レギュレータ系が漸近安定であることを示そう. いま, (7-7)式を,
$$(A^T - PBH^{-1}B^T)P + P(A - BH^{-1}B^T P) = - Q - PBH^{-1}B^T P \tag{7-10}$$
のように変形し, (7-9)式の閉ループ系に対する Lyapunov 関数の候補として(7-11)式を考える.
$$V(\boldsymbol{x}) = \boldsymbol{x}^T(t)P\boldsymbol{x}(t) \tag{7-11}$$

(7-11)式の微分値は (7-10)式を用いて次のようになる.
$$\dot{V}(\boldsymbol{x}) = \dot{\boldsymbol{x}}^T(t)P\boldsymbol{x}(t) + \boldsymbol{x}^T(t)P\dot{\boldsymbol{x}}(t)$$
$$= \boldsymbol{x}^T(t)(A^T - PBH^{-1}B^T)P\boldsymbol{x}(t) + \boldsymbol{x}^T(t)P(A - BH^{-1}B^T P)\boldsymbol{x}(t)$$
$$= - \boldsymbol{x}^T(t)Q\boldsymbol{x}(t) - \boldsymbol{x}^T(t)PBH^{-1}B^T P\boldsymbol{x}(t) \tag{7-12}$$

(7-12)式の右辺第2項は少なくとも半正定であり, $Q$ が正定であるならば, $\dot{V}(\boldsymbol{x})$ は負となり Lyapunov の安定定理により(7-9)式は漸近安定であることが示される. $Q$ が半正定対称行列である場合にはその証明は省略するが, $(Q^{\frac{1}{2}},$

$A$) が可観測ならば閉ループ系 (7-9)式は漸近安定であることが保証されている.

次に最適レギュレータ系の代表的な性質について調べる.
いま，(7-7)式の Riccati 代数方程式の左辺に $sP$ ($s$ はラプラス変換の変数) を操作する.

$$(-sI-A^T)P+P(sI-A)+F^THF=Q \tag{7-13}$$

(7-13)式の両辺に左から $B^T[-sI-A^T]^{-1}$, 右から $[sI-A]^{-1}B$ をかけ, さらに $F=-H^{-1}B^TP$ より $B^TP=-HF$, $PB=-F^TH$ を用いると

$$-HF[sI-A]^{-1}B-B^T[-sI-A^T]^{-1}F^TH+B^T[-sI-A^T]^{-1}$$
$$\times F^THF[sI-A]^{-1}B=B^T[-sI-A^T]^{-1}Q[sI-A]^{-1}B \tag{7-14}$$

となり，両辺に $H$ を加え整理して次の Kalman 方程式 (Kalman equation) を得る.

$$\{I-F[-sI-A]^{-1}B\}^T H\{I-F[sI-A]^{-1}B\}$$
$$=H+B^T[-sI-A^T]^{-1}Q[sI-A]^{-1}B \tag{7-15}$$

さらに(7-15)式において $s=j\omega$ とおくと右辺第2項は,

$$B^T[-j\omega I-A^T]^{-1}Q[j\omega I-A]^{-1}B$$
$$=\{[-j\omega I-A]^{-1}B\}^T Q\{[j\omega I-A]^{-1}B\}\geqq 0 \tag{7-16}$$

となり，(7-15), (7-16)式より任意の $\omega$ について (7-17)式が得られる.

$$\{I-F[-j\omega I-A]^{-1}B\}^T H\{I-F[j\omega I-A]^{-1}B\}\geqq H \tag{7-17}$$

ここで，$T(s)=I-F[sI-A]^{-1}B$ は還送差行列 (return difference matrix) であり，(7-17)式は

$$T(-j\omega)HT(j\omega)\geqq H \tag{7-18}$$

と書ける. (7-17), (7-18)式は最適レギュレータ系のゲイン $F$ が満足しなければならない必要条件である.

この条件は1入力1出力系では次のようになる.

制御対象
$$\dot{x}(t)=Ax(t)+bu(t) \tag{7-19 a}$$
$$y(t)=cx(t) \tag{7-19 b}$$

評価関数

図 7-2  1入力1出力系の最適レギュレータ

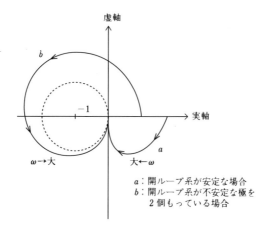

$a$：開ループ系が安定な場合
$b$：開ループ系が不安定な極を
　　2個もっている場合

図 7-3  最適レギュレータ系のナイキスト線図 $(\omega=0\sim\infty)$

$$J = \int_0^\infty \left[ \boldsymbol{x}^T(t)\,\boldsymbol{Q}\boldsymbol{x}(t) + hu^2(t) \right] dt \tag{7-20}$$

最適制御入力

$$u(t) = \boldsymbol{f}\boldsymbol{x}(t) \qquad \boldsymbol{f} = -\frac{1}{h}\,\boldsymbol{b}^T\boldsymbol{P} \tag{7-21}$$

そして(7-17)式は次のようになる．

$$|1 - \boldsymbol{f}[j\omega\boldsymbol{I} - \boldsymbol{A}]^{-1}\boldsymbol{b}| \geqq 1 \tag{7-22}$$

ここで，$q_0(s) = -\boldsymbol{f}[s\boldsymbol{I} - \boldsymbol{A}]^{-1}\boldsymbol{b}$ とおくと，これは図7-2の最適レギュレータ系の一巡伝達関数であり，そのナイキスト線図が $(-1+j0)$ を中心にした半径1の円外にあることを意味している．これを最適レギュレータ系の円条件 (circle condition) という．

図7-2の閉ループ系は漸近安定であることが保証されているから，その一巡伝達関数のナイキスト線図はNyquistの安定判別条件を満足しなければならない．それは$q_0(s)$のナイキスト線図が点$(-1+j0)$を反時計方向にまわる回数と開ループ系の不安定極の数とは一致しなければならないことを意味している．これよりこのナイキスト線図は図7-3に示されるような形になり，以上から次のようなことがいえる．$q_0(s)$のナイキスト線図は$\omega \to \infty$で$-90°$の角度で原点に漸近し，図7-3からわかるように$\omega \to \infty$で$q_0(s)$の位相遅れは$90°$である．それはまた$q_0(s)$の分母と分子の次数差はせいぜい1であることを意味する．

[例1] 最適レギュレータのナイキスト線図の例
（a） 一巡伝達関数が安定な場合

$A = \begin{bmatrix} 0 & 1 \\ -1 & -1 \end{bmatrix}$, $b = \begin{bmatrix} 0 \\ 1 \end{bmatrix}$で$Q = \begin{bmatrix} 3 & 0 \\ 0 & 6 \end{bmatrix}$, $h=1$のとき演習問題1と同様にして

$P = \begin{bmatrix} 5 & 1 \\ 1 & 2 \end{bmatrix}$, $f = [-1 \ \ -2]$となる．このとき一巡伝達関数は

$q_0(s) = \dfrac{2s+1}{s^2+s+1}$となり安定となり，ナイキスト線図は図7-4のようになる．

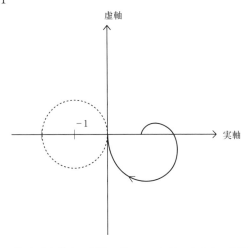

図7-4　開ループが安定な場合の最適レギュレータ系のナイキスト線図（$\omega = 0 \sim \infty$）

（b） 一巡伝達関数が不安定な場合（演習問題1参照）

演習問題1の例がこれに相当するのでこの例を示す．

$$A=\begin{bmatrix}0 & 1\\ -2 & 3\end{bmatrix},\ b=\begin{bmatrix}0\\ 1\end{bmatrix}\text{で }h=1$$

$Q_1=\begin{bmatrix}1 & 0\\ 0 & 1\end{bmatrix}$ のとき $f_1=[-0.236\quad -6.23]$　$q_{01}(s)=\dfrac{6.23s+0.236}{s^2-3s+2}$

$Q_2=\begin{bmatrix}10 & 0\\ 0 & 10\end{bmatrix}$ のとき $f_2=[-1.74\quad -7.74]$　$q_{02}(s)=\dfrac{7.74s+1.74}{s^2-3s+2}$

$Q_3=\begin{bmatrix}100 & 0\\ 0 & 100\end{bmatrix}$ のとき $f_3=[-8.20\quad -14.2]$　$q_{03}(s)=\dfrac{14.2s+8.20}{s^2-3s+2}$

となり，一巡伝達関数はいずれも不安定な極を2個もっている．このときナイキスト線図は図7-5のようになる．いずれもナイキスト線図は単位円の中に入らず，円条件を満たしていることが分かる．

次に最適レギュレータ系の安定余有について考える．図7-6のように前向き伝達関数の前にゲインのみを変化できる要素 $\beta$ を挿入してこの $\beta$ がどれだけ変化したときこの閉ループ系は不安定になるかを調べる（ゲイン余有）．また，図

図7-5　開ループ系が不安定な極を2個持っている場合の最適レギュレータ系のナイキスト線図　（$\omega=0\sim\infty$）

7-7でやはり前向き伝達関数の前に位相のみを変化できる要素を挿入したときを考えて，この位相変化 $\phi$ がどれだけ変化したとき閉ループ系は不安定になるかを調べる(位相余有)．これらは図7-8のベクトル軌跡①と②を図5-8に示したゲイン余有と位相余有の定義について考察することによりわかる．図5-8における $\overline{OC}$ の値は図7-8では零であるから(5-45)式によりゲイン増大に対するゲイン余有は無限大である．一方，ゲイン減少については②の場合を見ると $\beta$ の減少が1/2ならばA点が点 $(-1+j\,0)$ より右側にくることはないので閉ループ系の安定性は保たれる．したがって，ゲイン減少に対するゲイン余有は少なくとも 1/2(すなわち 6 dB)である．また，円条件を満足することから図7-8における軌跡点は点 $(-1+j\,0)$ を中心とする単位円内に入ることはないので位相余有 $\phi$ (図5-8)は少なくとも 60° あることがわかる．

この結果を多入力多出力系に拡張すると次のようになる．

制御対象

$$\dot{x}(t) = Ax(t) + Bu(t) \tag{7-23 a}$$
$$y(t) = Cx(t) \tag{7-23 b}$$

評価関数

$$J = \int_0^\infty [x^T(t)\,Qx(t) + u^T(t)\,Hu(t)]dt \tag{7-24}$$

$$H = \mathrm{diag}[h_1, h_2, \cdots, h_r]$$

図7-6 ゲイン余有の解釈

図7-7 位相余有の解釈

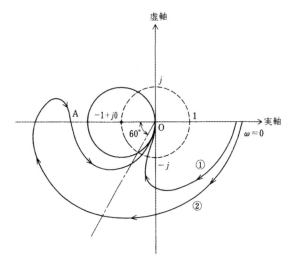

**図7-8** 最適レギュレータ系のゲイン余有と位相余有

最適制御入力
$$u(t) = -H^{-1}B^T P x(t) = F x(t) \tag{7-25}$$

Riccati 方程式
$$A^T P + PA + Q - PBH^{-1}B^T P = 0 \tag{7-26}$$

このとき,制御入力 $u(t)$ が制御対象に入る前に $K = \text{diag}[k_1, k_2, \cdots, k_r]$ のゲイン変動があったとする.ゲイン変動が次式を満足するとき閉ループ系の安定が保証される.

$$(1/2) \leq k_i < \infty \qquad i = 1, 2, \cdots, r \tag{7-27}$$

このことは Riccati 方程式を以下のように変形して示すことができる.

$$[A - BKH^{-1}B^T P]^T P + P[A - BKH^{-1}B^T P]$$
$$= -Q + PBH^{-1}B^T P - PBH^{-1}HKH^{-1}B^T P - PBH^{-1}KHH^{-1}B^T P$$
$$= -Q + PBH^{-1}(H - HK - KH)H^{-1}B^T P$$
$$= -Q + PBH^{-1}\text{diag}(h_i - 2h_i k_i)H^{-1}B^T P \tag{7-28}$$

これより $k_i$ が (7-27)式を満足するならば Lyapunov 関数が構成されることになり,閉ループ系 $[A - BKH^{-1}B^T P]$ は安定であることが示される.これらの結果は制御対象のパラメータや評価関数の重みに関係ないことに注意する.

また,最適レギュレータ系の性質としては,評価関数の重みと最適レギュレータ系の極・零点との関係を根軌跡として表した2乗根軌跡 (square root locus) という重要なものがあるが他の著書を参考にして欲しい.

連続時間最適レギュレータ系をまとめると次のようになる.

---

制御対象(可制御,可観測)
$$\dot{x}(t) = Ax(t) + Bu(t)$$
$$y(t) = Cx(t) \qquad x(0) = x_0$$

評価関数
$$J = \int_0^\infty [x^T Q x + u^T H u] dt$$
$$= \int_0^\infty [x^T Q^{1/2} Q^{1/2} x + u^T H u] dt$$

ここで $Q$:正定,$H$:正定,または $Q$ が半正定の場合,$Q = Q^{1/2} Q^{1/2}$ において $(Q^{1/2}, A)$ は可観測とする.

$Q^{1/2} = C$ とすれば,評価関数は
$$J = \int_0^\infty [x^T C^T C x + u^T H u] dt = \int_0^\infty [y^T y + u^T H u] dt$$

となって出力レギュレータ問題となる.

最適制御入力
$$u(t) = -H^{-1} B^T P x(t) = F x(t)$$

$P$ は次の Riccati 方程式の正定対称解
$$A^T P + PA - PBH^{-1}B^T P + Q = 0$$

最適レギュレータ系は安定
$$\dot{x}(t) = (A + BF)x(t)$$

評価関数値
$$J_{\min} = x_0^T P x_0$$

安定余有(1入力1出力系)
  (i) ゲイン余有は 1/2 から ∞
  (ii) 位相余有は少なくとも 60°

## 7-2 ディジタル最適レギュレータ系

前節での議論で想像されるとおり,最適レギュレータ系は種々の優れた性質をもつことからその応用が期待されるものである.その場合にはマイクロプロセッサやディジタルシグナルプロセッサ (DSP) などによるディジタル制御で実現する場合が多い.その方法には2つあって,1つはもともと連続時間系で最適制御入力を求めて,その後そのアルゴリズムを離散化する 6-2-4 で述べたディジタル再設計というものである.もう1つは制御対象の状態方程式の段階で離散時間系に変換し,ディジタル制御系を構成するものである.それぞれに意義があり場合によって使い分けることが必要であるが,本章では,後者によりディジタル最適レギュレータ系の構成を述べる.第8章で展開する各種のディジタル制御法はすべてこのディジタル最適レギュレータ系との関連で進められている.ディジタル再設計については第6章でも触れたが,詳細は他の成書を参考にして欲しい.

制御対象
$$\boldsymbol{x}(k+1) = \boldsymbol{A}\boldsymbol{x}(k) + \boldsymbol{B}\boldsymbol{u}(k) \tag{7-29 a}$$
$$\boldsymbol{y}(k) = \boldsymbol{C}\boldsymbol{x}(k) \qquad \boldsymbol{x}(1) = \boldsymbol{x}_1 \tag{7-29 b}$$

ここで,$\boldsymbol{x}(k)$:状態変数 $(n \times 1)$,$\boldsymbol{u}(k)$:入力変数 $(r \times 1)$

評価関数
$$J = \sum_{k=1}^{\infty} [\boldsymbol{x}^T(k)\boldsymbol{Q}\boldsymbol{x}(k) + \boldsymbol{u}^T(k)\boldsymbol{H}\boldsymbol{u}(k)] \tag{7-30}$$

ここで,$\boldsymbol{Q}$:正定行列 $(n \times n)$ または半正定行列の場合 $\boldsymbol{Q} = (\boldsymbol{Q}^{\frac{1}{2}})^T \boldsymbol{Q}^{\frac{1}{2}}$ として $(\boldsymbol{Q}^{\frac{1}{2}}, \boldsymbol{A})$ は可観測,$\boldsymbol{H}$:正定行列 $(r \times r)$

上記のシステムで $(\boldsymbol{A}, \boldsymbol{B})$ は可制御とする.

(7-29)式で表される制御対象と(7-30)式の評価関数を考える.(7-30)式の評価関数の最小値が存在するためには $k \to \infty$ で $\boldsymbol{x}(k) \to 0$ でなければならない.このため $\boldsymbol{P}$ を任意の $n \times n$ 対称行列として,

## 7-2 ディジタル最適レギュレータ系

$$\sum_{k=1}^{\infty}\left[\boldsymbol{x}^{T}(k)\boldsymbol{P}\boldsymbol{x}(k)-\boldsymbol{x}^{T}(k+1)\boldsymbol{P}\boldsymbol{x}(k+1)\right]$$
$$=\boldsymbol{x}^{T}(1)\boldsymbol{P}\boldsymbol{x}(1)-\boldsymbol{x}^{T}(\infty)\boldsymbol{P}\boldsymbol{x}(\infty)=\boldsymbol{x}^{T}(1)\boldsymbol{P}\boldsymbol{x}(1) \qquad (7\text{-}31)$$

が成り立つ．(7-31)式を(7-30)式に加えると

$$J=\sum_{k=1}^{\infty}\left[\boldsymbol{x}^{T}(k)\boldsymbol{Q}\boldsymbol{x}(k)+\boldsymbol{u}^{T}(k)\boldsymbol{H}\boldsymbol{u}(k)\right.$$
$$\left.+\boldsymbol{x}^{T}(k+1)\boldsymbol{P}\boldsymbol{x}(k+1)-\boldsymbol{x}^{T}(k)\boldsymbol{P}\boldsymbol{x}(k)\right]+\boldsymbol{x}^{T}(1)\boldsymbol{P}\boldsymbol{x}(1) \qquad (7\text{-}32)$$

となる．(7-32)式に(7-29)式の関係を用いると

$$\begin{aligned}J=&\sum_{k=1}^{\infty}\left[\boldsymbol{x}^{T}(k)\boldsymbol{Q}\boldsymbol{x}(k)+\boldsymbol{u}^{T}(k)\boldsymbol{H}\boldsymbol{u}(k)\right.\\&+\boldsymbol{x}^{T}(k)\boldsymbol{A}^{T}\boldsymbol{P}\boldsymbol{A}\boldsymbol{x}(k)+\boldsymbol{x}^{T}(k)\boldsymbol{A}^{T}\boldsymbol{P}\boldsymbol{B}\boldsymbol{u}(k)\\&+\boldsymbol{u}^{T}(k)\boldsymbol{B}^{T}\boldsymbol{P}\boldsymbol{A}\boldsymbol{x}(k)+\boldsymbol{u}^{T}(k)\boldsymbol{B}^{T}\boldsymbol{P}\boldsymbol{B}\boldsymbol{u}(k)-\boldsymbol{x}^{T}(k)\boldsymbol{P}\boldsymbol{x}(k)\right]\\&+\boldsymbol{x}^{T}(1)\boldsymbol{P}\boldsymbol{x}(1)\\=&\boldsymbol{x}^{T}(1)\boldsymbol{P}\boldsymbol{x}(1)\\&+\sum_{k=1}^{\infty}\left[\boldsymbol{u}^{T}(k)(\boldsymbol{H}+\boldsymbol{B}^{T}\boldsymbol{P}\boldsymbol{B})\boldsymbol{u}(k)+\boldsymbol{x}^{T}(k)\boldsymbol{A}^{T}\boldsymbol{P}\boldsymbol{B}\boldsymbol{u}(k)+\boldsymbol{u}^{T}\boldsymbol{B}^{T}\boldsymbol{P}\boldsymbol{A}\boldsymbol{x}(k)\right.\\&+\boldsymbol{x}^{T}(k)\boldsymbol{A}^{T}\boldsymbol{P}\boldsymbol{B}(\boldsymbol{H}+\boldsymbol{B}^{T}\boldsymbol{P}\boldsymbol{B})^{-1}\boldsymbol{B}^{T}\boldsymbol{P}\boldsymbol{A}\boldsymbol{x}(k)\\&+\boldsymbol{x}^{T}(k)(-\boldsymbol{P}+\boldsymbol{Q}+\boldsymbol{A}^{T}\boldsymbol{P}\boldsymbol{A})\boldsymbol{x}(k)-\boldsymbol{x}^{T}(k)\boldsymbol{A}^{T}\boldsymbol{P}\boldsymbol{B}(\boldsymbol{H}+\boldsymbol{B}^{T}\boldsymbol{P}\boldsymbol{B})^{-1}\boldsymbol{B}^{T}\boldsymbol{P}\boldsymbol{A}\boldsymbol{x}(k)\right]\\=&\boldsymbol{x}^{T}(1)\boldsymbol{P}\boldsymbol{x}(1)\\&+\sum_{k=1}^{\infty}\left[\left[\boldsymbol{u}^{T}(k)+(\boldsymbol{H}+\boldsymbol{B}^{T}\boldsymbol{P}\boldsymbol{B})^{-1}\boldsymbol{B}^{T}\boldsymbol{P}\boldsymbol{A}\boldsymbol{x}(k)\right]^{T}(\boldsymbol{H}+\boldsymbol{B}^{T}\boldsymbol{P}\boldsymbol{B})[\boldsymbol{u}(k)\right.\\&+(\boldsymbol{H}+\boldsymbol{B}^{T}\boldsymbol{P}\boldsymbol{B})^{-1}\boldsymbol{B}^{T}\boldsymbol{P}\boldsymbol{A}\boldsymbol{x}(k)]\\&+\boldsymbol{x}^{T}(k)[-\boldsymbol{P}+\boldsymbol{Q}+\boldsymbol{A}^{T}\boldsymbol{P}\boldsymbol{A}-\boldsymbol{A}^{T}\boldsymbol{P}\boldsymbol{B}(\boldsymbol{H}+\boldsymbol{B}^{T}\boldsymbol{P}\boldsymbol{B})^{-1}\boldsymbol{B}^{T}\boldsymbol{P}\boldsymbol{A}]\boldsymbol{x}(k)]]\end{aligned}$$
$$(7\text{-}33)$$

が成り立つ．

(7-33)式より $J$ を最小とする条件は(7-33)式の2～3行目が0となる条件より，

$$\begin{aligned}\boldsymbol{u}(k)&=-[\boldsymbol{H}+\boldsymbol{B}^{T}\boldsymbol{P}\boldsymbol{B}]^{-1}\boldsymbol{B}^{T}\boldsymbol{P}\boldsymbol{A}\boldsymbol{x}(k)\\&=\boldsymbol{F}\boldsymbol{x}(k)\end{aligned} \qquad (7\text{-}34)$$

となり，(7-33)式の4行目が0となる条件より，

$$\boldsymbol{P}=\boldsymbol{Q}+\boldsymbol{A}^{T}\boldsymbol{P}\boldsymbol{A}-\boldsymbol{A}^{T}\boldsymbol{P}\boldsymbol{B}[\boldsymbol{H}+\boldsymbol{B}^{T}\boldsymbol{P}\boldsymbol{B}]^{-1}\boldsymbol{B}^{T}\boldsymbol{P}\boldsymbol{A} \qquad (7\text{-}35)$$

となる．(7-35)式を離散型 Riccati 方程式という．Riccati 方程式の解 $\boldsymbol{P}$ は正定

対称行列となり, $(A, B)$ が可制御, $(Q^{\frac{1}{2}}, A)$ が可観測のとき一意に存在することが知られている. このとき(7-33)式は

$$J_{\min} = x^T(1) P x(1) \tag{7-36}$$

となる.

また, このときディジタル最適レギュレータ系は(7-37)式となる.

$$\begin{aligned} x(k+1) &= (A+BF) x(k) \\ &= \{A - B[H + B^T PB]^{-1} B^T PA\} x(k) = \Psi x(k) \end{aligned} \tag{7-37}$$

ここで, $\Psi = (A + BF) = \{A - B[H + B^T PB]^{-1} B^T PA\}$ :閉ループ系

このディジタル最適レギュレータ系が漸近安定であることを示そう. いま, (7-35)式を変形すると

$$\begin{aligned} P &= A^T PA - 2 A^T PB [H + B^T PB]^{-1} B^T PA + Q \\ &\quad + A^T PB [H + B^T PB]^{-1} B^T PA \end{aligned} \tag{7-38}$$

となり, さらに(7-38)式は

$$\begin{aligned} &A^T PA - P - 2 A^T PB [H + B^T PB]^{-1} B^T PA \\ &\quad + A^T PB [H + B^T PB]^{-1} B^T PB [H + B^T PB]^{-1} B^T PA \\ &= - A^T PB [H + B^T PB]^{-1} H [H + B^T PB]^{-1} B^T PA - Q \end{aligned} \tag{7-39}$$

となる. ゆえに以下の式が得られる.

$$\begin{aligned} &\{A - B[H + B^T PB]^{-1} B^T PA\}^T P \{A - B[H + B^T PB]^{-1} B^T PA\} - P \\ &= -Q - A^T PB [H + B^T PB]^{-1} H [H + B^T PB] B^T PA \end{aligned} \tag{7-40 a}$$

あるいは,

$$\Psi^T P \Psi - P = -M \tag{7-40 b}$$

となる. ただし, $M = Q + A^T PB [H + B^T PB]^{-1} H [H + B^T PB] B^T PA$

すなわち, (7-40)式により $Q$ が正定行列とすると, $P$ は正定行列であるのでLyapunovの安定定理により閉ループ系 $\Psi$ は漸近安定であることが保証される. また, $Q$ が半正定対称行列であっても, $(Q^{1/2}, A)$ が可観測であるならば閉ループ系 $\Psi$ は漸近安定であることが知られている.

ゲイン余有については次のことが示せる.

制御対象
$$x(k+1) = Ax(k) + Bu(k) \tag{7-41}$$
評価関数
$$J = \sum_{k=1}^{\infty} [x^T(k) Q x(k) + u^T(k) H u(k)] \tag{7-42}$$
ただし，$Q$：正定，$H$：diag$[h_1, h_2, \cdots, h_r]$，$h_i > 0$

最適制御入力
$$u(k) = -[H + B^T P B]^{-1} B^T P A x(k) \tag{7-43}$$

Riccati 方程式
$$P = Q + A^T P A - A^T P B [H + B^T P B]^{-1} B^T P A \tag{7-44}$$

連続系での考察と同様にゲイン $K$ が
$$K = \text{diag}[k_1, k_2, \cdots, k_r] \tag{7-45}$$
の形で変動したと考えるとき閉ループ系は $k_i$ が次の条件を満足するとき安定である．（証明略）[36)]

$$\frac{1}{1+a_i} \leq k_i \leq \frac{1}{1-a_i}, \quad a_i = \frac{h_i}{h_i + \lambda_{\max}(B^T P B)} \tag{7-46}$$

以後の章でよく用いるディジタル最適レギュレータ系をまとめると次のようになる．

---

制御対象（可制御，可観測）
$$x(k+1) = Ax(k) + Bu(k)$$
$$y(k) = Cx(k) \qquad x(1) = x_1$$

評価関数
$$J = \sum_{k=1}^{\infty} [x^T(k) Q x(k) + u^T(k) H u(k)]$$

ここで，$Q$：正定行列，$H$：正定行列，または $Q$ が半正定の場合には，$Q = Q^{1/2} Q^{1/2}$ と書いたとき $(Q^{1/2}, A)$ は可観測とする．

$Q^{1/2} = C$ とすれば評価関数は
$$J = \sum_{k=1}^{\infty} [x^T(k) C^T C x(k) + u^T(k) H u(k)]$$

$$= \sum_{k=1}^{\infty} [\boldsymbol{y}^T(k)\boldsymbol{y}(k) + \boldsymbol{u}^T(k)\boldsymbol{H}\boldsymbol{u}(k)]$$

となって最適出力レギュレータ問題となる．

最適制御入力

$$\boldsymbol{u}(k) = -[\boldsymbol{H} + \boldsymbol{B}^T\boldsymbol{P}\boldsymbol{B}]^{-1}\boldsymbol{B}^T\boldsymbol{P}\boldsymbol{A}\boldsymbol{x}(k) = \boldsymbol{F}\boldsymbol{x}(k)$$

$\boldsymbol{P}$ は次の定常 Riccati 方程式の正定対称解である．

$$\boldsymbol{P} = \boldsymbol{Q} + \boldsymbol{A}^T\boldsymbol{P}\boldsymbol{A} - \boldsymbol{A}^T\boldsymbol{P}\boldsymbol{B}[\boldsymbol{H} + \boldsymbol{B}^T\boldsymbol{P}\boldsymbol{B}]^{-1}\boldsymbol{B}^T\boldsymbol{P}\boldsymbol{A}$$

閉ループ系は安定

$$\boldsymbol{x}(k+1) = [\boldsymbol{A} + \boldsymbol{B}\boldsymbol{F}]\boldsymbol{x}(k)$$
$$= \{\boldsymbol{A} - \boldsymbol{B}[\boldsymbol{H} + \boldsymbol{B}^T\boldsymbol{P}\boldsymbol{B}]^{-1}\boldsymbol{B}^T\boldsymbol{P}\boldsymbol{A}\}\boldsymbol{x}(k)$$

評価関数値

$$J_{\min} = (\boldsymbol{x}_1 \boldsymbol{P} \boldsymbol{x}_1)$$

---

## 演習問題

1. 制御対象の状態方程式が

$$\begin{bmatrix} \dot{x}_1(t) \\ \dot{x}_2(t) \end{bmatrix} = \begin{bmatrix} 0 & 1 \\ -2 & 3 \end{bmatrix} \begin{bmatrix} x_1(t) \\ x_2(t) \end{bmatrix} + \begin{bmatrix} 0 \\ 1 \end{bmatrix} u(t)$$

で与えられるとき，この制御対象の極は 1 と 2 であり，不安定である．いま(7-2)式で $H=1$ とし，$Q$ をそれぞれ

$$Q_1 = \begin{bmatrix} 1 & 0 \\ 0 & 1 \end{bmatrix}, \quad Q_2 = \begin{bmatrix} 10 & 0 \\ 0 & 10 \end{bmatrix}, \quad Q_3 = \begin{bmatrix} 100 & 0 \\ 0 & 100 \end{bmatrix}$$

とする．

(1) $Q_1$, $Q_2$, $Q_3$ に対する最適フィードバック係数 $f_1$, $f_2$, $f_3$ を求めよ．

(2) $Q_1$, $Q_2$, $Q_3$ に対する最適レギュレータ系の極を調べて，これが安定になることを確かめよ．

(3) $x_1(0) = 2.0$, $x_2(0) = 1.0$ としたときの $Q_1$, $Q_2$, $Q_3$ に対する最適レギュレータ系の応答を示し，またこのときの評価関数値 $J_{\min}$ を調べよ．

(4) $x_1(0) = -2.0$, $x_2(0) = 1.0$ としたとき，(3) はどのようになるかを示せ．

# 第8章　最適ディジタルサーボ系

　前章で述べたように，最適レギュレータ系は種々の優れた性質をもった1つの有力な制御系構成法といえる．しかし，実際の制御問題に最適レギュレータ理論を応用しようとするときにはさらに次のような点について考慮する必要がある．
　① 零でない目標値信号に対して制御対象のパラメータ変動にかかわらず定常誤差を零とすること
　② 外乱の影響を抑制すること
　③ 制御アルゴリズムをコントローラで演算処理する場合の演算処理時間が無視できない場合の対策を考えること
　④ 状態変数のうち，検出できないものがある場合の対策を行なうこと
　⑤ フィードフォワード補償など過渡応答の改善について考慮すること
　これらの問題に対処するために，本章では著者らが研究してきたエラーシステムと呼ぶ拡大系を用いた系統的な方法について述べる．
　最適レギュレータ理論に基づくサーボ系構成法にエラーシステムを用いることは次のような点に特徴がある．
　（1） いわゆる内部モデル原理（6-1-2(d)参照）を意識することなく簡単にサーボ系構成ができる
　（2） フィードフォワード補償（予見フィードフォワード補償を含む），入力むだ時間補償などについてエラーシステム基本形の拡張により容易に対応できる
　（3） 一般型最適サーボ系，繰り返し制御系，周波数依存型サーボ系などへ

の拡張が容易である．なお，本章は 8-1 節が基本であるが，8-2 節以降は発展的内容を含んでいるため，理解を深めるためには参考文献などを随時参照されたい．

## 8-1 最適 1 型ディジタルサーボ系の構成

まず最初に基本となる全状態フィードバック制御系について述べる．
制御対象

$$x(k+1) = Ax(k) + Bu(k) + Gd(k) \tag{8-1 a}$$
$$y(k) = Cx(k) \tag{8-1 b}$$

誤差信号

$$e(k) = R(k) - y(k) \tag{8-2}$$

ただし，$x(k)$：状態変数 $(n \times 1)$，$y(k)$：出力変数 $(m \times 1)$，$u(k)$：入力変数 $(r \times 1)$，$R(k)$：目標値信号 $(m \times 1)$，$d(k)$：外乱 $(q \times 1)$，$A: n \times n$，$B: n \times r$，$C: m \times n$，$G: n \times q$

(8-1)式の系は可制御・可観測であるとし $r \geq m$ とする．

誤差信号 $e(k)$ の 1 階差分値は次のように求められる．

$$\begin{aligned}\Delta e(k+1) &= \Delta R(k+1) - C\Delta x(k+1) \\ &= \Delta R(k+1) - CA\Delta x(k) - CB\Delta u(k) - CG\Delta d(k)\end{aligned} \tag{8-3}$$

ただし，$\Delta$ は 1 階後退差分オペレータであり，例えば

$$\Delta e(k+1) \equiv e(k+1) - e(k) \tag{8-4}$$

である．同様に $x(k)$ の 1 階差分値も次のようになる．

$$\Delta x(k+1) = A\Delta x(k) + B\Delta u(k) + G\Delta d(k) \tag{8-5}$$

(8-3)，(8-5)式は次式のようにまとめられる．

$$\begin{bmatrix} e(k+1) \\ \Delta x(k+1) \end{bmatrix} = \begin{bmatrix} I_m & -CA \\ 0 & A \end{bmatrix} \begin{bmatrix} e(k) \\ \Delta x(k) \end{bmatrix} + \begin{bmatrix} -CB \\ B \end{bmatrix} \Delta u(k)$$
$$+ \begin{bmatrix} I_m \\ 0 \end{bmatrix} \Delta R(k+1) + \begin{bmatrix} -CG \\ G \end{bmatrix} \Delta d(k) \tag{8-6 a}$$

または

$$X(k+1) = \Phi X(k) + \Gamma \Delta u(k) + \Gamma_R \Delta R(k+1) + \Gamma_d \Delta d(k) \tag{8-6 b}$$

上式は誤差信号と状態変数の1階差分値を新たな状態変数とし,入力変数の1階差分値を新たな入力変数とする拡大系であり,これを誤差信号のダイナミックスを表すという意味でエラーシステム(error system)と呼ぶことにする.ここで目標値信号 $R(k)$ と外乱信号 $d(k)$ がステップ信号または一定値をとるとすると,それらの値の変化する時刻以外では $\Delta R(k+1)=0, \Delta d(k)=0$ となる.またエラーシステムの出力を $e(k)$ とすると(8-6)式は次式となる.

$$X(k+1) = \Phi X(k) + \Gamma \Delta u(k) \tag{8-7 a}$$
$$e(k) = [I \quad 0] X(k) = C_0 X(k) \tag{8-7 b}$$

(8-7)式において適切な制御入力 $\Delta u(k)$ を加えることにより閉ループ系を安定に制御できれば,$k \to \infty$ で $X(k) \to 0$ つまり $e(k) \to 0$ とできる.しかも制御対象のパラメータ変動があっても閉ループ系の安定性が保たれる範囲のパラメータ変動であるならば定常誤差を零とすることが保証される.また,$R(k)$ と $d(k)$ がステップ状に変化する前後の時刻では $\Delta R(k+1)$ と $\Delta d(k)$ は値をもつので,その情報を利用して制御性能を向上させるためのフィードフォワード補償が後節で考慮される.(8-7)式の可制御性・可観測性については,原系が可制御であり $z=1$ に零点がないときエラーシステムは可制御であり,原系が可観測であり $A$ が正則ならばエラーシステムは可観測となる(演習問題1参照).なお,連続時間系を離散化した場合には $A$ は正則である.また,$A$ が正則でない場合は可観測ではないが可検出である.

(8-7)式のエラーシステムを安定に制御することによって定常ロバスト性(steady-state robustness)が保証されるが,そのような制御入力を求めるために最適レギュレータ理論を用いる.もちろん状態フィードバックによる制御系構成であるから他の方法によっても入力は決定できるが,本章では,最適レギュレータ理論を用いて以下の議論をする.ここで次の評価関数を定義する.

$$J = \sum_{k=1}^{\infty} \left[ X^T(k) Q X(k) + \Delta u^T(k) H \Delta u(k) \right] \tag{8-8}$$

ただし,$Q$:半正定行列 $(m+n) \times (m+n)$,$H$:正定行列 $r \times r$
$(Q^{\frac{1}{2}}, \Phi)$ は可観測とする.

最適制御入力は第7章での結果を用いて容易に次のように求められる.

$$\Delta u(k) = F_0 X(k) = [F_e \quad F_x]\begin{bmatrix} e(k) \\ \Delta x(k) \end{bmatrix} = F_e e(k) + F_x \Delta x(k) \tag{8-9}$$

ここで,
$$F_0 = -[H + \Gamma^T P \Gamma]^{-1} \Gamma^T P \Phi \tag{8-10}$$
$$P = Q + \Phi^T P \Phi - \Phi^T P \Gamma [H + \Gamma^T P \Gamma]^{-1} \Gamma^T P \Phi \tag{8-11}$$

(8-9)式の制御入力はエラーシステムの全状態フィードバック制御となっており,これをエラーシステム(8-7)式に印加して次の閉ループ系が得られる.
$$X(k+1) = [\Phi + \Gamma F_0] X(k) \tag{8-12}$$
(8-12)式の閉ループ系が安定であることは Lyapunov の安定定理を用いて示される. (8-9) 式を $u(k)$ について解くと (8-13) 式を得る.
$$u(k) = F_e \sum_{i=1}^{k} e(i) + F_x x(k) - F_x x(0) + u(0) \tag{8-13}$$

図 8-1 最適1型サーボ系(全状態フィードバック)

(8-13)式により最適1型ディジタルサーボ系は図 8-1 のようになることがわかる. ただし, そこでは $x(0)$ と $u(0)$ は示していない. (8-13)式における $u(0)$ は任意に決定できるパラメータであり, これをも考慮に入れて最適化をすることが必要であるが, 複雑となるのでここでは $u(0) = 0$, $x(0) = 0$ とする. この問題は初期値補償問題と呼ばれており, 8-5 節においてその基本を述べる. 図 8-1 からわかるようにこの制御系は積分動作を含むものであり, 1型となっていることからステップ目標値およびステップ外乱に対して定常誤差を零にできる.

図8-1の制御系を第6章でのPI制御系と比較してみると比例制御が直列に入っているか並列に入っているかの違いがあることがわかる．また，他の時間目標値への拡張は容易であり，目標値が任意の自由系の出力信号となる場合のサーボ系の構成への拡張は8-6節で示す．図8-1の系は制御対象の全状態変数を利用する基本的なものであり，これを基本として種々の展開を次節以降で行う．なお，エラーシステムの考え方は連続時間値系においても同様に適用できることに注意されたい（演習問題2参照）．

本手法のリニアDCブラシレスモータへの適用例については第9章で詳述する．

## 8-2　フィードフォワード補償

(8-6)式においては，目標値信号 $R(k)$ と外乱信号 $d(k)$ をともにステップ信号または一定値として $\Delta R(k+1)=0$, $\Delta d(k)=0$ とおいてこれに関連する項を除いて(8-7)式のエラーシステムについて議論した．これはとくに定常特性に主眼をおいたためであり，過渡特性については(8-8)式の評価関数の重み行列 $Q$, $H$ を調整することにより考慮することになっていた．しかし，$R(k)$ と $d(k)$ のステップ状変化の前後において $\Delta R(k+1)$, $\Delta d(k)$ は値をもち，その影響で過渡状態ではエラーシステムの状態は望ましくない方向に動かされることになる．そこで逆に $\Delta R(k+1)$, $\Delta d(k)$ の情報を利用してこれらの悪影響を軽減することを考える．

これは前節でのフィードバック制御 (FB制御) のように信号が制御対象に入りその結果をFB信号として利用するものと違い，信号に対する制御対象の応答に先立って外生信号に基づき適切な動作を行う意味でフィードフォワード補償 (FF補償, feed-forward compensation) と呼ばれる．

FF補償には目標値からのものと外乱からのものの2種類がある．またFF補償はその目的によって

① 応答に着目したFF補償
② 評価関数に着目したFF補償

の2つの立場が考えられる．前者は過渡応答の改善を目的としたFF補償であり，

後者は評価関数のさらなる低減を目的とした FF 補償である．ここでは前者について述べ，後者については第 8-3 節の中で述べることにする．

(8-6) 式のエラーシステムの状態変数 $X(k)$ は定常状態では零である．しかし，$\Delta R(k+1)$，$\Delta d(k)$ が値をもつと，その時刻以降 $X(k)$ はそれらの影響を受けて値をもちエラーシステムの過渡応答に悪影響を及ぼす．この過渡応答への影響を何らかの意味で最小にする FF 補償を 8-1 節で構成された全状態フィードバック制御系に追加することにより，制御系の過渡応答の改善を考える．

まず (8-6) 式において定常状態では

$$X(k)=0,\ \Delta u(k)=0,\ \Delta R(k+1)=0,\ \Delta d(k)=0 \qquad (8\text{-}14)$$

が成り立つ．

いま，$k=k_0$ 時刻において目標値信号 $R(k)$ が $R_0$ だけステップ状に変化し，また $d(k)$ は一定のまま変化しないとする．このとき図 8-2 に示すように，$k=k_0-1$ 時刻において $\Delta R(k+1)$ が $R_0$ なる値をもつことになる．これにより (8-6) 式のエラーシステムの状態変数 $X(k)$ は $\Gamma_R R_0$ なる値をもつことになる．これは等価的にエラーシステムの状態変数が $k=k_0$ において初期値 $\Gamma_R R_0$ をもつことに相当する．この初期値がエラーシステムの応答に与える影響を何らかの意味で最小にすることを考える．

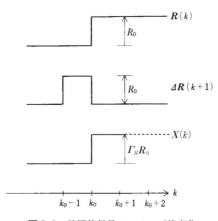

図 8-2 目標値信号のステップ状変化

## 8-2 フィードフォワード補償

(8-9)式で求められたFB制御入力に次に示すようにFF補償入力を追加した入力を考える．

$$\Delta u(k) = F_0 X(k) + F_R \Delta R(k+1) \tag{8-15}$$

(8-15)式を(8-6)式に代入すると次式となる．

$$X(k+1) = [\Phi + \Gamma F_0] X(k) + [\Gamma_R + \Gamma F_R] \Delta R(k+1) \tag{8-16}$$

$k = k_0$ 時刻において $R_0$ なる目標値信号変化があると $k = k_0 - 1$ において(8-16)式は

$$X(k_0) = [\Gamma_R + \Gamma F_R] R_0 \tag{8-17}$$

のようになり，その時刻以降は次のようになる．

$$X(k_0 + N) = [\Phi + \Gamma F_0]^N X(k) = \xi^N X(k_0) \tag{8-18}$$

ただし，$\xi = \Phi + \Gamma F_0$ （$N = 1, 2, \cdots$）

ここで，次の評価関数を定義する．

$$J_F = \sum_{j=k_0}^{\infty} X^T(j) \Lambda X(j) \tag{8-19}$$

ただし，$\Lambda$ は正定行列とし設計者が自由に決めるものである．

(8-18)式を(8-19)式に代入して計算を進める．

$$\begin{aligned} J_F &= X^T(k_0) \left[ \Lambda + \xi^T \Lambda \xi + (\xi^T)^2 \Lambda \xi^2 + \cdots \right] X(k_0) \\ &= X^T(k_0) \widetilde{P} X(k_0) \\ &= R_0^T [\Gamma_R + \Gamma F_R]^T \widetilde{P} [\Gamma_R + \Gamma F_R] R_0 \end{aligned} \tag{8-20}$$

ただし，$\widetilde{P}$ は次のLyapunov方程式の正定解である．

$$\widetilde{P} = \Lambda + \xi^T \widetilde{P} \xi \tag{8-21}$$

(8-20)式を最小とする目標値からのFF補償入力のゲインは

$$\frac{\partial J_F}{\partial \widetilde{F}_R R_0} = \left[ 2 \Gamma^T \widetilde{P} \Gamma_R + 2 \Gamma^T \widetilde{P} \Gamma F_R \right] R_0 = 0 \tag{8-22}$$

より次のようになる．

$$F_R = -\left[ \Gamma^T \widetilde{P} \Gamma \right]^{-1} \Gamma^T \widetilde{P} \Gamma_R \quad \text{(ideal case)} \tag{8-23}$$

同様にして，目標値は変化せず外乱 $d(k)$ のみがステップ状に変化する場合を考えると外乱からのFFゲインは次のように求まる．

$$F_d = -\left[ \Gamma^T \widetilde{P} \Gamma \right]^{-1} \Gamma^T \widetilde{P} \Gamma_d \tag{8-24}$$

以上により過渡応答を改善するFF補償ゲインが決定されたが，(8-23)式を実際の制御に利用するためには(8-15)式から明らかなように目標値信号の1

ステップ未来の値を必要とする。それは必ずしも常に可能とはいえない。その意味で ideal case というのが適当であろう。未来目標値を必要としない real case の FF 補償は次のようにして決められる．

制御入力を(8-15)式に対応して次のようにおく．

$$\Delta u(k) = F_0 X(k) + \widetilde{F}_R \Delta R(k) \tag{8-25}$$

(8-25)式を(8-6)式に代入して次式を得る。ただし，$\Delta d(k) = 0$ とする．

$$X(k+1) = [\Phi + \Gamma F_0] X(k) + \Gamma \widetilde{F}_R \Delta R(k) + \Gamma_R \Delta R(k+1) \tag{8-26}$$

いま，$k = k_0$ 時刻において $R_0$ なる目標値変化があったとすると $k = k_0 - 1$ においては $\Delta R(k_0-1) = 0$, $\Delta R(k_0) = R_0$ であるから(8-26)式は次のようになる．

$$X(k_0) = \Gamma_R R_0$$

また，$k = k_0$ においては $\Delta R(k_0) = R_0$, $\Delta R(k_0+1) = 0$ となるため，

$$X(k+1) = [\Phi + \Gamma F_0] X(k) + \Gamma \widetilde{F}_R R_0 = [\xi \Gamma_R + \Gamma \widetilde{F}_R] R_0 \tag{8-27}$$

となり，それ以降は次のようになる．

$$X(k_0+1+N) = \xi^N X(k_0+1) \quad (N = 1, 2, \cdots) \tag{8-28}$$

以上より(8-19)式の評価関数値は

$$\begin{aligned} J_F &= X^T(k_0) \Lambda X(k_0) + X^T(k_0+1) \widetilde{P} X(k_0+1) \\ &= R_0^T \left[ \Gamma_R^T \Lambda \Gamma_R + \{\xi \Gamma_R + \Gamma \widetilde{F}_R\}^T \widetilde{P} \{\xi \Gamma_R + \Gamma \widetilde{F}_R\} \right] R_0 \end{aligned} \tag{8-29}$$

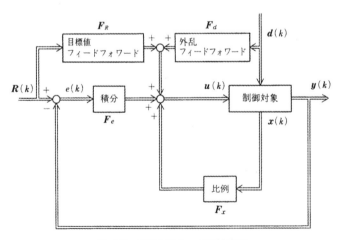

図 8-3 最適 1 型サーボ系構成図

のようになり，(8-29)式を最小とする $\widetilde{F}_R$ は次のように求まる．

$$\widetilde{F}_R = -[\boldsymbol{\Gamma}^T \widetilde{\boldsymbol{P}} \boldsymbol{\Gamma}]^{-1} \boldsymbol{\Gamma}^T \widetilde{\boldsymbol{P}} \boldsymbol{\xi} \boldsymbol{\Gamma}_R \quad \text{(real case)} \tag{8-30}$$

これが目標値の未来値を必要としない FF 補償ゲインとなる．

本節で示した FF 補償を含む最適1型サーボ系の構成図を図 8-3 に示す．

## 8-3 最適予見サーボ系[41~45]

目標値信号や外乱信号の未来情報が利用できるとするならば，制御性能の改善には相当効果があるものと思われる．例えば，車を運転する場合には常に前方の道路状況を見ながら運転するし，夜間ならばヘッドライトを点灯しなければならない．このことは未来情報がいかに大切であるかを示す例である．通常のサーボ系の場合，未来情報がなくてもそれなりに目標値信号に追従でき，外乱の影響を抑制することができるが，もし未来情報が利用できるとするならば，制御性能をさらに改善できそうなことは期待できる．そのような例としてはロボットや工作機械などの経路制御，圧延機の外乱抑制，自動車・移動ロボットなどにおけるアクティブサスペンションなどが考えられる．この節ではやはり最適レギュレータ理論に基づいて，未来目標値・未来外乱情報を最適に利用するサーボ系構成について述べる．

このサーボ系は通常の最適サーボ系に未来情報を利用した予見フィードフォワード補償を付加したものとなり，第 8-2 節と同様に応答に着目したものと評価関数に着目したものの2つの立場によるものが考えられる．ここでは後者について述べる．前者については文献を参考にして欲しい[61]．

1型サーボ系を構成するためのエラーシステムを導出すると (8-6) 式となる．ここで，次のような評価関数を定義する．

$$J = \sum_{k=-M}^{\infty} \left[ \boldsymbol{X}^T(k) \boldsymbol{Q} \boldsymbol{X}(k) + \Delta \boldsymbol{u}^T(k) \boldsymbol{H} \Delta \boldsymbol{u}(k) \right] \tag{8-31}$$

ただし，$\boldsymbol{Q}$：半正定行列 $(n+m) \times (n+m)$

$\boldsymbol{H}$：正定行列 $(r \times r)$，$M = \text{Max}[M_R, M_d]$，$M_R$：目標値信号の予見ステップ数，$M_d$：外乱信号の予見ステップ数

同様に $(\boldsymbol{Q}^{\frac{1}{2}}, \boldsymbol{\Phi})$ は可観測とする．

予見ステップ数以上の未来時刻における目標値信号と外乱信号は一定であると仮定すると(8-6)式の右辺第3項と第4項は零となるので，その場合に評価関数を(8-31)式とする最適レギュレータ問題を解いて次の制御入力を得る．

$$\Delta u(k) = F_0 X(k) \tag{8-32}$$

ここで，

$$F_0 = -[H + \Gamma^T P \Gamma]^{-1} \Gamma^T P \Phi \tag{8-33}$$

$$P = Q + \Phi^T P \Phi - \Phi^T P \Gamma [H + \Gamma^T P \Gamma]^{-1} \Gamma^T P \Phi \tag{8-34}$$

いま，現在時刻 $k$ から $M_R$ ステップ未来までの目標値信号，$M_d$ ステップ未来までの外乱信号が既知であるとし，そのような信号に対して最適な制御動作をさせるための制御入力を次のようにおく．

$$\Delta u(k) = F_0 X(k) + \sum_{j=0}^{M_R} F_R(j) \Delta R(k+j)$$
$$+ \sum_{j=0}^{M_d} F_d(j) \Delta d(k+j) \tag{8-35}$$

上式の予見フィードフォワード係数 $F_R(j)$, $F_d(j)$ を求める1つの方針として(8-31)式の評価関数値を最小にするということが考えられる．

いま，外乱は一定であるとして $F_R(j)$ を求めることを考える．

(8-35)式を(8-6)式に代入すると次式が得られる．

$$X(k+1) = [\Phi + \Gamma F_0] X(k) + \Gamma F_R(0) \Delta R(k)$$
$$+ [\Gamma_R + \Gamma F_R(1)] \Delta R(k+1) + \Gamma F_R(2) \Delta R(k+2) \tag{8-36}$$
$$+ \cdots + \Gamma F_R(M_R) \Delta R(k+M_R)$$

$k=0$ において，$\Delta R(0) = R_0$ のステップ状目標値変化があるとすると，(8-36)式から次のような関係が得られる．

$k = -M_R$ :

$$X(-M_R + 1) = \Gamma F_R(M_R) R_0$$

$k = -M_R + 1$ :

$$X(-M_R + 2) = [\xi \Gamma F_R(M_R) + \Gamma F_R(M_R - 1)] R_0$$

$\vdots$

$k = -1$ :

$$X(0) = [\xi^{M_R - 1} \Gamma F_R(M_R) + \xi^{M_R - 2} \Gamma F_R(M_R - 1)$$
$$+ \cdots + [\Gamma_R + \Gamma F_R(1)]] R_0 \tag{8-37}$$

## 8-3 最適予見サーボ系

$k = 0$ :

$$X(1) = \left[ \xi^{M_R} \Gamma F_R(M_R) + \xi^{M_R-1} \Gamma F_R(M_R-1) \right.$$
$$\left. + \cdots + \xi[\Gamma_R + \Gamma F_R(1)] + \Gamma F_R(0) \right] R_0$$

$k = N (N \geq 1)$ :

$$X(N+1) = \xi^N X(1)$$

ただし,

$$\xi = \Phi + \Gamma F_0$$

ここで，(8-31)式の評価関数に(8-37)式の関係を用いると以下のようになる．

$$\begin{aligned}
J &= \sum_{k=-M_R}^{\infty} \left[ X^T(k) Q X(k) \right. \\
&\quad + [F_0 X(k) + F_R(0) \Delta R(k) + F_R(1) \Delta R(k+1) \\
&\quad + \cdots + F_R(M_R) \Delta R(k+M_R)]^T H [F_0 X(k) + F_R(0) \Delta R(k) \\
&\quad \left. + F_R(1) \Delta R(k+1) + \cdots + F_R(M_R) \Delta R(k+M_R)] \right] \\
&= \sum_{k=-M_R}^{\infty} \left[ X^T(k) [Q + F_0^T H F_0] X(k) \right. \\
&\quad + 2 X^T(k) F_0^T H [F_R(0) \Delta R(k) + F_R(1) \Delta R(k+1) + \cdots \\
&\quad + F_R(M_R) \Delta R(k+M_R)] + [F_R(0) \Delta R(k) + F_R(1) \Delta R(k+1) + \cdots \\
&\quad + F_R(M_R) \Delta R(k+M_R)]^T H [F_R(0) \Delta R(k) + F_R(1) \Delta R(k+1) + \cdots \\
&\quad \left. + F_R(M_R) \Delta R(k+M_R)] \right] \\
&= R_0^T \left[ F_R^T(M_R) \Gamma^T \eta \Gamma F_R(M_R) \right. \\
&\quad \vdots \\
&\quad + [\xi^{M_R-1} \Gamma F_R(M_R) + \xi^{M_R-2} \Gamma F_R(M_R-1) + \cdots + [\Gamma_R + \Gamma F_R(1)]]^T \\
&\quad \times \eta [\xi^{M_R-1} \Gamma F_R(M_R) + \xi^{M_R-2} \Gamma F_R(M_R-1) + \cdots + [\Gamma_R + \Gamma F_R(1)]] \\
&\quad + [\xi^{M_R} \Gamma F_R(M_R) + \xi^{M_R-1} \Gamma F_R(M_R-1) + \cdots + \xi[\Gamma_R + \Gamma F_R(1)] + \Gamma F_R(0)]^T \\
&\quad \times P [\xi^{M_R} \Gamma F_R(M_R) + \xi^{M_R-1} \Gamma F_R(M_R-1) + \cdots + \xi[\Gamma_R + \Gamma F_R(1)] + \Gamma F_R(0)] \\
&\quad + 2 F_R^T(M_R) \Gamma^T F_0^T H F_R(M_R-1) \\
&\quad \vdots \\
&\quad + 2 [\xi^{M_R-1} \Gamma F_R(M_R) + \xi^{M_R-2} \Gamma F_R(M_R-1) + \cdots + [\Gamma_R + \Gamma F_R(1)]]^T F_0^T H F_R(0) \\
&\quad \left. + F_R^T(0) H F_R(0) + F_R(1) H F_R(1) + \cdots + F_R(M_R)^T H F_R(M_R) \right] R_0
\end{aligned}$$

$$(8\text{-}38)$$

ただし，
$$\eta = Q + F_0^T HF$$
(8-38)式において
$$P = \eta + \xi^T \eta \xi + (\xi^T)^2 \eta \xi^2 + \cdots \tag{8-39}$$
とおくと，
$$\begin{aligned}P &= \eta + \xi^T P \xi \\ &= Q + \Phi^T P \Phi - \Phi^T P \Gamma [H + \Gamma^T P \Gamma]^{-1} \Gamma^T P \Phi\end{aligned} \tag{8-40}$$
となる．$P$は(8-34)式と同じく定常 Riccati 方程式の正定解となるが，この関係を用いて(8-38)式をさらに変形すると次のようになる．

$$\begin{aligned}J = R_0^T \big[ &F_R^T(M_R) \Gamma^T P \Gamma F_R(M_R) + F_R^T(M_R-1) \Gamma^T P \Gamma F_R(M_R-1) \\ &+ \cdots + [\Gamma_R + \Gamma F_R(1)]^T P [\Gamma_R + \Gamma F_R(1)] + F_R^T(0) \Gamma^T P \Gamma F_R(0) \\ &+ 2 F_R^T(M_R) \Gamma^T \big[ \xi^T P \Gamma F_R(M_R-1) + (\xi^T)^2 P \Gamma F_R(M_R-2) \\ &\qquad + \cdots + (\xi^T)^{M_R-1} P [\Gamma_R + \Gamma F_R(1)] + (\xi^T)^{M_R} P \Gamma F_R(0) \big] \\ &\qquad\qquad \vdots \\ &+ 2 [\Gamma_R + \Gamma F_R(1)]^T \xi^T P \Gamma F_R(0) \\ &+ 2 F_R^T(M_R) \Gamma^T \big[ F_0^T H F_R(M_R-1) + \xi^T F_0^T H F_R(M_R-2) \\ &\qquad + \cdots + (\xi^T)^{M_R-2} F_0^T H F_R(1) + (\xi^T)^{M_R-1} F_0^T H F_R(0) \big] \\ &\qquad\qquad \vdots \\ &+ 2 [\Gamma_R + \Gamma F_R(1)]^T F_0^T H F_R(0) + F_R^T(0) H F_R(0) \\ &+ F_R(1) H F_R(1) + \cdots + F_R(M_R)^T H F_R(M_R) \big] R_0 \end{aligned} \tag{8-41}$$

この(8-41)式において
$$\begin{aligned}\xi^T P \Gamma + F_0^T H &= [\Phi + \Gamma F_0]^T P \Gamma + F_0^T H \\ &= \Phi^T P \Gamma + F_0^T [H + \Gamma^T P \Gamma] = 0\end{aligned} \tag{8-42}$$
の関係を用いると次式のようにまとめられる．
$$J = R_0^T \big[ F_{RR}^T \Gamma_{RR} F_{RR} + 2 F_{RR}^T \Delta_{RR} + \Gamma_R^T P \Gamma_R \big] R_0 \tag{8-43}$$
ただし，
$$F_{RR} = \begin{bmatrix} F_R(0) \\ F_R(1) \\ \vdots \\ F_R(M_R) \end{bmatrix} \qquad \Delta_{RR} = \begin{bmatrix} 0 \\ \Gamma^T P \Gamma_R \\ \vdots \\ \Gamma^T (\xi^T)^{M_R-1} P \Gamma_R \end{bmatrix}$$

$$\Gamma_{RR} = \begin{bmatrix} H+\Gamma^T PT & 0 \cdots\cdots\cdots\cdots\cdots & 0 \\ 0 \ddots & H+\Gamma^T PT & \vdots \\ \vdots & \ddots & 0 \\ 0 \cdots\cdots\cdots\cdots & 0 & H+\Gamma^T PT \end{bmatrix}$$

$\dfrac{\partial J}{\partial F_{RR}R_0}=0$ より

$$F_{RR}=-\Gamma_R^{-1}\Delta_{RR} \tag{8-44}$$

と $F_{RR}$ が求められる．したがって，$F_R(j)$ は次のようになる．

$$\begin{cases} F_R(0)=0 \\ F_R(j)=-[H+\Gamma^T P\Gamma]^{-1}\Gamma^T(\xi^T)^{j-1}P\Gamma_R & (j\geq 1) \end{cases} \tag{8-45}$$

ただし，$\xi=\Phi+\Gamma F_0$．

同様に $k=0$ において $\Delta d(0)=d_0$ のステップ状外乱変化があるとして $F_d(j)$ を求めると次式のようになる．

$$F_d(j)=-[H+\Gamma^T P\Gamma]^{-1}\Gamma^T(\xi^T)^j P\Gamma_d \quad (j\geq 0) \tag{8-46}$$

いま予見ステップ数を 0 とすると

$$\begin{cases} F_R(0)=0 \tag{8-47} \\ F_d(0)=-[H+\Gamma^T P\Gamma]^{-1}\Gamma^T P\Gamma_d \tag{8-48} \end{cases}$$

となり，それぞれ前節の (8-30), (8-24)式に対応した real case の（評価関数に着目した）FF ゲインとなる．また予見ステップ数を 1 とすると，

$$F_R(1)=-[H+\Gamma^T P\Gamma]^{-1}\Gamma^T P\Gamma_R \tag{8-49}$$

となり，(8-23)式に対応した ideal case の（評価関数に着目した）FF ゲインとなる．

以上より予見 FF 補償を含む全状態フィードバック制御系の最適制御入力(8-35) 式のすべての係数が決まる．

(8-35) 式を $u(k)$ について解くと (8-50)式を得る．ただし，簡単のため初期値はすべて零とおいた．初期値をも含めた最適問題は初期値補償問題として 8-5 節で述べる．

$$u(k)=F_e\sum_{i=1}^{k}e(i)+F_x x(k)+F_{PR}(z)R(k)+F_{Pd}(z)d(k) \tag{8-50}$$

$$F_{PR}(z)=F_R(1)z+F_R(2)z^2+\cdots+F_R(M_R)z^{M_R}$$

$$F_{Pd}(z)=F_d(0)+F_d(1)z+\cdots+F_d(M_d)z^{M_d}$$

これにより最適予見サーボ系は図8-4のような構成となることがわかる．最適1型サーボ系に予見FF補償のループが追加された形となっている．なお，ここでは1型サーボ系に予見FF補償を付加することを示したが，同様な方法により一般型最適サーボ系や繰り返し制御系に対しても付加することが可能である．また，入力むだ時間の考慮や部分状態フィードバック系の構成などについても予見FF補償の有無にかかわらず全く同じ考え方で実現できる．

ここで，未来情報を利用することによってどの程度評価関数の低減に効果があるかを確かめてみる．(8-44)式を(8-43)式に代入してまとめることなどにより，予見動作がある場合とない場合の評価関数値を計算すると以下のようになる．

最適サーボ系

$$J_R = R_0^T \Gamma_R^T P \Gamma_R R_0 \tag{8-51}$$

$$J_d = d_0^T \Gamma_d^T P \Gamma_d d_0 \tag{8-52}$$

最適予見サーボ系

$$J_{PR} = J_R - \sum_{j=1}^{M_R} R_0^T \Gamma_R^T P \xi^{j-1} \Gamma \left[ H + \Gamma^T P \Gamma \right]^{-1} \Gamma^T (\xi^T)^{j-1} P \Gamma_R R_0 \tag{8-53}$$

$$J_{Pd} = J_d - \sum_{j=0}^{M_d} d_0^T \Gamma_d^T P \xi^j \Gamma \left[ H + \Gamma^T P \Gamma \right]^{-1} \Gamma^T (\xi^T)^j P \Gamma_d d_0 \tag{8-54}$$

図 8-4　最適予見サーボ系構成図

(8-53), (8-54)式の右辺第2項は正値であることが示せるので, 予見動作を追加した場合の評価関数値は予見動作がない場合に比較して必ず減少することがわかる.

本手法のリニア DC ブラシレスモータへの適用例については 9-4 で詳述する.

## 8-4 入力むだ時間補償

(8-9)式や (8-35)式などの制御アルゴリズムを演算実行するにはマイクロプロセッサなどを用いることが適当と思われるが, 制御対象の動きの速さに比較してこの演算処理時間が必ずしも無視できない場合がある. 本節では, このような演算処理時間を制御理論的に処理することについて述べる. 以下の議論では, 簡単のためこの演算処理時間は1サンプリング周期に等しいとして考えることにする. このような場合この演算処理時間を制御対象の入力むだ時間と見なして制御系構成を行うことが適当である. これは図8-5のように演算処理時間が零である理想的な演算処理装置を考え, その後に1サンプリング周期に等しいむだ時間を考慮することによって現実の演算処理装置を扱うことになる. すなわち, 制御対象には常に1サンプリング周期に等しいむだ時間要素を通過した制御入力が印加されると考えることになる. この場合には制御対象は次のように表現される.

図 8-5 演算処理装置の扱い

制御対象

$$x(k+1) = Ax(k) + Bu(k-1) + Gd(k) \qquad (8\text{-}55\,\text{a})$$

$$y(k) = Cx(k) \qquad (8\text{-}55\,\text{b})$$

つまり，現在時刻に印加した入力は1ステップ遅れて制御対象に印加されると考えたものが上式である．前節までと同様にしてエラーシステムを導出する．

$$\begin{bmatrix} e(k+1) \\ \Delta x(k+1) \\ \Delta u(k) \end{bmatrix} = \begin{bmatrix} I_m & -CA & -CB \\ 0 & A & B \\ 0 & 0 & 0 \end{bmatrix} \begin{bmatrix} e(k) \\ \Delta x(k) \\ \Delta u(k-1) \end{bmatrix} + \begin{bmatrix} 0 \\ 0 \\ I_r \end{bmatrix} \Delta u(k)$$

$$+ \begin{bmatrix} I_m \\ 0 \\ 0 \end{bmatrix} \Delta R(k+1) + \begin{bmatrix} -CG \\ G \\ 0 \end{bmatrix} \Delta d(k) \qquad (8\text{-}56)$$

(8-56)式は(8-6)式の記号を用いて次のように表される．

$$\begin{bmatrix} X(k+1) \\ \Delta u(k) \end{bmatrix} = \begin{bmatrix} \Phi & \Gamma \\ 0 & 0 \end{bmatrix} \begin{bmatrix} X(k) \\ \Delta u(k-1) \end{bmatrix} + \begin{bmatrix} 0 \\ I_r \end{bmatrix} \Delta u(k)$$

$$+ \begin{bmatrix} \Gamma_R \\ 0 \end{bmatrix} \Delta R(k+1) + \begin{bmatrix} \Gamma_d \\ 0 \end{bmatrix} \Delta d(k) \qquad (8\text{-}57)$$

ここで，評価関数を次のように定義する．

$$J = \sum_{k=1}^{\infty} \left\{ \begin{bmatrix} X^T(k) & \Delta u^T(k-1) \end{bmatrix} \begin{bmatrix} Q & 0 \\ 0 & 0 \end{bmatrix} \begin{bmatrix} X(k) \\ \Delta u(k-1) \end{bmatrix} \right.$$

$$\left. + \Delta u^T(k) H \Delta u(k) \right\} \qquad (8\text{-}58)$$

(8-58)式の評価関数のもとで，(8-57)式で $\Delta R(k+1)=0$, $\Delta d(k)=0$ とおいたエラーシステムの最適レギュレータ問題を解いて，制御入力は8-1節での結果を利用して次のように求まる．

$$\Delta u(k) = \begin{bmatrix} F_D & F_{Du} \end{bmatrix} \begin{bmatrix} X(k) \\ \Delta u(k-1) \end{bmatrix}$$

$$= F_D X(k) + F_{Du} \Delta u(k-1)$$

$$= F_{De} e(k) + F_{Dx} \Delta x(k) + F_{Du} \Delta u(k-1) \qquad (8\text{-}59)$$

ただし，

$$\begin{bmatrix} F_D & F_{Du} \end{bmatrix} = \begin{bmatrix} F_{De} & F_{Dx} & F_{Du} \end{bmatrix} = -\left\{ H + \begin{bmatrix} 0 & I_r \end{bmatrix} P_D \begin{bmatrix} 0 \\ I_r \end{bmatrix} \right\}^{-1} \begin{bmatrix} 0 & I_r \end{bmatrix} P_D \begin{bmatrix} \Phi & \Gamma \\ 0 & 0 \end{bmatrix}$$

$$(8\text{-}60)$$

## 8-4 入力むだ時間補償

ここで, $P_D$ は次式に示すように $(m+n+r)$ 次元の Riccati 方程式の解である.

$$P_D = \begin{bmatrix} Q & 0 \\ 0 & 0 \end{bmatrix} + \begin{bmatrix} \Phi^T & 0 \\ \Gamma^T & 0 \end{bmatrix} P_D \begin{bmatrix} \Phi & \Gamma \\ 0 & 0 \end{bmatrix} - \begin{bmatrix} \Phi^T & 0 \\ \Gamma^T & 0 \end{bmatrix} P_D \begin{bmatrix} 0 \\ I_r \end{bmatrix}$$
$$\times \left\{ H + \begin{bmatrix} 0 & I_r \end{bmatrix} P_D \begin{bmatrix} 0 \\ I_r \end{bmatrix} \right\}^{-1} \begin{bmatrix} 0 & I_r \end{bmatrix} P_D \begin{bmatrix} \Phi & \Gamma \\ 0 & 0 \end{bmatrix} \tag{8-61}$$

さらに FF 補償入力については基本的な考え方は前節と同様であるのでここでは省略するが, 求められる制御入力は次のような形となる.

$$\Delta u(k) = \begin{bmatrix} F_D & F_{Du} \end{bmatrix} \begin{bmatrix} X(k) \\ \Delta u(k-1) \end{bmatrix} + F_{DR} \Delta R(k) + F_{Dd} \Delta d(k) \tag{8-62}$$

FF 補償の係数 $F_{DR}$, $F_{Dd}$ に関しては, 前節で述べた評価関数に着目した FF 補償ゲインを $F_{DR0}$, $F_{DR1}$, $F_{Dd}$ で表すと次のようになる.

$$F_{DR0} = 0 \text{ (real case)} \tag{8-63}$$

$$F_{DR1} = -\left\{ H + \begin{bmatrix} 0 & I_r \end{bmatrix} P_D \begin{bmatrix} 0 \\ I_r \end{bmatrix} \right\}^{-1} \begin{bmatrix} 0 & I_r \end{bmatrix} P_D \begin{bmatrix} \Gamma_R \\ 0 \end{bmatrix} \text{ (ideal case)} \tag{8-64}$$

$$F_{Dd} = -\left\{ H + \begin{bmatrix} 0 & I_r \end{bmatrix} P_D \begin{bmatrix} 0 \\ I_r \end{bmatrix} \right\}^{-1} \begin{bmatrix} 0 & I_r \end{bmatrix} P_D \begin{bmatrix} \Gamma_d \\ 0 \end{bmatrix} \tag{8-65}$$

以上で入力むだ時間補償を行った制御入力が導出できたが, これを 8-1, 8-2 で求めた入力むだ時間を考慮しない制御入力と比べてみよう.

いま, (8-61)式の $P_D$ を

$$P_D = \begin{bmatrix} V & W \\ W^T & Z \end{bmatrix} \tag{8-66}$$

のように分解して表すと, (8-60), (8-61), (8-64), (8-65)式は次のようになる.

$$\begin{bmatrix} V & W \\ W^T & Z \end{bmatrix} = \begin{bmatrix} Q & 0 \\ 0 & 0 \end{bmatrix} + \begin{bmatrix} \Phi^T & 0 \\ \Gamma^T & 0 \end{bmatrix} \begin{bmatrix} V & W \\ W^T & Z \end{bmatrix} \begin{bmatrix} \Phi & \Gamma \\ 0 & 0 \end{bmatrix}$$
$$- \begin{bmatrix} \Phi^T & 0 \\ \Gamma^T & 0 \end{bmatrix} \begin{bmatrix} V & W \\ W^T & Z \end{bmatrix} \begin{bmatrix} 0 \\ I_r \end{bmatrix} [H+Z]^{-1} \begin{bmatrix} 0 & I_r \end{bmatrix}$$
$$\times \begin{bmatrix} V & W \\ W^T & Z \end{bmatrix} \begin{bmatrix} \Phi & \Gamma \\ 0 & 0 \end{bmatrix} \tag{8-67}$$

$$[F_D \quad F_{Du}] = -[H+Z]^{-1}W^T[\varPhi \quad \varGamma] \tag{8-68}$$

$$F_{DR1} = -[H+Z]^{-1}W^T\varGamma_R \tag{8-69}$$

$$F_{Dd} = -[H+Z]^{-1}W^T\varGamma_d \tag{8-70}$$

さらに(8-67)式を各成分ごとに分割して表すと次のようになる．

$$V = Q + \varPhi^T P \varPhi$$
$$W = \varPhi^T P \varGamma \tag{8-71}$$
$$Z = \varGamma^T P \varGamma$$

ここで，

$$P = V - W[H+Z]^{-1}W^T \tag{8-72}$$

とおいて(8-71)式を(8-72)式に代入して $V$, $W$, $Z$ を消去し次式を得る．

$$P = Q + \varPhi^T P \varPhi - \varPhi^T P \varGamma [H+\varGamma^T P \varGamma]^{-1}\varGamma^T P \varPhi \tag{8-73}$$

これは(8-11)式に等しいものになる．

一方，(8-71)式を(8-68)〜(8-70)式に代入して次式を得る．

$$[F_D \quad F_{Du}] = -[H+\varGamma^T P \varGamma]^{-1}\varGamma^T P \varPhi[\varPhi \quad \varGamma] = F_0[\varPhi \quad \varGamma] \tag{8-74}$$

$$F_{DR1} = -[H+\varGamma^T P \varGamma]^{-1}\varGamma^T P \varPhi \varGamma_R = F_0 \varGamma_R \tag{8-75}$$

$$F_{Dd} = -[H+\varGamma^T P \varGamma]^{-1}\varGamma^T P \varPhi \varGamma_d = F_0 \varGamma_d \tag{8-76}$$

以上を整理して入力むだ時間補償のある場合の評価関数に着目したFF補償を含む最適制御入力は次のようになる．

$$\begin{aligned}
\Delta u(k) &= [F_D \quad F_{Du}]\begin{bmatrix} X(k) \\ \Delta u(k-1) \end{bmatrix} \\
&\quad + F_{DR1}\Delta R(k+1) + F_{Dd}\Delta d(k) \\
&= F_0 \varPhi X(k) + F_0 \varGamma \Delta u(k-1) \\
&\quad + F_0 \varGamma_R \Delta R(k+1) + F_0 \varGamma_d \Delta d(k) \\
&= F_0[\varPhi X(k) + \varGamma \Delta u(k-1) + \varGamma_R \Delta R(k+1) + \varGamma_d \Delta d(k)]
\end{aligned} \tag{8-77}$$

(8-77)式はさらに(8-78)式と表せ，入力むだ時間補償のある場合の制御入力は次に示すように(8-6b)式を予測式として用いたことに相当することがわかる．

$$F_0[\varPhi X(k) + \varGamma \Delta u(k-1) + \varGamma_R \Delta R(k+1) + \varGamma_d \Delta d(k)] = F_0 X(k+1) \tag{8-78}$$

ただし，1ステップ未来値が利用できない場合（real case）には$\Delta R(k+1)$のFF補償を考えないものとする．なお，過渡応答に着目したFFゲインに関してはFBゲイン決定の場合とは異なる評価関数によって求めたものであるため統一的に扱うことはできない．

ここで，FBゲインを$F_0=[F_e\ F_x]$とし，またFFゲインを$F_{DR}$, $F_{Dd}$と一般的に考えると制御入力は次のように表される．

$$\Delta u(k) = F_e \Phi e(k) + F_x \Phi \Delta x(k) + F_0 \Gamma \Delta u(k-1)$$
$$+ F_{DR} \Delta R(k) + F_{Dd} \Delta d(k) \tag{8-79}$$

(8-79)式において初期値を零として$u(k)$について解いて次式を得る．

$$u(k) = F_e \Phi \sum_{i=1}^{k} e(i) + F_x \Phi x(k) + F_0 \Gamma u(k-1)$$
$$+ F_{DR} R(k) + F_{Dd} d(k) \tag{8-80}$$

この場合の制御系構成図は図8-6に示される．すなわち，入力むだ時間を考慮しない場合の構成図に入力むだ時間補償動作の部分が追加されたものになる．

本手法の適用例については第9章演習問題1を参照されたい．

図8-6 最適1型サーボ系（入力むだ時間補償あり）

## 8-5 初期値補償[46]

前節までに述べたエラーシステムを用いた最適1型サーボ系の構成ではエラーシステムには原系の初期値の情報が現われてこない．そのために単にエラーシステムに対する最適レギュレータ問題の解からは厳密な最適性はいえないことになる．前節までは原系の初期値をすべて零，あるいは前制御区間の定常値に等しいとして扱ってきたが，真の最適性をいうためには，この初期値を設計パラメータとした取り扱いが必要でありこれを初期値補償(initial value compensation) と呼ぶ．

ここで (8-13)式を考える．(8-13)式における入力の初期値 $u(0)$ は設計パラメータであり適切な値を別に定めることが必要である．いま，$u(0)$ を求めるために (8-13)式の制御則によって得られる (8-8)式の評価関数値の最小値 $J_{\min}$ を考える．

$$\begin{aligned}
J_{\min} &= X^T(1)PX(1) \\
&= [\Gamma_A x(0) + \Gamma_R R(1) + \Gamma_d d(0)]^T \\
&\quad \times P[\Gamma_A x(0) + \Gamma_R R(1) + \Gamma_d d(0)] \\
&\quad + 2u^T(0)\Gamma^T P[\Gamma_A x(0) + \Gamma_R R(1) + \Gamma_d d(0)] \\
&\quad + u^T(0)\Gamma^T P\Gamma u(0)
\end{aligned} \tag{8-81}$$

ただし，

$$\Gamma_A = \begin{bmatrix} -CA \\ A-I \end{bmatrix}$$

(8-81)式より，この $J_{\min}$ を最小にするような $u(0)$ は次式のように求められる．

$$\begin{aligned}
u(0) &= -[\Gamma^T P\Gamma]^{-1}\Gamma^T P[\Gamma_A x(0) + \Gamma_R R(1) + \Gamma_d d(0)] \\
&= F_A x(0) + F_R R(1) + F_d d(0)
\end{aligned} \tag{8-82}$$

上式においては初期値補償において目標値信号の1ステップ未来値 $R(1)$ が必要となるが，実際には目標値をステップ信号と仮定しているため $R(1) = R(0)$ となり現在値のみを用いる初期値補償が可能になる．

(8-82)式を(8-13)式に代入して初期値補償を含む最適制御入力としては次のように表される．

$$u(k) = F_e \sum_{i=1}^{k} e(i) + F_x x(k) - F_x x(0) + F_A x(0)$$
$$+ F_R R(1) + F_d d(0) \tag{8-83}$$

また，このときの評価関数の最小値は次のように表される．

$$J_{\min} = [\Gamma_A x(0) + \Gamma_R R(1) + \Gamma_d d(0)]^T$$
$$\times [P - P\Gamma[\Gamma^T P\Gamma]^{-1}\Gamma P]$$
$$\times [\Gamma_A x(0) + \Gamma_R R(1) + \Gamma_d d(0)] \tag{8-84}$$

(8-83)式による初期値補償入力も含めた制御入力を考えた場合の制御系構成図は，図8-1に(8-83)式の右辺第3項～6項を $u(k)$ に追加した形となる．

ここでは，初期値補償を最も基本的な全状態FB系について説明したが，同じ考え方により各種の場合についての考察が可能である．

本手法の適用例については第9章演習問題2を参照されたい．

## 8-6　一般型最適ディジタルサーボ系[42),47)]

これまでは，目標値信号と外乱信号はステップ信号または一定値である場合について最適1型ディジタルサーボ系の構成を扱ってきた．ここでは，これらの信号がより一般的な場合に対応する最適ディジタルサーボ系について同じくエラーシステムを用いて構成する．この制御系の特殊なものが繰り返し制御系 (repetitive control system) である．

制御対象などは(8-1)式などに示したものと同じである．目標値信号，外乱信号は次のような線形自由系で表される場合を考える．

$$\alpha_R(z^{-1})R(k) = (1 + \alpha_{RL}z^{-1} + \alpha_{RL-1}z^{-2} + \cdots$$
$$+ \alpha_{R2}z^{-(L-1)} + \alpha_{R1}z^{-L})R(k) = 0 \tag{8-85 a}$$

$$\alpha_d(z^{-1})d(k) = (1 + \alpha_{dL}z^{-1} + \alpha_{dL-1}z^{-2} + \cdots$$
$$+ \alpha_{d2}z^{-(L-1)} + \alpha_{d1}z^{-L})d(k) = 0 \tag{8-85 b}$$

いま，$\alpha(z^{-1}) = l.c.m[\alpha_R(z^{-1}), \alpha_d(z^{-1})]$（最小公倍多項式）として以下のように考える．

$$\alpha(z^{-1}) = 1 + \alpha_L z^{-1} + \alpha_{L-1}z^{-2} + \cdots + \alpha_2 z^{-(L-1)} + \alpha_1 z^{-L} \tag{8-86}$$

もし，$\alpha_1 = -1$, $\alpha_2 = \alpha_3 = \cdots = \alpha_L = 0$ とすれば目標値信号，外乱信号は周期 $L$ を

もつ任意の周期信号(繰り返し信号)を表す．
以上より以下の2つの式が計算できる．

$$e(k+1) = -(a_L z^{-1} + a_{L-1} z^{-2} + \cdots + a_2 z^{-(L-1)} + a_1 z^{-L}) e(k+1)$$
$$+ \alpha(z^{-1}) R(k+1) - CA\alpha(z^{-1}) x(k)$$
$$- CB\alpha(z^{-1}) u(k) - CG\alpha(z^{-1}) d(k) \quad (8\text{-}87)$$

$$\alpha(z^{-1}) x(k+1) = A\alpha(z^{-1}) x(k) + B\alpha(z^{-1}) u(k)$$
$$+ G\alpha(z^{-1}) d(k) \quad (8\text{-}88)$$

(8-87), (8-88)式をまとめて(8-89)式のエラーシステムを得る．

$$\begin{bmatrix} e(k+1) \\ e(k) \\ \vdots \\ e(k-L+2) \\ \alpha(z^{-1}) x(k+1) \end{bmatrix} = \begin{bmatrix} -a_L I_m & -a_{L-1} I_m & \cdots & -a_1 I_m & -CA \\ I_m & 0 & \cdots & 0 & 0 \\ 0 & \ddots & & I_m & 0 & 0 \\ \vdots & & & & \vdots \\ 0 & \cdots & & 0 & 0 & A \end{bmatrix}$$

$$\times \begin{bmatrix} e(k) \\ e(k-1) \\ \vdots \\ e(k-L+1) \\ \alpha(z^{-1}) x(k) \end{bmatrix} + \begin{bmatrix} -CB \\ 0 \\ \vdots \\ 0 \\ B \end{bmatrix} \alpha(z^{-1}) u(k)$$

$$+ \begin{bmatrix} I_m \\ 0 \\ \vdots \\ \vdots \\ 0 \end{bmatrix} \alpha(z^{-1}) R(k+1) + \begin{bmatrix} -CG \\ 0 \\ \vdots \\ 0 \\ G \end{bmatrix} \alpha(z^{-1}) d(k) \quad (8\text{-}89\ \text{a})$$

または次のように書く．

$$X_G(k+1) = \Phi_G X_G(k) + \Gamma_G \alpha(z^{-1}) u(k) + \Gamma_{GR} \alpha(z^{-1}) R(k+1)$$
$$+ \Gamma_{Gd} \alpha(z^{-1}) d(k) \quad (8\text{-}89\ \text{b})$$

ここで次の評価関数を定義する．

$$J = \sum_{k=1}^{\infty} \left\{ X_G^T(k) Q_G X_G(k) + [\alpha(z^{-1}) u(k)]^T H_G [\alpha(z^{-1}) u(k)] \right\} \quad (8\text{-}90)$$

ここで，$Q_G$：半正定対称行列，$H_G$：正定行列

(8-85)式が成り立つ場合には(8-89)式の右辺第3項，第4項は零となるので，その場合の最適レギュレータ問題を解いて最適制御入力は(8-91)式のように求められる．(8-89)式でそれらを残して書いたのはこの一般型最適ディジタルサ

ーボ系に FF 補償を追加する場合に必要となるためである．

$$\alpha(z^{-1})\boldsymbol{u}(k) = F_G X_G(k)$$

$$= \begin{bmatrix} \boldsymbol{f}_0 & \boldsymbol{f}_1 & \cdots & \boldsymbol{f}_{L-1} \end{bmatrix} \begin{bmatrix} \boldsymbol{e}(k) \\ \boldsymbol{e}(k-1) \\ \vdots \\ \boldsymbol{e}(k-L+1) \end{bmatrix}$$

$$+ \boldsymbol{f}_x \alpha(z^{-1}) \boldsymbol{x}(k) \tag{8-91}$$

ここで，

$$F_G = \begin{bmatrix} \boldsymbol{f}_0 & \boldsymbol{f}_1 & \cdots & \boldsymbol{f}_{L-1} & \boldsymbol{f}_x \end{bmatrix} = -\left[ H_G + \Gamma_G^T P_G \Gamma_G \right]^{-1} \Gamma_G^T P_G \Phi_G$$

$$P_G = Q_G + \Phi_G^T P_G \Phi_G - \Phi_G^T P_G \Gamma_G \left[ H_G + \Gamma_G^T P_G \Gamma_G \right]^{-1} \Gamma_G^T P_G \Phi_G$$

この場合の制御系構造を見るために(8-91)式において以下のように変数変換を行なう．

$$\left. \begin{aligned} \boldsymbol{e}(k) &= \alpha(z^{-1}) \boldsymbol{w}_0(k) \\ \boldsymbol{e}(k-1) &= \alpha(z^{-1}) \boldsymbol{w}_1(k) \\ &\cdots\cdots \\ \boldsymbol{e}(k-L) &= \alpha(z^{-1}) \boldsymbol{w}_L(k) \end{aligned} \right\} \tag{8-92}$$

(8-92)式より次の関係が成り立つ．

$$\boldsymbol{w}_1(k+1) = \boldsymbol{w}_0(k)$$
$$\boldsymbol{w}_2(k+1) = \boldsymbol{w}_1(k)$$
$$\cdots\cdots$$
$$\boldsymbol{w}_{L-1}(k+1) = \boldsymbol{w}_{L-2}(k)$$
$$\boldsymbol{w}_L(k+1) = \boldsymbol{w}_{L-1}(k) \tag{8-93}$$
$$\boldsymbol{w}_0(k) = \boldsymbol{e}(k) - \alpha_L \boldsymbol{w}_1(k) - \alpha_{L-1} \boldsymbol{w}_2(k) \cdots - \alpha_1 \boldsymbol{w}_L(k)$$

(8-93)式の関係を用いて(8-91)式は(8-94)式と表される．

$$\begin{aligned} \boldsymbol{u}(k) = {}& \boldsymbol{f}_0 \boldsymbol{w}_0(k) + \boldsymbol{f}_1 \boldsymbol{w}_1(k) + \cdots \boldsymbol{f}_{L-1} \boldsymbol{w}_{L-1}(k) + \boldsymbol{f}_x \boldsymbol{x}(k) \\ & + \boldsymbol{f}_{0,L-1} \boldsymbol{w}_0(L-1) + \cdots + \boldsymbol{f}_{0,0} \boldsymbol{w}_0(0) \\ & + \boldsymbol{f}_{1,L-1} \boldsymbol{w}_1(L-1) + \cdots + \boldsymbol{f}_{1,0} \boldsymbol{w}_1(0) \\ & \cdots\cdots\cdots \\ & + \boldsymbol{f}_{L-1,L-1} \boldsymbol{w}_{L-1}(L-1) + \cdots + \boldsymbol{f}_{L-1,0} \boldsymbol{w}_{L-1}(0) \\ & + \boldsymbol{f}_{x,L-1} \boldsymbol{x}(L-1) + \cdots + \boldsymbol{f}_{x,0} \boldsymbol{x}(0) \\ & + \boldsymbol{f}_{u,L-1} \boldsymbol{u}(L-1) + \cdots + \boldsymbol{f}_{u,0} \boldsymbol{u}(0) \end{aligned} \tag{8-94}$$

ただし,

$$[f_{i,L-1} \quad f_{i,L-2} \quad \cdots \quad f_{i,0}] = [f_i \quad 0 \quad \cdots \quad 0]\varepsilon^{-1}\eta$$
$$i = 0, 1, \cdots, L-1$$
$$[f_{x,L-1} \quad f_{x,L-2} \quad \cdots \quad f_{x,0}] = [f_x \quad 0 \quad \cdots \quad 0]\varepsilon^{-1}\eta$$
$$[f_{u,L-1} \quad f_{u,L-2} \quad \cdots \quad f_{u,0}] = -[I_r \quad 0 \quad \cdots \quad 0]\varepsilon^{-1}\eta$$

$$\varepsilon = \begin{bmatrix} I_r & \alpha_L I_r & \alpha_1 I_r & 0 & \cdots & 0 \\ 0 & I_r & & & & \vdots \\ \vdots & & \ddots & & & \alpha_1 I_r \\ & & & & & \alpha_L I_r \\ 0 & \cdots & & & 0 & I_r \end{bmatrix}$$

$$\eta = \begin{bmatrix} 0 & \cdots & \cdots & \cdots & \cdots & 0 \\ 0 & \cdots & \cdots & \cdots & \cdots & 0 \\ \alpha_1 I_r & 0 & \cdots & \cdots & \cdots & 0 \\ \vdots & & & & & \vdots \\ \alpha_{L-1} I_r & \cdots & \cdots & \cdots & \alpha_1 I_r & 0 \\ \alpha_L I_r & \alpha_{L-1} I_r & \cdots & \cdots & & \alpha_1 I_r \end{bmatrix}$$

(8-94)式により最適ディジタルサーボ系の制御入力が求められたが,(8-94)式には制御入力 $u(0)$, $u(1) \sim u(L-1)$ が未知パラメータとして入っており

図 8-7(a) 一般型最適ディジタルサーボ系構成図

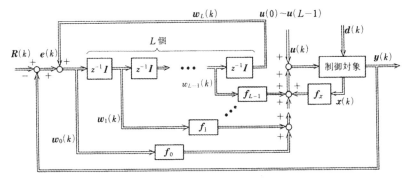

図 8-7(b) 最適繰り返し制御系構成図

このままでは真の最適性がいえない．その問題は再び初期値補償問題として扱うことができるが，紙面の都合上文献を参考にしていただきたい[46]．図 8-7(a)は上で求められた一般型最適ディジタルサーボ系の構成図である．図 8-7(b)は $a_1 = -1, a_2 = a_3 = \cdots = a_L = 0$ とした場合，つまり，$L$ 周期の繰り返し周期信号に対する最適繰り返し制御系構成図でもある[47]．また，これらに FF 補償や予見 FF 補償などを追加することなども容易になる．

## 8-7 最適出力フィードバック制御系[42]

前節までは制御対象のすべての状態変数が検出できるとして基本的な制御系構成法を述べた．工学的には全状態変数を検出できるということは必ずしも容易でない．そのような場合に検出できる信号から状態変数を推定することを考えようというのが 6-3-2 項で述べたオブザーバである．ここでは，オブザーバを表面的には意識しないで出力信号のみを用いて前節までの制御系を構成する 1 つの方法について述べる．

(8-1)式から次式を得る．

$$y(k) = Cx(k)$$
$$y(k+1) = Cx(k+1) = CAx(k) + CBu(k) + CGd(k)$$
$$y(k+2) = CA^2x(k) + CABu(k) + CBu(k+1)$$
$$+ CAGd(k) + CGd(k+1) \tag{8-95}$$

..........

$$y(k+p-1) = CA^{p-1}x(k) + \sum_{i=0}^{p-2} CA^{p-2-i}Bu(k+i) + \sum_{i=0}^{p-2} CA^{p-2-i}Gd(k+i)$$

ただし，$p$ は可観測指数である．上式を次のように行列表現する．

$$\begin{bmatrix} y(k) \\ y(k+1) \\ \vdots \\ y(k+p-1) \end{bmatrix} = \begin{bmatrix} C \\ CA \\ \vdots \\ CA^{p-1} \end{bmatrix} x(k)$$

$$+ \begin{bmatrix} 0 & \cdots & & 0 \\ CB & & & \\ CAB & CB & & \\ \vdots & & & 0 \\ CA^{p-2}B & CA^{p-3}B & \cdots & CB \end{bmatrix} \begin{bmatrix} u(k) \\ u(k+1) \\ \vdots \\ u(k+p-2) \end{bmatrix}$$

$$+ \begin{bmatrix} 0 & \cdots & & 0 \\ CG & & & \\ CAG & CG & & \\ \vdots & & & 0 \\ CA^{p-2}G & CA^{p-3}G & \cdots & CG \end{bmatrix} \begin{bmatrix} d(k) \\ d(k+1) \\ \vdots \\ d(k+p-2) \end{bmatrix} \quad (8\text{-}96\,\mathrm{a})$$

これを次式のように表す．

$$Y_p(k) = \Omega_p x(k) + \Psi_p u_{p-1}(k) + \Phi_p d_{p-1}(k) \quad (8\text{-}96\,\mathrm{b})$$

ただし，$\Omega_p : mp \times n$，$\Psi_p : mp \times r(p-1)$，$\Phi_p : mp \times s(p-1)$

仮定により制御対象は可観測であるから

$$\text{rank } \Omega_p = n \quad (8\text{-}97)$$

である．したがって，$\Omega_p$ は $n$ 本の独立な行をもち，適当な $n$ 本の独立な行を選びだす行列を $S(n \times mp)$ とすると次式が成り立つ．

$$\text{rank } S\Omega_p = \text{rank } \Omega_p^* = n \qquad S\Omega_p = \Omega_p^* : n \times n \quad (8\text{-}98)$$

ここで(8-96)式に左から $S$ を掛けると，

$$SY_p(k) = S\Omega_p x(k) + S\Psi_p u_{p-1}(k) + S\Phi_p d_{p-1}(k)$$
$$= \Omega_p^* x(k) + S\Psi_p u_{p-1}(k) + S\Phi_p d_{p-1}(k) \quad (8\text{-}99)$$

となり，$\Omega_p^*$ は正則であるから(8-100)式と変形できる．

## 8-7 最適出力フィードバック制御系

$$x(k) = (\Omega_p^*)^{-1} S Y_p(k) - (\Omega_p^*)^{-1} S \Psi_p u_{p-1}(k)$$
$$- (\Omega_p^*)^{-1} S \Phi_p d_{p-1}(k) \qquad (8\text{-}100)$$

一方，(8-1)式から次式が成り立つ．

$$\begin{aligned}
x(k+p-1) &= A^{p-1} x(k) + \sum_{i=0}^{p-2} A^{p-2-i} B u(k+i) \\
&\quad + \sum_{i=0}^{p-2} A^{p-2-i} G d(k+i) \\
&= A^{p-1} x(k) + U_p u_{p-1}(k) + D_p d_{p-1}(k)
\end{aligned} \qquad (8\text{-}101)$$

ただし，$U_p = [A^{p-2}B \quad A^{p-3}B \quad \cdots \quad B]$

$$D_p = [A^{p-2}G \quad A^{p-3}G \quad \cdots \quad G]$$

(8-101)式に(8-100)式を代入すると，

$$\begin{aligned}
x(k+p-1) &= A^{p-1} (\Omega_p^*)^{-1} S Y_p(k) \\
&\quad + [U_p - A^{p-1} (\Omega_p^*)^{-1} S \Psi_p] u_{p-1}(k) \\
&\quad + [D_p - A^{p-1} (\Omega_p^*)^{-1} S \Phi_p] d_{p-1}(k)
\end{aligned} \qquad (8\text{-}102)$$

が得られ，(8-102)式をまとめさらに$(k+p-1)$を$k$となるように時間をずらして表すと以下の式が得られる．

$$x(k) = \alpha_p Y_p(k-p+1) + \beta_p u_{p-1}(k-p+1) + \gamma_p d_{p-1}(k-p+1) \qquad (8\text{-}103)$$

ただし，

$$\alpha_p = A^{p-1} (\Omega_p^*)^{-1} S$$
$$\beta_p = U_p - A^{p-1} (\Omega_p^*)^{-1} S \Psi_p$$
$$\gamma_p = D_p - A^{p-1} (\Omega_p^*)^{-1} S \Phi_p$$

上式より制御対象の状態変数 $x(k)$ は $y(k) \sim y(k-p+1)$，$u(k-1) \sim u(k-p+1)$，$d(k-1) \sim d(k-p+1)$ の各信号により表現されることがわかる．すなわち，$x(k)$ は高々 $p$ ステップで推定されることになり，(8-103)式でオブザーバの極に相当するものはすべて零で，いわゆるデッドビートオブザーバの構造となっていることがわかる．なお(8-103)式は適当なフィルタを導入することにより，オブザーバの極に相当するものを任意に指定することも可能である．

この変換を利用して8-1節で求められた全状態フィードバック制御系を出力フィードバック制御系 (output feedback control) に変換することが可能になる．いま，(8-13)式に示す入力むだ時間のない場合の全状態FB系の制御入力に

フィードフォワードも加えた入力の式に (8-103)式を代入すると，次式が成り立つ．ただし，ここでは簡単のため初期値は零とする．

$$u(k) = F_e \sum_{i=1}^{k} e(i) + F_x \alpha_p Y_p(k-p+1) + F_x \beta_p u_{p-1}(k-p+1)$$
$$+ F_x \gamma_p d_{p-1}(k-p+1) + F_R R(k) + F_d d(k) \qquad (8\text{-}104)$$

ここで，

$$F_x \alpha_p = [f_{y_{p-1}}, \ f_{y_{p-2}}, \ \cdots, \ f_{y_0}]$$
$$F_x \beta_p = [f_{u_{p-1}}, \ f_{u_{p-2}}, \ \cdots, \ f_{u_1}] \qquad (8\text{-}105)$$
$$F_x \gamma_p = [f_{d_{p-1}}, \ f_{d_{p-2}}, \ \cdots, \ f_{d_1}]$$

とおくと(8-104)式は次のように表現できる．

$$u(k) = F_e \frac{z}{z-1} e(k) + [f_{y_0} \quad f_{y_1} \quad \cdots \quad f_{y_{p-1}}] \begin{bmatrix} y(k) \\ y(k-1) \\ \vdots \\ y(k-p+1) \end{bmatrix}$$

$$+ [f_{u_1} \quad f_{u_2} \quad \cdots \quad f_{u_{p-1}}] \begin{bmatrix} u(k-1) \\ u(k-2) \\ \vdots \\ u(k-p+1) \end{bmatrix}$$

$$+ [F_d \quad f_{d_1} \quad \cdots \quad f_{d_{p-1}}] \begin{bmatrix} d(k) \\ d(k-1) \\ \vdots \\ d(k-p+1) \end{bmatrix}$$

$$+ F_R R(k)$$

$$= F_e \frac{z}{z-1} e(k) + \frac{f_{y_{p-1}} z + f_{y_{p-2}} z^2 + \cdots + f_{y_0} z^p}{z^p} y(k)$$

$$+ \frac{f_{u_{p-1}} z + f_{u_{p-2}} z^2 + \cdots + f_{u_1} z^{p-1}}{z^p} u(k)$$

$$+ \frac{f_{d_{p-1}} z + f_{d_{p-2}} z^2 + \cdots + F_d z^p}{z^p} d(k) + F_R R(k)$$

$$= F_e \frac{z}{z-1} e(k) + \frac{F_y(z)}{z^p} y(k) + \frac{F_u(z)}{z^p} u(k)$$

$$+ \frac{F_d(z)}{z^p} d(k) + F_R R(k) \qquad (8\text{-}106)$$

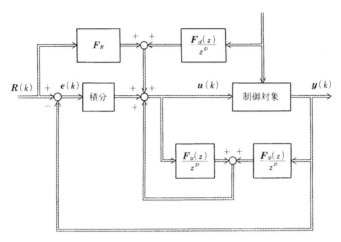

図 8-8 最適出力フィードバックサーボ系構成図

ただし，
$$F_y(z) = f_{y_{p-1}}z + f_{y_{p-2}}z^2 + \cdots + f_{y_0}z^p$$
$$F_u(z) = f_{u_{p-1}}z + f_{u_{p-2}}z^2 + \cdots + f_{u_1}z^{p-1}$$
$$F_d(z) = f_{d_{p-1}}z + f_{d_{p-2}}z^2 + \cdots + f_{d_0}z^p$$

このようにして出力 FB 系の制御系構造は図 8-8 のような構成となることがわかる．また，制御対象に入力むだ時間のある場合も上と同様な方法により状態変数を推定する関係式が求められる．

出力信号以外にも測定できる信号がある場合にはその情報を利用する方が有利である．このようなものを部分状態フィードバック制御系 (partial state feedback control system) と呼ぶ．基本的には観測できる状態変数と出力変数をまとめて仮想出力信号と見なして上の方法を利用すればよい．

## 8-8 最適スライディングモード制御系 [48~54]

スライディングモード制御系 (sliding mode control system) は制御系の構造を変える可変構造制御系の一種であり，この中で最も理論的に体系化されているものである．このスライディングモード制御は状態空間内に希望の超平面

を設計し，その面に拘束したまま平衡点に滑らすことにより閉ループ系を安定化するものである．滑り状態（スライディングモード）にある制御対象は超平面上に拘束されるため，通常の線形フィードバック制御を用いるよりも優れたロバスト性を実現することができる．

スライディングモード制御系は当初から連続時間系の設計法が研究されてきている．離散時間系については制御入力の不連続な切り換えを伴うため，その特性に基づいた設計が必要となり，研究が遅れていた．しかし，1989年以降，古田らを中心としてこの離散時間系のスライディングモード制御系の設計法についても提案がされてきている[48),49)]．本節ではこれまで述べてきた最適ディジタルサーボ系の設計法と離散時間スライディングモード制御系の設計法を組み合わせたスライディングモードサーボ系の設計法について紹介し，この最適予見サーボ系への拡張についても述べる．

### 8-8-1 切り換え超平面の設計[51)]

制御対象として(8-1)式を考え，8-1節の手順により(8-6)式が導出されるがこれを再記する．

$$X(k+1) = \Phi X(k) + \Gamma \Delta u(k) + \Gamma_R \Delta R(k+1) + \Gamma_d \Delta d(k) \tag{8-6 b}$$

いま $\Delta R(k+1) = 0$，$\Delta d(k) = 0$ として(8-7 a)式となる．

$$X(k+1) = \Phi X(k) + \Gamma \Delta u(k) \tag{8-7 a}$$

ここで状態の線形関数を次式のように定義する．

$$\sigma(k) = SX(k) \tag{8-107}$$

(8-107)式で $S$ は超平面

$$\sigma(k) = SX(k) = 0 \tag{8-108}$$

上で(8-7 a)式のシステムの状態が安定となるように決める必要がある．このような $S$ は（8-7 a），（8-108）式より，

$$\det \begin{bmatrix} zI - \Phi & -\Gamma \\ S & 0 \end{bmatrix} = 0 \tag{8-109}$$

を満たす $z$ の絶対値が1より小さいものを与える $S$，すなわち $(\Phi, \Gamma, S)$ のシステムの不変零点を安定とする $S$ となる．

このような $S$ の一例として8-1節の(8-10)式で示した最適サーボ系のフィー

ドバック係数 $F_0$, すなわち
$$S = F_0 = -[H + \Gamma^T P \Gamma]^{-1} \Gamma^T P \Phi \tag{8-110}$$
を用いた場合，評価関数の重み $H$ をあまり大きくとらずに設計するか，安定度を指定した設計[50]をすれば安定性に問題ないことが確かめられている[54].

そのためここでは，$S = F_0$ と選んだとき，あるサンプリング時刻において，$SX(k)$ が一定値をとる超平面上に達したとき，続くサンプリング時刻において状態をこの超平面上にとどめる等価入力を求める.

$\sigma(k) = \sigma(k+1) = \cdots$ を満たす等価入力 $u_{eq}(k)$ は，
$$SX(k+1) = S\Phi X(k) + S\Gamma \Delta u(k) = SX(k) \tag{8-111}$$
より以下で与えられる.
$$\Delta u_{eq}(k) = -(S\Gamma)^{-1} S(\Phi - I) X(k) \tag{8-112}$$
ただし $\det(S\Gamma) \neq 0$ と仮定する．このとき等価制御系の状態方程式は次式のように与えられる.
$$X(k+1) = \{\Phi - \Gamma(S\Gamma)^{-1} S(\Phi - I)\} X(k) \tag{8-113}$$
そして (8-113) 式の固有値は
$$\det[zI - \{\Phi - \Gamma(S\Gamma)^{-1} S(\Phi - I)\}]$$
$$= (z-1)^r \det(S\Gamma)^{-1} \det \begin{bmatrix} zI - \Phi & -\Gamma \\ S & 0 \end{bmatrix}$$
$$= 0 \tag{8-114}$$
より，$(\Phi, \Gamma, S)$ のシステムの $m+n-r$ 個の不変零点と $r$ 個の $z=1$ の安定限界極となるが $S = F_0$ と選んでいるためこの不変零点は安定零点となる．$z=1$ の安定限界極は 8-8-2 項で求める状態を超平面上に移すように定められる入力 $\Delta u_{nl}(k)$ で安定化を行う.

### 8-8-2 離散時間スライディングモード制御系の設計

次に切り換え超平面上にない状態を超平面上に移す制御入力を考える．しかし，離散時間系のスライディングモード制御で問題となるのはシステムの状態は超平面に接近することはできるが，超平面上には拘束できないことである．これは制御入力がサンプリング周期間は一定であるため，超平面上に到達した瞬間に入力を切り換えることができないためである.

このため，離散時間系では超平面の付近に境界層をもうけ，この領域内に状態を拘束することになる．これを準スライディングモードという．つまり，離散時間系スライディングモード制御 (discrete-time sliding modo control) では，システムの状態を超平面を含めたある領域内に到達させ，引き続いてのサンプリング期間で状態をこの領域内にとどまるような入力を設計する．

本節ではチャタリングを起こさない設計法について述べる．

境界層に状態を移すための到達条件は

$$|\boldsymbol{\sigma}(k+1)| < |\boldsymbol{\sigma}(k)| \tag{8-115}$$

となり，(8-115)式を満たせば状態は超平面上に近づいていくことがわかる．このような制御入力として，次の2つの独立した項から構成される入力

$$\Delta \boldsymbol{u}(k) = \Delta \boldsymbol{u}_{eq}(k) + \Delta \boldsymbol{u}_{nl}(k) \tag{8-116}$$

を考える．ここで，$\Delta \boldsymbol{u}_{eq}(k)$ は (8-112) 式で与えられる状態を超平面上にとどめる等価制御入力であり，$\Delta \boldsymbol{u}_{nl}(k)$ は状態を超平面上に移すように定められる入力である．

$\Delta \boldsymbol{u}_{nl}(k)$ は $\boldsymbol{\sigma}^T(k)\boldsymbol{\sigma}(k)$ を小さくするものであるから，次の正定関数 $V(k)$ を定義する．

$$V(k) = \frac{1}{2} \boldsymbol{\sigma}^T(k)\boldsymbol{\sigma}(k) \tag{8-117}$$

この $V(k)$ を減少させる制御入力が求められれば，超平面上に状態を移す制御入力が与えられる．ここで

$$\begin{aligned}\boldsymbol{\sigma}^T(k+1)\boldsymbol{\sigma}(k+1) &= \boldsymbol{\sigma}^T(k)\boldsymbol{\sigma}(k) + \boldsymbol{\sigma}^T(k)\Delta\boldsymbol{\sigma}(k+1) \\ &\quad + \Delta\boldsymbol{\sigma}^T(k+1)\boldsymbol{\sigma}(k) + \Delta\boldsymbol{\sigma}^T(k+1)\Delta\boldsymbol{\sigma}(k+1)\end{aligned} \tag{8-118}$$

が成り立ち，

$$\boldsymbol{\sigma}^T(k)\Delta\boldsymbol{\sigma}(k+1) + \Delta\boldsymbol{\sigma}^T(k+1)\boldsymbol{\sigma}(k) + \Delta\boldsymbol{\sigma}^T(k+1)\Delta\boldsymbol{\sigma}(k+1) < 0 \tag{8-119}$$

を満たすような制御入力が求められれば $V(k+1) < V(k)$ が得られ，$V(k)$ は減少していく．

(8-7 a), (8-107), (8-112), (8-116)式より，次式が得られる．

## 8-8 最適スライディングモード制御系

$$\sigma(k+1) = S\{\Phi X(k) + \Gamma[\Delta u_{eq}(k) + \Delta u_{nl}(k)]\}$$
$$= \sigma(k) + S\Gamma\Delta u_{nl}(k) \tag{8-120}$$

この関係を(8-119)式に用いると

$$\sigma^T(k)S\Gamma\Delta u_{nl}(k) + \Delta u_{nl}^T(k)(S\Gamma)^T\sigma(k)$$
$$+ \Delta u_{nl}^T(k)(S\Gamma)^T S\Gamma\Delta u_{nl}(k) < 0 \tag{8-121}$$

となる．いま $\Delta u_{nl}(k)$ として不連続関数を含まない

$$\Delta u_{nl}(k) = -\eta(S\Gamma)^{-1}\sigma(k) \tag{8-122}$$

と選ぶと(8-121)式は

$$\eta(\eta - 2)\sigma^T(k)\sigma(k) < 0 \tag{8-123}$$

となり，$0 < \eta < 2$ とすれば(8-123)式が成り立つ．
一方，(8-120)，(8-122)式より次式が得られる．

$$\sigma(k+1) = (1 - \eta)\sigma(k) \tag{8-124}$$

$1 < \eta < 2$ のとき $\sigma(k+1)$ と $\sigma(k)$ の符号が異なるので，状態は超平面を行き過ぎてしまいチャタリングを生じる．$0 < \eta < 1$ のときには符号は同じなので，状態はチャタリングを起こさずに超平面に近づいていくことがわかる．したがって $\eta$ を $0 < \eta < 1$ の範囲で定めて，(8-122)式の制御入力を求めればチャタリングのない最適スライディングモード制御が実現できる．

このとき制御入力 $\Delta u(k)$ は

$$\Delta u(k) = -(S\Gamma)^{-1}[S(\Phi - I) + \eta S]X(k) \tag{8-125}$$

となり，これを(8-7a)式に代入した閉ループ系

$$X(k+1) = [\Phi - \Gamma(S\Gamma)^{-1}\{S(\Phi - I) + \eta S\}]X(k) \tag{8-126}$$

の固有値は，$(\Phi, \Gamma, S)$ のシステムの $m+n-r$ 個の安定零点と $r$ 個の $1-\eta$ の安定極となるため，安定となり $k \to \infty$ で $X(k) \to 0$ となる．すなわち(8-122)式の入力項により $r$ 個の 1 の極は $r$ 個の $1-\eta$ の安定極に移動することがわかる．

なお(8-125)式を見ると前節までと同じ線形フィードバック制御系の形をしているが，今回述べた最適スライディングモード制御系は $\Delta u_{nl}(k)$ として不連続関数を含まないものを用いているからであり，一般的にこのようになるものではないことに注意されたい．

## 8-8-3 最適予見サーボ系への拡張 [51]~[53]

次にこの最適スライディングモード制御系を 8-3 節で述べた最適予見サーボ系へ拡張する．8-8-1 項では切り換え超平面を $\sigma(k) = SX(k)$ とし，この $S$ として最適フィードバックゲイン $F_0$ を用いた．いま，8-3 節と同じく $M_R$ ステップ未来までの目標値信号および $M_d$ ステップ未来までの外乱信号が既知であるとすると，これらの未来情報を用いて切り換え超平面を

$$\sigma(k) = F_0 X(k) + \sum_{j=1}^{M_R} F_R(j) \Delta R(k+j) + \sum_{j=0}^{M_d} F_d(j) \Delta d(k+j) \qquad (8\text{-}127)$$

とする予見制御を考える．このとき $F_0$，$F_R(j)$，$F_d(j)$ は 8-3 節と同じく，(8-31)式を最小とするように

$$F_0 = -[H + \Gamma^T P \Gamma]^{-1} \Gamma^T P \Phi \qquad (8\text{-}10)$$

$$P = Q + \Phi^T P \Phi - \Phi^T P \Gamma [H + \Gamma^T P \Gamma]^{-1} \Gamma^T P \Phi \qquad (8\text{-}11)$$

$$\begin{cases} F_R(0) = 0 \\ F_R(j) = -[H + \Gamma^T P \Gamma]^{-1} \Gamma^T (\xi^T)^{j-1} P \Gamma_R \quad (j \geq 1) \end{cases} \qquad (8\text{-}45)$$

$$F_d(j) = -[H + \Gamma^T P \Gamma]^{-1} \Gamma^T (\xi^T)^j P \Gamma_d \quad (j \geq 0) \qquad (8\text{-}46)$$

とする．

いま，目標値信号，外乱信号が変化する時刻も考慮して(8-6 b)式を用いると，8-8-1 項と同様にして $\sigma(k) = \sigma(k+1) = \cdots$ を満たす等価入力 $u_{eq}(k)$ は，

$$\begin{aligned} F_0 X(k+1) &= F_0 \Phi X(k) + F_0 \Gamma \Delta u(k) + F_0 \Gamma_R \Delta R(k+1) + F_0 \Gamma_d \Delta d(k) \\ &\quad + \sum_{j=1}^{M_R} F_R(j) \Delta R(k+j+1) + \sum_{j=0}^{M_d} F_d(j) \Delta d(k+j+1) \\ &= F_0 X(k) + \sum_{j=1}^{M_R} F_d(j) \Delta R(k+j) + \sum_{j=0}^{M_d} F_d(j) \Delta d(k+j) \end{aligned}$$

$$(8\text{-}128)$$

より以下で与えられる．

$$\begin{aligned} \Delta u_{eq}(k) = -(F_0 \Gamma)^{-1} \big[ & F_0 (\Phi - I) X(k) \\ & + F_0 \Gamma_R \Delta R(k+1) + \sum_{j=1}^{M_R} F_R(j) \{\Delta R(k+j+1) - \Delta R(k+j)\} \\ & + F_0 \Gamma_d \Delta d(k) + \sum_{j=0}^{M_d} F_d(j) \{\Delta d(k+j+1) - \Delta d(k+j)\} \big] \end{aligned}$$

$$(8\text{-}129)$$

ただし $\det(S\Gamma) \neq 0$ と仮定する．(8-129) 式において，$\Delta R(k+M_R+1) = \Delta d(k+M_d+1) = 0$ とするとこの式はさらに以下のように変形できる．

$$\Delta u_{eq}(k) = -(F_0\Gamma)^{-1}[F_0(\Phi-I)X(k) \\
+ \{F_0\Gamma_R - F_R(1)\}\Delta R(k+1) + \sum_{j=2}^{M_R}\{F_R(j-1) \\
- F_R(j)\}\Delta R(k+j) + \{F_0\Gamma_d - F_d(0)\}\Delta d(k) \\
+ \sum_{j=1}^{M_d}\{F_d(j-1) - F_d(j)\}\Delta d(k+j)] \tag{8-130}$$

$\Delta u_{nl}(k)$ は 8-8-2 項で述べたものと同じ形となり，したがって制御入力 $\Delta u(k)$ は以下のようになり，最適予見スライディングモード制御系の制御入力が求められる．

$$\Delta u(k) = -(F_0\Gamma)^{-1}[\{F_0(\Phi-I) + \eta F_0\}X(k) \\
+ \{F_0\Gamma_R - (1-\eta)F_R(1)\}\Delta R(k+1) \\
+ \sum_{j=2}^{M_R}\{F_R(j-1) - (1-\eta)F_R(j)\}\Delta R(k+j) \\
+ \{F_0X_d - (1-\eta)F_d(0)\}\Delta d(k) \\
+ \sum_{j=1}^{M_d}\{F_d(j-1) - (1-\eta)F_d(j)\}\Delta d(k+j)] \tag{8-131}$$

## 8-9 最適同期化制御系

産業界においては，走行車両の車輪駆動や大型の圧延機など複数の軸から成るサーボ系について，各軸の速度や位置などの同期を図ることが要求される場合も多い．さらに，X-Y，X-Y-Z テーブルなどのように各軸の速度や位置を広い意味で同期させて同時に制御することで，平面あるいは空間上で目標経路に沿った経路制御を実現することが要求される場合も多い．従来このような場合には，各軸の制御特性が一致するように各軸のサーボ系を構成することが多く見られる．しかし，各軸のサーボ系の制御特性を完全に一致されることは一般に難しく，また外乱などが加わった場合には速度や位置の同期がとれなくなる．従軸位置を主軸位置に追従させるなどの方法も使われているが，従軸に対する

外乱には対応できない．したがって，各軸のサーボ系が対等な関係にあり，互いに他の軸の動きを考慮して，同期化を図るような制御が望ましいと考えられる．

本章ではこれまで述べてきたエラーシステムに基づく最適サーボ系に基づいた最適同期化制御系について述べる．本方法は，評価関数により各軸自身の速度誤差あるいは位置誤差と各軸相互の速度差あるいは位置差を両方とも評価してサーボ系を構成することにより同期化を図るものである．評価関数の重みにより，各軸の目標値への追従性と各軸相互の誤差を一体化して評価でき，制御系の安定性は常に保証され，これまで述べてきた最適サーボ系と非常に相性が良いと考えられる．

なおここでの同期は同時という意味だけでなく，比率を一定にするなども含む広い意味で用いるものとする．最適同期化制御系は複数軸に対して適用可能であるが，今回は2軸の場合を例として述べる．

### 8-9-1 最適同期化制御系[55]

最初に，軸1，軸2の各制御対象は1入力1出力系とし，それに対する状態方程式，出力方程式を導出し，それぞれ離散化を行う．ここで出力は速度または位置とする．軸1と軸2を$i=1, 2$としてまとめて表すと以下のようになる．なお，ここでは簡単のために入力むだ時間は考慮しない．

$$\boldsymbol{x}_i(k+1) = \boldsymbol{A}_i \boldsymbol{x}_i(k) + \boldsymbol{b}_i u_i(k) + \boldsymbol{g}_i d_i(k) \quad (8\text{-}132\,\text{a})$$
$$y_i(k) = \boldsymbol{c}_i \boldsymbol{x}_i(k) \quad (8\text{-}132\,\text{b})$$

ただし，$\boldsymbol{x}_i(k)$：状態変数$(n \times 1)$，$y_i(k)$：出力変数$(1 \times 1)$，$u_i(k)$：入力変数$(1 \times 1)$，$d_i(k)$：外乱$(1 \times 1)$

いま，各軸の目標値を$R_i(k)$とし，各軸ごとの出力誤差を$e_i(k)$として，

$$e_i(k) = R_i(k) - y_i(k) \quad (8\text{-}133)$$

のように定義する．そして両軸出力の相対誤差を$e_{12}(k)$とすると，

$$e_{12}(k) = y_1(k) - y_2(k) = R_1(k) - R_2(k) + e_2(k) - e_1(k) \quad (8\text{-}134)$$

となる．通常の同期化制御の場合，$R_1(k) = R_2(k) = R(k)$であるので(8-127)式は

$$e_{12}(k) = e_2(k) - e_1(k) \quad (8\text{-}135)$$

となる．

(8-125)～(8-128)式より2軸を併せた以下のようなエラーシステムを構成する.

$$\begin{bmatrix} e_1(k+1) \\ \Delta x_1(k+1) \\ e_2(k+1) \\ \Delta x_2(k+1) \end{bmatrix} = \begin{bmatrix} 1 & -c_1 A_1 & 0 & 0 \\ 0 & A_1 & 0 & 0 \\ 0 & 0 & 1 & -c_2 A_2 \\ 0 & 0 & 0 & A_2 \end{bmatrix} \begin{bmatrix} e_1(k) \\ \Delta x_1(k) \\ e_2(k) \\ \Delta x_2(k) \end{bmatrix} + \begin{bmatrix} -c_1 b_1 & 0 \\ b_1 & 0 \\ 0 & -c_2 b_2 \\ 0 & b_2 \end{bmatrix} \begin{bmatrix} \Delta u_1(k) \\ \Delta u_2(k) \end{bmatrix}$$

$$+ \begin{bmatrix} -c_1 g_1 & 0 \\ g_1 & 0 \\ 0 & -c_2 g_2 \\ 0 & g_2 \end{bmatrix} \begin{bmatrix} \Delta d_1(k) \\ \Delta d_2(k) \end{bmatrix} + \begin{bmatrix} 1 \\ 0 \\ 1 \\ 0 \end{bmatrix} \Delta R(k+1) \quad \text{(8-136 a)}$$

または

$$\begin{bmatrix} X_1(k+1) \\ X_2(k+1) \end{bmatrix} = \begin{bmatrix} \Phi_1 & 0 \\ 0 & \Phi_2 \end{bmatrix} \begin{bmatrix} X_1(k) \\ X_2(k) \end{bmatrix} + \begin{bmatrix} \Gamma_1 & 0 \\ 0 & \Gamma_2 \end{bmatrix} \begin{bmatrix} \Delta u_1(k) \\ \Delta u_2(k) \end{bmatrix}$$

$$+ \begin{bmatrix} \Gamma_{1d} & 0 \\ 0 & \Gamma_{2d} \end{bmatrix} \begin{bmatrix} \Delta d_1(k) \\ \Delta d_2(k) \end{bmatrix} + \begin{bmatrix} \Gamma_{1R} \\ \Gamma_{2R} \end{bmatrix} \Delta R(k+1) \quad \text{(8-136 b)}$$

となる.あるいはこれを

$$X_s(k+1) = \Phi_s X_s(k) + \Gamma_s \Delta u_s(k) + \Gamma_{sd} \Delta d(k) + \gamma_{sR} \Delta R(k+1) \quad \text{(8-136 c)}$$

と表す.(8-129)式は軸1および軸2に対して非干渉となる.

このエラーシステムに対する評価関数として(8-130)式を定義する.

$$J = \sum_{k=1}^{\infty} \left[ q_1 e_1^2(k) + q_2 e_2^2(k) + q_{12} e_{12}^2(k) + h_1 \Delta u_1^2(k) + h_2 \Delta u_2^2(k) \right]$$
$$= \sum_{k=1}^{\infty} \left[ X_s^T(k) Q_s X_s^T(k) + \Delta u_s^2(k) H_s \Delta u_s^2(k) \right] \quad \text{(8-137)}$$

ただし,

$$Q_s = \begin{bmatrix} q_1 + q_{12} & 0 & -q_{12} & 0 \\ 0 & 0 & 0 & 0 \\ -q_{12} & 0 & q_1 + q_{12} & 0 \\ 0 & 0 & 0 & 0 \end{bmatrix}, \quad H_s = \begin{bmatrix} h_1 & 0 \\ 0 & h_2 \end{bmatrix}$$

(8-137)式の評価関数を用いることにより,(8-136)式の非干渉なエラーシステムは,互いに軸1と軸2が干渉をもつことになる.(8-137)式の評価関数は軸1と軸2の各出力誤差の重み$q_1$, $q_2$と両軸出力の相対誤差の重み$q_{12}$を含んでおり,これらの重みにより各軸独立から主軸従軸同期制御,同期化制御まで実現可能である.

(8-136)式のエラーシステムに対して(8-137)式の評価関数を最小とする最適制御入力は次式のようになる.

$$\begin{bmatrix} \Delta u_1(k) \\ \Delta u_2(k) \end{bmatrix} = \begin{bmatrix} f_{11} & f_{12} & f_{13} & f_{14} \\ f_{21} & f_{22} & f_{23} & f_{24} \end{bmatrix} \begin{bmatrix} e_1(k) \\ \Delta x_1(k) \\ e_2(k) \\ \Delta x_2(k) \end{bmatrix} \quad (8\text{-}138\text{ a})$$

あるいは

$$\Delta u_s(k) = F_s X_s(k) \quad (8\text{-}138\text{ b})$$

ただし，

$$F_s = -[H_s + \Gamma_s^T P_s \Gamma_s]^{-1} \Gamma_s^T P_s \Phi_s$$
$$P_s = Q_s + \Phi_s^T P \Phi_s - \Phi_s^T P_s \Gamma_s [H_s + \Gamma_s^T P_s \Gamma_s]^{-1} \Gamma_s^T P_s \Phi_s$$

(8-138)式により，最適同期化制御系の構成図は図8-9に示されるようになる．お互いに他の軸の情報も考慮して制御入力を導出していることがわかる．

なお，(8-138)式で $\Delta u_s(k)$ を $\Delta u_f(k) + \Delta u_s(k)$ とおいて，

$$\Delta u_f(k) = F X_s(k) \quad (8\text{-}139)$$

として，$\Phi_s + \Gamma_s F$ が安定になるように $F$ を選ぶと(8-129 c)式は

$$X_s(k+1) = (\Phi_s + \Gamma_s F) X_s(k) + \Gamma_s \Delta u_s(k) + \Gamma_{sd} \Delta d(k) + \gamma_{sR} \Delta R(k+1)$$
$$(8\text{-}140)$$

となる．(8-140)式に対して同様に最適同期化制御系を構成することもできる．

この場合は，最初から各軸に対して制御系が構成されているため，$\Delta u_s(k)$ =0とすると各軸独立サーボ系となり，最初から同期化制御系を構成する場合に比べて段階的に制御系を構成でき，実験などがやりやすい利点がある．また，市販のモータドライバなどを用いる場合には最初から各軸独立制御系が構成されている場合が多いが，この制御系の特性を(8-139)式で近似できれば，このような場合にも同期化制御系が構成できることになる．

### 8-9-2 最適同期化経路制御系[56]

前述の最適同期化制御系は各軸の同期化比率は1の場合であり，これをX-YテーブルのX軸とY軸の位置制御に用いた場合には $x$-$y$ 平面上の45°傾いた傾き1の直線経路に正確に追従する経路制御が実現できる．そして，この同期化比率を $N$ とすれば傾き $N$ の任意直線経路に対する経路制御が実現できることになるが，この同期化比率を状態方程式の係数に含めた場合には，同一の

制御系では対処できない．

ここでは最適位置同期化制御系の拡張として，この同期化比率を状態変数に含めることにより，同期化比率が変化しても同一の制御系で対処可能となる最適同期化経路制御系について述べる．この手法は各軸の座標系を同期化比率が常に1になるように伸縮変換することと等価になる．そしてこの手法を用いれば，空間上に与えられた目標点間を直線補完した任意の直線経路に対して同一の制御系での対処が可能となる．

いま，両軸の位置目標値の同期化比率を $N$ とすると，各目標値及び同期化誤差は，

$$R_1(k) = NR_2(k) \tag{8-141}$$
$$e_{12}(k) = y_1(k) - Ny_2(k) = Ne_2(k) - e_1(k) \tag{8-142}$$

と表すことができる．

(8-138 b)式に対応した軸1と同期化比率 $N$ を乗じた軸2を併せたエラーシステムは

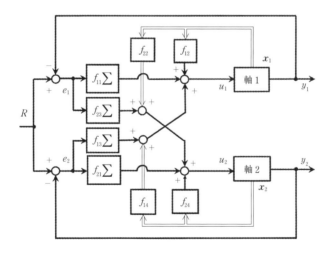

図8-9　最適同期化制御系構成図

$$\begin{bmatrix} X_1(k+1) \\ NX_2(k+1) \end{bmatrix} = \begin{bmatrix} \Phi_1 & 0 \\ 0 & \Phi_2 \end{bmatrix} \begin{bmatrix} X_1(k) \\ NX_2(k) \end{bmatrix} + \begin{bmatrix} \Gamma_1 & 0 \\ 0 & \Gamma_2 \end{bmatrix} \begin{bmatrix} \Delta u_1(k) \\ N\Delta u_2(k) \end{bmatrix}$$
$$+ \begin{bmatrix} \Gamma_{1d} & 0 \\ 0 & \Gamma_{2d} \end{bmatrix} \begin{bmatrix} \Delta d_1(k) \\ N\Delta d_2(k) \end{bmatrix} + \begin{bmatrix} \Gamma_{1R} & 0 \\ 0 & \Gamma_{2R} \end{bmatrix} \begin{bmatrix} \Delta R_1(k+1) \\ N\Delta R_2(k+1) \end{bmatrix} \quad (8\text{-}143)$$

となる．(8-136)式に対して(8-130)式と同じ評価関数を定義し，これを最小にする制御入力は次式のようになる．

$$\begin{bmatrix} \Delta u_1(k) \\ N\Delta u_2(k) \end{bmatrix} = \begin{bmatrix} f_{11} & f_{12} & f_{13} & f_{14} \\ f_{21} & f_{22} & f_{23} & f_{24} \end{bmatrix} \begin{bmatrix} e_1(k) \\ \Delta x_1(k) \\ N\,e_2(k) \\ N\Delta x_2(k) \end{bmatrix} \quad (8\text{-}144)$$

(8-137)式は，

$$\begin{bmatrix} \Delta u_1(k) \\ \Delta u_2(k) \end{bmatrix} = \begin{bmatrix} f_{11} & f_{12} & f_{13} & f_{14} \\ f_{21}/N & f_{22}/N & f_{23}/N & f_{24}/N \end{bmatrix} \begin{bmatrix} e_1(k) \\ \Delta x_1(k) \\ N\,e_2(k) \\ N\Delta x_2(k) \end{bmatrix} \quad (8\text{-}145)$$

となり，最適同期化経路制御入力(8-144)式を(8-143)式に用いた閉ループ制御系は$N$に関係なくなる．このため任意の一定同期化比率$N$に対して(8-144)式の制御入力で対処可能である．

## 演習問題

1. (8-6)式で与えられるエラーシステムの可制御性，可観測性について調べよ．

2. 本章ではディジタル制御系構成に限って記述しているが，本章で述べたエラーシステムの考え方は連続時間系においても同様に適用可能である．エラーシステムの考え方を用いて連続時間系における最適1型サーボ系の構成法について論じよ．

# 第9章　リニアDCブラシレスモータの最適ディジタルサーボ系

　第8章では第7章で述べた最適レギュレータ理論を基にして，著者らが研究してきたエラーシステムと呼ぶ拡大形を用いた最適ディジタルサーボ系の設計法について述べてきた．

　本章では第8章で述べた最適ディジタルサーボ系設計法をリニアDCブラシレスモータに適用した位置決め制御を例として取り上げ，数値例を用いて具体的に説明する．リニアDCブラシレスモータは，これまで一貫して取り上げてきたDCサーボモータをブラシレス化し，直線に展開したモータである．

　モータを例題に取り上げたのは産業界などでアクチュエータとして一般的に用いられ，実用性が高く，かつ例題としてわかりやすいからである．現場では前章までに何度も取り上げてきた回転型モータが最も一般的に用いられているが，直線運動などにはリニアモータの適用例も年々増えてきている．また，すでに述べたようにDCサーボモータはブラシレスモータなどに置き換わりつつある．しかし，リニアモータもブラシレスモータも外部から見れば回転型のDCサーボモータと同じモデルで扱うことができるため，本章の内容は回転型モータやDCサーボモータの最適ディジタル制御にも応用可能である．

## 9-1　リニアDCブラシレスモータシステム[57]~[60]

　最初に制御対象であるリニアDCブラシレスモータおよびその駆動回路について説明し，ディジタル位置制御の制御回路についても述べる．ついでリニア

DCブラシレスモータシステムのモデリングを行い状態方程式を求め，この状態方程式をディジタル制御に適するように離散時間系に変換する．

### 9-1-1 リニアDCブラシレスモータ

近年，産業界において半導体製造装置や各種OA，FA機器などにおいてマイクロメートル単位の精度が要求され，制御用アクチュエータに対しても高精度な位置決め制御が求められている．

このアクチュエータとしては回転型サーボモータが多く用いられ，直線運動を実現する場合にはボールネジやピニオンなどの補助機構を用いて回転運動を直線運動に変換することが多く行われている．しかしながらボールネジなどを用いる場合には高速性に欠ける，バックラッシュがみられるなど高精度位置決めには不利な点がある．これに対して補助機構を用いることなく直接，直線運動が得られるリニアモータを用いることにより，構造がシンプルとなり，小形軽量化が図れ，他のリニア送り機構に比べて高速，高精度が実現できることになる．

小形高精度サーボ用に適したリニアモータとしてはリニアパルスモータとリニアDCブラシレスモータが多くみられるが，リニアパルスモータは高速走行時の脱調やコギングなどの欠点が存在する．リニアDCブラシレスモータはリニアパルスモータに比べて制御装置は複雑になるが，高速走行時の脱調もなく，優れた制御性能を有している．本章ではブラシレスでコアレスのリニアDCブラシレスモータ（LDM，linear dc brushless motor）に対して現代制御理論の立場から検討を行った例を示す．今回用いたLDMはDCサーボモータのもつ優れた制御性能以外にもコアレス構造のためコギングがない，ブラシレスでコアレスのため長寿命となる，などの特長があるものである．

今回用いたLDMを図9-1に示し，各コイル毎の駆動回路を図9-2に示す．このLDMはリード線を引きずって動くことのないように可動マグネット形となっている．固定子側には空心の電機子コイルとホール素子が設置されており，可動子側には界磁マグネットが設置されている．この界磁マグネットの磁極を各コイルのホール素子が検出すると，そのコイルの駆動回路が導通状態となり電

9-1 リニア DC ブラシレスモータシステム

図 9-1 リニア DC ブラシレスモータ (㈱シコー技研製)

図 9-2 各コイル毎の駆動回路

機子コイルに電流が流れ，可動子が所定の方向に動く構造になっている．この際界磁マグネットの磁極の N 極あるいは S 極により電機子コイルに流れる電流の方向は逆になるが推力はフレミングの左手の法則により同一方向となる．

また電機子コイルは基本的には 2 極 3 コイルの構造となっているがコイルが重なることによりエアギャップが大きくなり，推力が不均一となるのを避けるために図 9-3 に示すように 4 極 3 コイルとして，コイルを同位相で重なりのな

図 9-3 コイルの配置

い位置に配置する構造となっている.一方,図 9-2 の駆動回路は各コイル毎に 1 つずつ計 33 個用いられているが,電機子コイルに流れる電流に比例した電圧を駆動回路の入力側にフィードバックする構造となっており,これは電流制御ループがある制御系であり,電流入力型として扱えることになる.

### 9-1-2 リニア DC ブラシレスモータの制御回路

一般にモータの位置制御回路は当初はアナログ構成であったが,その後ディジタル電子技術が進歩してディジタル位置制御が主流となっている.そして,従来はリニア DC ブラシレスモータの位置制御回路としては図 9-4 に示すような偏差カウンタを用いた位置制御系が多く用いられていた.これはディジタル要素がソフトウエアを用いないディジタルハードウエアで構成されるものである.図 9-4 の動作は次の通りである[57].

まず指令パルスを入力すると偏差カウンタにパルスが積算される.この積算

図 9-4 偏差カウンタを用いた位置制御回路

## 9-1 リニア DC ブラシレスモータシステム

図 9-5 マイコンを用いた位置制御回路

されたパルスは溜まりパルスと呼ばれるが，このパルス量を D/A 変換器で直流電圧とし，これが速度指令となる．この速度指令と速度との差が駆動回路に電流指令電圧として加わり，リニア DC ブラシレスモータが駆動する．リニアモータが動くと，取り付けられているリニアエンコーダがモータの移動距離に比例したパルスを発生し，これが偏差カウンタにフィードバックされ，溜まりパルスを減算（カウントダウン）する．そして指令パルス数とエンコーダの移動パルス数が一致し，最終的に留まりパルスが 0 になったところでモータは停止し，位置制御が行われる．

しかし，最近ではマイコンなどを用いて，図 9-5 に示すようなディジタル要素がソフトウエアで構成される位置制御系が一般的となってきている．マイコンを用いることにより，高信頼化と低価格化が実現されるが，さらに制御性能の向上が可能となる．すなわち，単に図 9-4 の偏差カウンタを用いた位置制御回路の動作をプログラム化するのではなく，制御理論に基づいた種々のアルゴリズムをプログラム化することにより，はるかに高性能な制御系を構成することが可能となる．例えば負荷の変動やパラメータ変化などに対応して，制御系の制御係数を変化させて適応させる適応制御やこれらを周波数的に補償するロバスト制御，未来目標値を利用して制御性能を向上させる予見制御などである．さらには起動時の電流を緩やかに立ちあげて，これにより起動時の衝撃をやわらげたり，2 軸同時制御でそれぞれの協調を考えたりすることも可能になる．

したがって本章では図9-5のマイコンを用いた位置制御回路を用いることを前提として，リニアDCモータを制御するためにはシステム制御理論の立場から，どのような考え方（アルゴリズム）でプログラミングしたらよいかについて基本的なことを述べる．

なお本章で述べたことは一般の回転モータの場合に置き換えても全く同じように扱える．

### 9-1-3 制御対象のモデリング

リニアDCブラシレスモータと駆動回路を合わせたリニアDCブラシレスモータシステムの動特性を表す状態方程式を考える．このリニアDCモータの固定子は33個の電機子コイルからなるが，瞬時瞬時に導通状態になっているのは界磁マグネットと相対した4個のコイルとなる．この4個のコイルを等価的な1個のコイルと考えて，図9-6に示すようにモデル化する．このシステムの運動を記述する運動方程式は機械系と電気系のそれぞれに対して次のようになる．

図 9-6 リニアDCブラシレスモータのモデル

**(a) 機械系**

ニュートンの法則に従って (9-1) 式の運動方程式を得る．

$$\frac{dp(t)}{dt} = v(t) \tag{9-1 a}$$

$$M\frac{dv(t)}{dt} + Dv(t) + d(t) = K_F i(t) \tag{9-1 b}$$

ただし，$P(t)$：可動子の位置，$v(t)$：可動子の速度，$i(t)$：電流，$d(t)$：負荷推力，$M$：可動子の質量，$D$：摩擦係数，$K_F$：推力定数

**(b) 電 気 系**

図 9-6 よりキルヒホッフの法則により次の関係式が成り立つ.

$$L\frac{di(t)}{dt} + Ri(t) + K_e v(t) = e_a(t) \tag{9-2}$$

ただし, $e_a(t)$：入力電圧, $R$：抵抗, $L$：インダクタンス, $K_e$：逆起電力定数

なお SI 単位で表した場合には $K_F = K_e$ となる. また図 9-2 の駆動回路は電流フィードバック型となっているため, この駆動回路への入力を電流指令（電圧）$i^*(t)$ とすると次式のようになる.

$$e_a(t) = K_A(i^*(t) - R_A i(t)) \tag{9-3}$$

ただし, $K_A$：駆動回路増幅度, $R_A$：抵抗 (0.2 Ω)

$\mathcal{L}[i^*(t)] = I^*(s)$, $\mathcal{L}[p(t)] = P(s)$, $\mathcal{L}[v(t)] = V(s)$, $\mathcal{L}[i(t)] = I(s)$, $\mathcal{L}[e(t)] = E(s)$ として, (9-1)～(9-3)式をラプラス変換してブロック線図で表すと図 9-7 となる. 図 9-7 において $K_A$ は数十倍となるので(9-3)式より,

$$i^*(t) \cong R_A i(t) \tag{9-4}$$

とみなせる.

図 9-8 に電流指令と電流の実際の様子を示すが, ほぼ(9-4)式の関係が成り立っていることがわかる.

(9-4)式が成り立つとすると, (9-1 b)式は $K_F/R_A = K$ とおいて

図 9-7 LDM システムのブロック線図

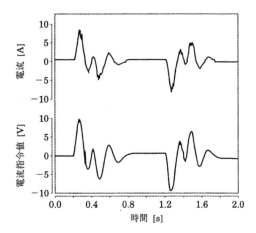

図 9-8 電流指令値と電流値

$$M\frac{dv(t)}{dt}+Dv(t)+d(t)=Ki^*(t) \qquad (9\text{-}5)$$

と表せ，(9-2)式の電気系の式は不要となる．したがってこのLDMの基礎式は(9-1a)および(9-5)式のみで表されることになる．

(9-1a)，(9-5)式を行列表現して状態方程式で表すと(8-1a)式に対応して以下のような状態方程式が得られる．

$$\begin{bmatrix}\dot{p}(t)\\ \dot{v}(t)\end{bmatrix}=\begin{bmatrix}0 & 1\\ 0 & -D/M\end{bmatrix}\begin{bmatrix}p(t)\\ v(t)\end{bmatrix}+\begin{bmatrix}0\\ K/M\end{bmatrix}i^*(t)+\begin{bmatrix}0\\ 1/M\end{bmatrix}d(t) \quad (9\text{-}6\,\text{a})$$

またこのシステムの出力は $p(t)$ であるので(8-1b)式に対応して

$$p(t)=\begin{bmatrix}1 & 0\end{bmatrix}\begin{bmatrix}p(t)\\ v(t)\end{bmatrix} \qquad (9\text{-}6\,\text{b})$$

が出力方程式となる．

次にディジタル制御を行うために(9-6)式を離散時間システムに変換する．(3-119)～(3-121)式に従って計算すると離散時間状態方程式は以下のように求められる．ただし $u(k)=i^*(k)$ としている．

$$\begin{bmatrix}p(k+1)\\ v(k+1)\end{bmatrix}=\begin{bmatrix}1 & -\dfrac{M}{D}(e^{-\frac{D}{M}T}-1)\\ 0 & e^{-\frac{D}{M}T}\end{bmatrix}\begin{bmatrix}p(k)\\ v(k)\end{bmatrix}$$

$$+\begin{bmatrix} \dfrac{MK}{D^2}\left(e^{-\frac{D}{M}T}-1+\dfrac{D}{M}T\right) \\ -\dfrac{K}{D}(e^{-\frac{D}{M}T}-1) \end{bmatrix} i^*(k)$$

$$+\begin{bmatrix} \dfrac{M}{D^2}\left(e^{-\frac{D}{M}T}-1+\dfrac{D}{M}T\right) \\ -\dfrac{1}{D}(e^{-\frac{D}{M}T}-1) \end{bmatrix} d(k) \quad (9\text{-}7\,\text{a})$$

また出力方程式は以下のようになる

$$p(k)=\begin{bmatrix}1 & 0\end{bmatrix}\begin{bmatrix}p(k) \\ v(k)\end{bmatrix} \quad (9\text{-}7\,\text{b})$$

今回実験に用いたリニア DC ブラシレスモータ (LDM) の定格,パラメータ値などは以下に示すようなものである.

定格:片側励磁構造

推力:30 N,分解能:7 μm/パルス,搭載重量:5 kg

ストローク:0.6 m,電源電圧:±24 V

パラメータ値:

$M$:0.4 kg, $D=3.5$ Ns/m, $K=3.8$ N/A

サンプリング周期 $T=1$ ms として,これらのパラメータ値を(9-6),(9-7)式に代入すると具体的な LDM の状態方程式はそれぞれ次式のようになる.

$$\begin{bmatrix}\dot{p}(t)\\ \dot{v}(t)\end{bmatrix}=\begin{bmatrix}0 & 1\\ 0 & -8.75\end{bmatrix}\begin{bmatrix}p(t)\\ v(t)\end{bmatrix}+\begin{bmatrix}0\\ 9.50\end{bmatrix}i^*(t)+\begin{bmatrix}0\\ -2.50\end{bmatrix}d(t) \quad (9\text{-}8)$$

$$\begin{bmatrix}p(k+1)\\ v(k+1)\end{bmatrix}=\begin{bmatrix}1.0 & 9.96\times10^{-4}\\ 0.0 & 9.91\times10^{-1}\end{bmatrix}\begin{bmatrix}p(k)\\ v(k)\end{bmatrix}$$

$$+\begin{bmatrix}4.74\times10^{-6}\\ 9.46\times10^{-3}\end{bmatrix}u(k)+\begin{bmatrix}-1.25\times10^{-6}\\ -2.49\times10^{-3}\end{bmatrix}d(k) \quad (9\text{-}9)$$

## 9-2 最適ディジタルサーボ系の構成

(9-9)式で示した LDM システムの離散時間モデルに対して,第 8 章で述べた最適ディジタルサーボ系を構成する.ここでは 8-4 節で述べた入力むだ時間補

償を考慮した最適サーボ系を構成する.
　まず(8-56)式のエラーシステムを構成すると以下のようになる.

$$\begin{bmatrix} e(k+1) \\ \Delta p(k+1) \\ \Delta v(k+1) \\ \Delta u(k) \end{bmatrix} = \begin{bmatrix} 1.0 & -1.0 & -9.96 \times 10^{-4} & -4.74 \times 10^{-6} \\ 0 & 1.0 & 9.96 \times 10^{-4} & 4.74 \times 10^{-6} \\ 0 & 0 & 9.91 \times 10^{-1} & 9.46 \times 10^{-3} \\ 0 & 0 & 0 & 0 \end{bmatrix}$$

$$\times \begin{bmatrix} e(k) \\ \Delta p(k) \\ \Delta v(k) \\ \Delta u(k-1) \end{bmatrix} + \begin{bmatrix} 0 \\ 0 \\ 0 \\ 1 \end{bmatrix} \Delta u(k) + \begin{bmatrix} 1 \\ 0 \\ 0 \\ 0 \end{bmatrix} \Delta R(k+1) + \begin{bmatrix} 1.25 \times 10^{-6} \\ -1.25 \times 10^{-6} \\ -2.49 \times 10^{-3} \\ 0 \end{bmatrix} \Delta d(k)$$

(9-10)

(9-10)式に対して(8-58)式の評価関数は次式のようになる.

$$J = \sum_{k=1}^{\infty} \left[ \begin{bmatrix} e(k) & \Delta p(k) & \Delta v(k) & \Delta u(k-1) \end{bmatrix} \begin{bmatrix} q_1 & 0 & 0 & 0 \\ 0 & q_2 & 0 & 0 \\ 0 & 0 & q_3 & 0 \\ 0 & 0 & 0 & 0 \end{bmatrix} \right.$$

$$\left. \times \begin{bmatrix} e(k) \\ \Delta p(k) \\ \Delta v(k) \\ \Delta u(k-1) \end{bmatrix} + h\{\Delta u(k)\}^2 \right] \quad (9\text{-}11)$$

いま(9-11)式の重みを, $q_1 = 10.0$, $q_2 = 1.0 \times 10^4$, $q_3 = 1.0$, $h = 0.1$ と選定すると(8-61)式の Riccati 方程式の解は

$$\boldsymbol{P}_D = \begin{bmatrix} 5.84 \times 10^2 & -1.18 \times 10^4 & -1.16 \times 10^2 & -1.05 \\ -1.18 \times 10^4 & 5.80 \times 10^5 & 6.61 \times 10^3 & 6.04 \times 10^1 \\ -1.16 \times 10^2 & 6.61 \times 10^3 & 1.23 \times 10^2 & 1.14 \\ -1.05 & 6.04 \times 10^1 & 1.14 & 1.05 \times 10^{-2} \end{bmatrix} \quad (9\text{-}12)$$

となり, (8-60)式のフィードバック係数は

$$[F_D \quad F_{Du}] = F_0[\boldsymbol{\Phi} \quad \boldsymbol{\Gamma}] = [9.51 \quad -5.56 \times 10^2 \quad -10.7 \quad -9.98 \times 10^{-2}] \quad (9\text{-}13)$$

と求められる.

## 9-3 シミュレーションおよび実験による検討

図9-9にリニアDCブラシレスモータシステムに最適ディジタルサーボ系を適用したシミュレーションおよび実験結果を示す．これらは点線で示すステップ目標値に対して評価関数の重みを以下のように変化させて行ったものであり，それぞれシミュレーション結果と実験結果を併せて示す．

(a)　$h=0.1$　$q_1=10$　$q_2=1\times10^4$　$q_3=1$
(b)　$h=0.7$　$q_1=10$　$q_2=1\times10^4$　$q_3=1$
(c)　$h=0.1$　$q_1=5\times10^2$　$q_2=1\times10^4$　$q_3=1$
(d)　$h=0.1$　$q_1=10$　$q_2=1$　$q_3=1$
(e)　$h=0.1$　$q_1=10$　$q_2=1\times10^4$　$q_3=1\times10^2$

それぞれ図9-9(a)を基準にして，1つずつ重みを変えた結果を示している．ハード上の問題から電流指令電圧は$-9.5$V〜$9.5$Vの範囲でしか出力できないため$-9.5$Vおよび$9.5$Vで入力制限がかかっており，応答はその影響も受けて

[シミュレーション結果]

[実験結果]

図9-9　(a)　$h=0.1, q_1=10, q_2=1\times10^4, q_3=1, q_4=0$

*258* 第9章 リニアDCブラシレスモータの最適ディジタルサーボ系

図 9-9 (b) $h=0.7, q_1=10, q_2=1\times10^4, q_3=1, q_4=0$

図 9-9 (c) $h=0.1, q_1=5\times10^2, q_2=1\times10^4, q_3=1, q_4=0$

9-3 シミュレーションおよび実験による検討

[シミュレーション結果]　　　　　　　　　　[実験結果]
図 9-9　(d) $h=0.1, q_1=10, q_2=1, q_3=1, q_4=0$

[シミュレーション結果]　　　　　　　　　　[実験結果]
図 9-9　(e) $h=0.1, q_1=10, q_2=1\times10^4, q_3=1\times10^2, q_4=0$

いるため重みによる応答の変化が多少わかりにくくなってはいるが，それぞれの重みを変化させたときの傾向は明らかである．またシミュレーション結果と実験結果がよく一致していることもわかる．

## 9-4　予見フィードフォワード補償[44), 59)～60)]

本節では 8-3 節で述べた最適予見サーボ系をリニア DC ブラシレスモータに適用した場合について述べる．最適予見サーボ系は 9-3 節で構成した最適ディジタルサーボ系に予見フィードフォワード補償を付加したものである．

最適予見サーボ系は目標値信号や外乱信号の未来情報が利用できる場合に，これらを積極的に利用することによって制御性能の改善を図ろうとするものである．リニア DC ブラシレスモータシステムに対しでもこれをプリント基板孔あけ器，精密組立ロボット，直交座標系ロボットなどの工作機械やロボットへ適用した例がみられるが，これらを含めてメカトロ機器に用いた場合には外乱信号の未来値が既知の場合は限定されるが，目標値信号の未来値はほとんどの場合既知である．

最適予見サーボ系は構造的には通常の最適サーボ系に未来情報を利用した予見フィードフォワード補償を付加したものであるので，安定性などはそのままで，未来情報を用いることにより目標値への追従性の向上や入力のピーク値の低減などが期待できる．

最適予見サーボ系については拡大系および評価関数の意味の違いにより，いくつかの異なったものが提案されているが，ここでは 8-3 節で述べた予見フィードフォワード補償について説明する．なお 8-3 節では入力むだ時間補償のない場合について述べているが，本節では入力むだ時間補償のある場合の予見フィードフォワード補償について述べる．そしてこれをリニア DC ブラシレスモータシステムに適用した結果を示しながらこの最適予見サーボ系の基本的性質についても述べる．

### 9-4-1　予見フィードフォワード補償

入力むだ時間の補償がない場合の最適予見サーボ系の制御入力は 8-3 節より

(8-35)式で与えられ，その予見フィードフォワード係数は(8-38)および(8-39)式で与えられる．

今回のように入力むだ時間の補償がある場合には(9-10)式の制御対象に対して，評価関数を

$$J = \sum_{k=-M}^{\infty} \left[ \begin{bmatrix} e(k) & \Delta p(k) & \Delta v(k) & \Delta u(k-1) \end{bmatrix} \begin{bmatrix} q_1 & 0 & 0 & 0 \\ 0 & q_2 & 0 & 0 \\ 0 & 0 & q_3 & 0 \\ 0 & 0 & 0 & 0 \end{bmatrix} \begin{bmatrix} e(k) \\ \Delta p(k) \\ \Delta v(k) \\ \Delta u(k-1) \end{bmatrix} + h\{\Delta u(k)\}^2 \right] \quad (9\text{-}14)$$

として最適予見サーボ系の制御入力を求めることになるが，基本的には(9-10)および(9-14)式を第8章の(8-56)および(8-58)式と見なして8-3節で示したのと全く同じ手続きで制御入力を求めればよい．

入力むだ時間補償のある場合の最適予見サーボ系の制御入力は(8-77)式の係数を用いて表すと，

$$\Delta u(k) = F_0 \Phi X(k) + F_0 \Gamma \Delta u(k-1)$$
$$+ F_0 \Gamma_R \Delta R(k+1) + \sum_{j=1}^{M_R-1} F_R(j) \Delta R(k+j+1)$$
$$+ F_0 \Gamma_D \Delta d(k) + \sum_{j=0}^{M_d-1} F_d(j) \Delta d(k+j+1) \quad (9\text{-}15)$$

となる．

### 9-4-2 過渡応答

リニアDCブラシレスモータシステムに対してこの最適予見サーボ系を構成し，台形状目標値に対して目標値予見を行い，予見ステップ数を変化させたときの応答の実験結果を図9-10に示す．評価関数の重み係数は図9-9(a)で用いたものと同じく

$$h = 0.1 \quad q_1 = 10 \quad q_2 = 1 \times 10^4 \quad q_3 = 1$$

と選定しており，フィードバック係数は(9-13)式で与えられる．また予見フィ

ードフォワード係数，$F_R(j)$ については 120 ステップまで 5 ステップ毎の値を示すと以下のようになる．

$F_R(1) = 9.51$　　$F_R(65) = 3.39$
$F_R(5) = 9.51$　　$F_R(70) = 2.86$
$F_R(10) = 9.44$　　$F_R(75) = 2.39$
$F_R(15) = 9.26$　　$F_R(80) = 1.99$
$F_R(20) = 8.94$　　$F_R(85) = 1.63$
$F_R(25) = 8.51$　　$F_R(90) = 1.34$
$F_R(30) = 7.96$　　$F_R(95) = 1.09$
$F_R(35) = 7.34$　　$F_R(100) = 0.883$
$F_R(40) = 6.66$　　$F_R(105) = 0.715$
$F_R(45) = 5.96$　　$F_R(110) = 0.579$
$F_R(50) = 5.27$　　$F_R(115) = 0.470$
$F_R(55) = 4.60$　　$F_R(120) = 0.382$
$F_R(60) = 3.97$

図 9-10 において，それぞれ ( a ) は予見なし，( b ) は 30 ステップ(30 ms)，( c ) は 60 ステップ(60 ms)，( d ) は 90 ステップ(90 ms)，( e ) は 120 ステップ (120 ms)の予見を行った実験結果を示している．点線は目標値を示しているが，予見ステップ数が増えるにつれて目標値信号への追従性が向上しており，入力のピーク値が低減した滑らかな応答を示していることがわかる．そしてこの程度は予見ステップ数に応じて大きくなっていくが，( d ) と ( e ) をみればわかるようにさらにある程度以上のステップの予見を行ってもほとんど効果がなく，この場合には 90 ステップ程度が限界であることがわかる．これは自動車の運転で必要以上に前方を遠くまで見ながら運転しても運転性能がほとんど変わらないことと同じであるといえる．

9-4 予見フィードフォワード補償

[シミュレーション結果]   [実験結果]
(a) 予見ステップ=0   (b) 予見ステップ=30

[シミュレーション結果]   [実験結果]
(c) 予見ステップ=60   (d) 予見ステップ=90

264　第9章　リニアDCブラシレスモータの最適ディジタルサーボ系

[シミュレーション結果]
(e) 予見ステップ=120

図 9-10　ディジタル最適予見サーボ系の応答

### 9-4-3　周波数特性

図9-11に9-4-2項で構成したリニアDCブラシレスモータ予見サーボ系の目標値-制御量間のボード線図を示す．図9-10と同じく(a)は予見なし，(b)は30ステップ(30 ms)，(c)は60ステップ(60 ms)，(d)は90ステップ(90 ms)，(e)は120ステップ(120 ms)の予見を行った結果を示している．予見ステップ数を増加することにより，ゲイン特性は若干劣化しているが位相特性が大幅に改善されることがわかる．90ステップ程度以上予見してもボード線図があまり変化しないのは図9-10の結果と同様である．

### 9-4-4　評価関数値の検討

9-4-3項においてある程度以上予見してもそれ以上特性が改善されないことを示したが，それでは何ステップ未来までの予見が適当かという問題が生じる．入力むだ時間補償のない場合の評価関数値はすでに(8-53)，(8-54)式で示したと

## 9-4 予見フィードフォワード補償

(a) 予見ステップ=0

(b) 予見ステップ=30

(c) 予見ステップ=60

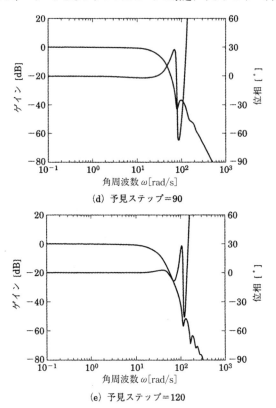

図 9-11 ディジタル最適予見制御系のボード線図

おりであるが,入力むだ時間のある場合にその補償を考慮した(9-15)式の制御則を用いた場合に (8-53)式の評価関数の値がどのようになるかを考えてみる.

いま目標値,外乱信号がそれぞれ $R_0$, $d_0$ だけ独立にステップ状に変化したとする.結果のみ示すとこのとき最適サーボ系の評価関数値は

$$J_{DR} = R_0^T \Gamma_R^T P \Gamma_R R_0 + R_0^T \Gamma_R^T \Phi^T P \Gamma [H + \Gamma^T P \Gamma]^{-1} \Gamma^T P \Phi \Gamma_R R_0$$

(9-16)

となり,$M_R$ ステップの未来目標値を予見する最適予見サーボ系の評価関数値は

$$J_{DPR} = J_{DR} - R_0^T \Gamma_R^T \Phi^T P \Gamma [H + \Gamma^T P \Gamma]^{-1} \Gamma^T P \Phi \Gamma_R R_0$$

$$- \sum_{j=1}^{M_R-1} R_0^T \Gamma_R^T P \xi^{j-1} \Gamma [H + \Gamma^T P \Gamma]^{-1} \Gamma^T (\xi^T)^{j-1} P \Gamma_R R_0 \quad (9\text{-}17)$$

## 9-4 予見フィードフォワード補償

と求められる. しかし(9-17)式は結局,

$$J_{DPR} = \mathbf{R}_0^T \mathbf{\Gamma}_R^T \mathbf{P} \mathbf{\Gamma}_R \mathbf{R}_0$$
$$- \sum_{j=1}^{M_R-1} \mathbf{R}_0^T \mathbf{\Gamma}_R^T \mathbf{P} \mathbf{\xi}^{j-1} \mathbf{\Gamma} [\mathbf{H} + \mathbf{\Gamma}^T \mathbf{P} \mathbf{\Gamma}]^{-1} \mathbf{\Gamma}^T (\mathbf{\xi}^T)^{j-1} \mathbf{P} \mathbf{\Gamma}_R \mathbf{R}_0 \quad (9\text{-}18)$$

となり, (8-53)式と比較すると入力むだ時間補償のある場合には $M_R$ ステップまで予見しても, 入力むだ時間補償のない場合の $M_R-1$ ステップまで予見した結果と等しくなることがわかる.

一方, $M_d$ ステップの未来外乱を予見する最適予見サーボ系の評価関数値も全く同様にして以下のようになり, 入力むだ時間のない場合の $M_d-1$ ステップまで予見した結果と等しくなる.

最適サーボ系の評価関数値

$$J_{Dd} = \mathbf{d}_0^T \mathbf{\Gamma}_R^T \mathbf{P} \mathbf{\Gamma}_d \mathbf{d}_0 + \mathbf{d}_0^T \mathbf{\Gamma}_d^T \mathbf{\Phi}^T \mathbf{P} \mathbf{\Gamma} [\mathbf{H} + \mathbf{\Gamma}^T \mathbf{P} \mathbf{\Gamma}]^{-1} \mathbf{\Gamma}^T \mathbf{P} \mathbf{\Phi} \mathbf{\Gamma}_d \mathbf{d}_0 \quad (9\text{-}19)$$

最適予見サーボ系の評価関数値

$$J_{DPd} = \mathbf{d}_0^T \mathbf{\Gamma}_d^T \mathbf{P} \mathbf{\Gamma}_d \mathbf{d}_0 - \sum_{j=0}^{M_d-1} \mathbf{d}_0^T \mathbf{\Gamma}_d^T \mathbf{P} \mathbf{\xi}^j \mathbf{\Gamma} [\mathbf{H} + \mathbf{\Gamma}^T \mathbf{P} \mathbf{\Gamma}]^{-1} \mathbf{\Gamma}^T (\mathbf{\xi}^T)^j \mathbf{P} \mathbf{\Gamma}_d \mathbf{d}_0$$
$$(9\text{-}20)$$

図 9-12 にリニア DC ブラシレスモータの予見サーボ系に対して, 目標値予見

図 9-12 予見ステップ数と評価関数値

を行った場合の評価関数と予見なしの場合の評価関数の比, $J_{DPR}/J_{DR}$ すなわち (9-16)式と(9-18)式の比を計算した結果を示す. 図 9-12 で横軸は予見ステップ数を表し, 縦軸はこの比を百分率で表している. 図 9-12 からも 90 ステップ程度以上予見してもほとんど効果がないことがわかり, 9-4-2 項の過渡応答, 9-4-3 項の周波数応答で得られた結果と対応していることがわかる.

## 9-5 メカニカルシステムへの応用

これまで述べてきたリニア DC ブラシレスモータをメカニカルシステムへ適用した応用例を紹介する.

### 9-5-1 エアスライドリニアモータの最適予見繰り返し制御[47]

エアスライドは静圧空気軸受を用いた直動案内であり, スライド面の摩擦がきわめて小さく, スティックスリップ (摩擦面の付着, 滑りの繰り返しにより生じる自励振動) のがないなどの特長を持つ. このため高い精度を必要とする各種の精密測定装置や高密度化, 高精度化が進む半導体や情報機器の製造装置, 検査装置などへ適用されている. このエアスライドのスライドテーブルをリニアモータ構造としたエアスライドリニアモータは, 高い真直度と位置決め精度が得られるエアスライドの特長を生かしたアクチュエータと言える. ここではエアスライドリニアモータに対して, 周期性を有する負荷変動に対応した負荷外乱に対する振動の抑制に最適予見繰り返し制御系を適用した例を示す.

制御系として, 8-6 で述べた一般型最適ディジタルサーボ系の特殊な場合である最適繰り返し制御系およびこれに 8-3 で述べた予見フィードフォワード補償を用いた最適予見繰り返し制御系を用いる. そして最適繰り返し制御系の周期外乱の抑制効果を確認する. さらに最適繰り返し制御系はステップ状目標値変化に対して逆応答する場合があるが, 予見補償によりこの改善が得られることを示す.

使用したエアスライドリニアモータ (黒田精工株式会社製) を図 9-13 に示す. リニアモータの構造はこれまで述べてきたものと同じ, コアレスでブラシレスのリニア DC モータタイプとなっており, セラミック製のリニアガイドを

## 9-5 メカニカルシステムへの応用

図9-13 エアスライドリニアモータ

図9-14 ボイスコイルモータを付けたエアスライドリニアモータ

囲むスライドテーブルの側面に磁石が設置されており，これがリニアモータの可動子となっている．そして，スライドテーブルにコンプレッサから空気が供給されている．図9-14に示すようにスライドテーブル上部にボイスコイルモータを設置して周期外乱を発生させている．

エアスライドリニアモータのモデルは9-1-3で示したものと基本的に同じであり状態方程式，出力方程式も（9-6）式と同じになる．（9-6）式に対して8-6および8-3に示した手順により，一般型最適ディジタルサーボ系の特殊な場合になる最適予見繰り返し制御系を構成する．得られた制御入力は以下のようになる．

$$(1-z^{-1})u(k) = f_0 e(k) + f_1 e(k-1) + \cdots f_{L-1} e(k-L+1) + f_x x(k)$$
$$+ \sum_{j=1}^{M_R} f_R(j)(1-z^{-1})R(k) \qquad (9\text{-}21)$$
$$f_G = [f_0 \, f_1 \cdots f_{L-1} \, f_x] = -[h_G + \Gamma_G^T P_G \Gamma_G]^{-1} \Gamma_G^T P_G \Phi_G$$
$$f_R(j) = -[h_G + \Gamma_G^T P_G \Gamma_G]^{-1} \Gamma_G^T (\xi^T)^{j-1} P_G \Gamma_{GR} \quad (j \geq 1)$$
$$\xi = \Phi_G + \Gamma_G f_G$$
$$P_G = Q_G + \Phi_G^T P_G \Phi_G - \Phi_G^T P_G \Gamma_G [h_G + \Gamma_G^T P_G \Gamma_G]^{-1} \Gamma_G^T P_G \Phi_G$$

ただし，変数などは 8-3 や 8-6 で示したものと同じである．また (9-21) 式に対してさらに入力むだ時間の補償を行っている．

実験に用いたエアスライドリニアモータのパラメータは以下のようなものである．

$K = 2.31 \text{ N/A}, \quad M = 1.82 \text{ kg}, \quad D = 3.48 \text{ kg/s}$

周期外乱は，周期 $L = 80$ とし，12.5 Hz の正弦波を加えており，サンプリング周期は 1 ms で行った．

まず最適繰り返し制御系の周期外乱抑圧効果について示す．図 9-15 に目標値を 0 として，周期外乱を加えた場合の実験結果を示す．(a) は通常の 1 型の最適サーボ系，(b) は最適繰り返し制御系の場合であり，最適繰り返し制御系によるエアスライドリニアモータの周期外乱抑制の効果がよくわかる結果となっている．

つぎに最適予見繰り返し制御系の予見補償の効果について示す．図 9-16 は最適繰り返し制御系に台形状の目標値変化を与えたときの応答を示す．(a) は最適繰り返し制御系の場合であり，(b) はこれにさらに 100 ステップの目標値予見を行ったものである．最適繰り返し制御系の方は目標値変化に対して応答が遅くなり，さらに逆応答を生じていることがわかる．これはタイプ A の逆応答であり，実部が 1 以上の零点が奇数個あることがこれが生じるための必要十分条件であることは知られている[47]．この最適繰り返し制御系でも 81 個の零点のうち実部が 1 以上のものは 13 個あることは確認している．しかし，(b) からわかるように目標値予見を行うことにより，零点を追加することができるため逆応答は生じなくなり，目標値への追従性も大幅に改善されることがわかる．

9-5 メカニカルシステムへの応用

(a) 1型最適サーボ系　　(b) 最適繰り返し制御系

**図9-15** 最適繰り返し制御系の周期外乱抑制の効果

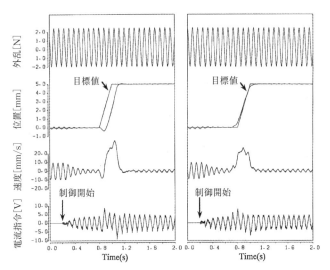

(a) 最適繰り返し制御系　　(b) 最適予見繰り返し制御系

**図9-16** 目標値変化時の予見補償の効果

## 9-5-2 ボール&プレート装置の最適位置同期化制御[61]

制御対象を任意の経路に追従させる手法は，ロボットマニピュレータや車両ロボットなど，産業界の至る所で必要とされている．従来，任意経路への追従手法として，主に軌道追従制御が用いられている．軌道追従制御は，時間関数によって変化する目標点に追従する手法である．一方，1980 年代以降，様々な制御手法に対するベンチマークシステムとしてボール&プレート装置が開発されてきている．ボール&プレート装置はボール&ビーム装置を 2 自由度に拡大したものであり，プレート上に置かれたボールに対し，プレートにアクチュエータなどで傾きを与えることによって，ボールを任意の位置に追従させる装置である．

経路制御の実験に用いることを想定して，このボール&プレート装置を本章で取り扱っているリニア DC ブラシレスモータ(LDM)をアクチュエータとして製作した．製作したボール&プレート装置の外観を図 9-17 に示す．この装置は 420×400×520 mm の大きさで 19 型のディスプレイとタッチパネルからなるプレートに対して，4 本の垂直に搭載された LDM の可動子位置が同期制御され，傾斜が与えられる．LDM は機械的損失が少なく，高い応答が得られ

図 9-17 リニアモータを 4 台用いて製作したボール&プレート装置

## 9-5 メカニカルシステムへの応用

るのが特徴である．プレートはフレキシブルジョイントにより，重心周りの慣性モーメントが釣り合っており，LDM とマグネットジョイントによって接合することで，大きな回転角度を得られるとともに過大な入力が入った場合には接合部が分離されるようになっている．

ボールの位置情報は，プレート部に搭載されている赤外線式のタッチパネルによって検出される．位置情報の取り込みには最大で 16 ms 必要になり，取り込み誤差は中心付近で最大 1.5 mm である．4 本の LDM は可動部質量 0.47 kg，有効ストローク長 120 mm，定格推力 8 N，最高速度 1.0 m/s となる日本トムソン株式会社製の NT 80V120 を 4 台使用している．コントローラとして用いる PC は，Linux 搭載の PC を用いている．LDM を 4 台使用しているため，対向する 2 台の LDM の可動子はプレートの中心に対して対称に動作する必要があり，少しでもずれると破損やゆがみの原因になる．

ここでは経路制御系については省略し，LDM の最適位置同期化制御系についてのみ述べる．今回用いた LDM のパラメータは，

可動子質量：$Mn = 0.47$ kg, 粘性係数：$Dn = 0.63$ Ns/m, 推力定数：$Kn = 8.0$ N/V

としている．LDM 制御系は 6-3-2 で述べた外乱オブザーバを用いて負荷やパラメータ誤差などの等価外乱を補償し，8-9 で述べた最適位置同期化制御系を構成している．サンプリング周期は 1 ms としている．

対向した LDM の最適位置同期化制御系についての実験結果を図 9-18 に示す．図では対向した LDM 1 と LDM 3 の応答を示しているが，0 m に対して対称な応答になっていることがわかる．LDM 1 に対して 5 s のところで，0.5 秒間推力を 8 N で固定するという外乱を与えているが，LDM 3 も 0 m に対して LDM 1 と対称な応答になっており，同期が取れていることがわかる．図 9-19 は製作したボール＆プレート装置を用いて，経路を数式で表すのが困難な場合の例としてタッチパネル上に手書き経路を描いて，ボールの経路制御を行った例を示す．ボール＆プレート制御系のサンプリング周期は 20 ms のマルチレートサンプリングとしており，1 周 40 s，基準点範囲は 80 点とし，手書き経路は点線，ボールの軌跡は実線で示している．ボールは 16 mm の径の鋼球を用いている．このような場合にも経路制御が実現できていることがわかる．

*274* 第9章 リニアDCブラシレスモータの最適ディジタルサーボ系

図9-18 LDM1とLDM3の最適位置同期化制御系の実験結果

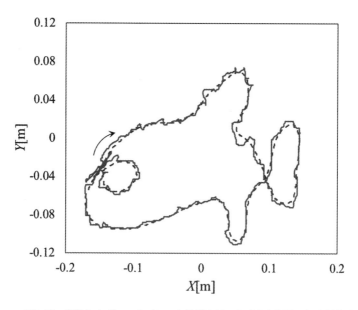

図9-19 製作したボール&プレート装置を用いた手書き経路の経路制御実験

## 演 習 問 題

1. 本章で示したリニア DC ブラシレスモータに対して，第 8 章の 8-4 で示した入力むだ時間補償の効果をシミュレーションにより確かめよ．

2. 本章で示したリニア DC ブラシレスモータに対して，第 8 章の 8-5 で示した初期値補償の効果をシミュレーションにより確かめよ．

# 演習問題解答

## 第1章

1. シーケンス制御は，いわゆる将棋倒し，ドミノ倒しの制御であり，あらかじめ定められた順序に従って制御の各段階を逐次進めていくものである．図1-4を参照すればわかるようにフィードバック制御と同じく閉ループ構造となっているが，シーケンス制御ではフィードバック制御の目標値が作業命令に対応し，制御対象の出力はフィードバック制御の制御量のようにアナログ量ではなく，0か1かの2値ディジタル量となっている．

   制御システムを階層的に大きくとらえるとフィードバック制御，シーケンス制御，計画の順に上位の階層となる．すなわち，シーケンス制御は制御システム全体の中の各サブシステムに対して動作指令を行い，フィードバック制御はそのサブシステム内で予期できない外乱や周囲の状況変化に対しても目標値に追従する制御を実現するものといえる．

2. （1） 平衡状態にあるシステムに対して，入力を零として瞬間的な擾乱を与えたとき，時間の経過とともにもとの平衡状態に戻れば安定，発散してしまえば不安定である．（第5章参照）

   （2） 正フィードバックは目標値に制御量を加える形になるものであり，負フィードバックは目標値から制御量を減じる形になるものである．正フィードバックの例としては下図に示すように銀行の複利預金の例などが挙げられ，このような場合には制御系の出力は発散してしまう．通常の制御系は負フィードバックとなるように構成するが，表面的には負フィードバックをかけたつもりでも，目標値信

号や外乱，観測雑音などのある周波数成分に対しては正フィードバックがかかってしまう場合があるので，表面的に負フィードバックをかけたからといって必ずしも安定性は保証されない．

(3) 静的システムは入出力の関係が代数方程式で表されるものであり，動的システムは入出力関係が微分方程式で記述されるものである．つまり静的システムはいま印加した入力が現在の出力のみに影響を与えるシステムであるのに対して，動的システムはいま印加した入力が現在の出力のみならず将来にわたっても影響を与えるシステムである．


3. (1) 信頼性が高い

ディジタル制御の方がアナログ制御よりもハードウエア的に部品点数が極めて少なく，このため故障率が低くハードウエアの信頼性が高い．またディジタル信号はアナログ信号のようにノイズや外乱による影響を受けず，ドリフトの除去もでき信号的にも信頼性が高い．

(2) 融通性が高い

ディジタル制御系の方がソフトウエアのプログラムにより，制御アルゴリズムの変更が容易なため融通性が高く，制御系の変更や高度化も容易である．

(3) 費用が安い

ディジタル制御系の制御アルゴリズムは通常ディジタルコンピュータのソフトウエアで実現され，アナログ制御系はオペアンプやトランジスタなど各種の電子部品で実現される．このため制御の複雑さが増せば増すほどディジタル制御の方がアナログ制御に比べて，コンパクトで軽くでき，コスト的に有利となる．


4. 古典制御理論は，基本的には伝達関数などの形で制御対象の入出力関係を用いて，制御対象の内部はブラックボックスとして制御するものである．これに対して現代制御理論は状態方程式の形で制御対象のモデルを表し，その内部の情報までわかった上で制御しようとするものである．このため，古典制御理論は1入力1出力系に対しては問題はないが，多入力多出力系になると内部の相互干渉の様子が完全には表せないため，対応が困難である．これに対して現代制御理論によれば内部の相互干渉まで把握できるため，多入力多出力系に対しても対応は容易となる．さらに現代制御理論は制御対象の数式モデルを把握しているため，理論的に制御系の解析，設計が可能となり，古典制御理論に比べて理論に基づいた高度な制御が可能になる．

## 第2章

1. $\mathcal{L}[ax_1(t) \pm bx_2(t)] = aX_1(s) \pm bX_2(s)$ が示せれば良いが,

$$\mathcal{L}[ax_1(t) \pm bx_2(t)] = \int_0^\infty [ax_1(t) \pm bx_2(t)]e^{-st}dt$$
$$= \int_0^\infty ax_1(t)e^{-st}dt \pm \int_0^\infty bx_2(t)e^{-st}dt$$
$$= a\int_0^\infty x_1(t)e^{-st}dt \pm b\int_0^\infty x_2(t)e^{-st}dt$$
$$= aX_1(s) \pm bX_2(s)$$

より示せる.

2. (1) $n=1$ のときは

$$\mathcal{L}\left[\frac{dx(t)}{dt}\right] = sX(s) - x(0)$$

となるが,

$$\mathcal{L}\left[\frac{dx(t)}{dt}\right] = \int_0^\infty \frac{dx(t)}{dt}e^{-st}dt = \left[x(t)e^{-st}\right]_0^\infty + s\int_0^\infty x(t)e^{-st}dt = sX(s) - x(0)$$

(2.7)

より成り立つ.

(2) $n=k$ のとき成り立つとすると

$$\mathcal{L}\left[\frac{d^k x(t)}{dt^k}\right] = s^k X(s) - \sum_{i=1}^k s^{k-i}x^{(i-1)}(0)$$

となる. そして $n=k+1$ のときは部分積分法を用いて上式を代入すると

$$\mathcal{L}\left[\frac{d^{k+1}x(t)}{dt^{k+1}}\right] = \mathcal{L}\left[\frac{d}{dt}\frac{d^k x(t)}{dt^k}\right]$$
$$= \int_0^\infty \frac{d}{dt}\frac{d^k x(t)}{dt^k}e^{-st}dt$$
$$= \left[\frac{d^k x(t)}{dt^k}e^{-st}\right]_0^\infty + s\int_0^\infty \frac{d^k x(t)}{dt^k}e^{-st}dt$$
$$= -x^{(k)}(0) + s\left[s^k X(s) - \sum_{i=1}^k s^{k-i}x^{(i-1)}(0)\right]$$
$$= s^{k+1}X(s) - \sum_{i=1}^k s^{k+1-i}x^{(i-1)}(0) - x^{(k)}(0)$$
$$= s^{k+1}X(s) - \sum_{i=1}^{k+1} s^{k+1-i}x^{(i-1)}(0)$$

となってこのときも成り立つ.

3. $e^{j\theta} = \cos\theta + j\sin\theta$ を示す．

いま $F = \cos\theta + j\sin\theta$ とおくと，
$$\frac{dF}{d\theta} = j(\cos\theta + j\sin\theta) = jF$$
が成り立つ．この式を変形すると
$$\frac{dF}{F} = jd\theta$$
となり，両辺を積分すれば
$$\log_e F = j\theta + C'$$
が成り立つ．したがって
$$F = Ce^{j\theta}$$
であり，$\theta = 0$ のとき $F = 1$ より $C = 1$ となって示される．

4. （a） $\mathcal{L}[e^{-at}x(t)] = \int_0^\infty e^{-at}x(t)e^{-st}dt$
$$= \int_0^\infty x(t)e^{-(s+a)t}dt$$
$$= X(s+a)$$

（b） $\mathcal{L}[x(t-\tau)] = \int_0^\infty x(t-\tau)e^{-st}dt$

$t - \tau = \sigma$ とおいて上式は以下のようになる．
$$\int_{-\tau}^\infty x(\sigma)e^{-s(\sigma+\tau)}d\sigma = e^{-s\tau}\int_0^\infty x(\sigma)e^{-e\sigma}d\sigma = e^{-s\tau}X(s)$$

（c） $X(s) = \int_0^\infty x(t)e^{-st}dt$

より，上式の両辺を $s$ で微分すると
$$\frac{dX(s)}{ds} = -\int_0^\infty tx(t)e^{-st}dt$$
となる．これより次式となる．
$$\mathcal{L}[tx(t)] = \int_0^\infty tx(t)e^{-st}dt = -\frac{dX(s)}{ds}$$

5. （1） $\dfrac{e^{-8s}}{s}$ （（b）を用いた） （2） $\dfrac{s^2-9}{(s^2+9)^2}$ （（c）を用いた）

(3) $\dfrac{(s+5)^2-36}{\{(s+5)^2+36\}^2}$ （(a)および(c)を用いた）

6. (1) $X(s)=\dfrac{2s^2+11s+3}{s(s+2)(s+3)}=\dfrac{1}{2s}+\dfrac{11}{2(s+2)}-\dfrac{4}{s+3}$ より，

$$x(t)=\dfrac{1}{2}+\dfrac{11}{2}e^{-2t}-4e^{-3t}$$

(2) $X(s)=\dfrac{2s+4}{(s+1)^2}=\dfrac{2}{(s+1)^2}+\dfrac{2}{s+1}$ より，

$$x(t)=2te^{-t}+2e^{-t}$$

(3) $X(s)=\dfrac{s}{(s^2+2s+2)(s^2+4)}=\dfrac{1}{10}\left\{\dfrac{s-2}{(s+1)^2+1}-\dfrac{s-4}{s^2+4}\right\}$

より，

$$x(t)=\dfrac{1}{10}(e^{-t}\cos t-2e^{-t}\sin t-\cos 2t+2\sin 2t)$$

7. (1) 行列 $A$ は正則行列であるから，

$$\begin{bmatrix} A & B \\ 0 & D \end{bmatrix}=\begin{bmatrix} A & 0 \\ 0 & I \end{bmatrix}\begin{bmatrix} I & 0 \\ 0 & D \end{bmatrix}\begin{bmatrix} I & A^{-1}B \\ 0 & I \end{bmatrix}$$

となる．両辺の行列式をとって

$$\begin{vmatrix} A & B \\ 0 & D \end{vmatrix}=\begin{vmatrix} A & 0 \\ 0 & I \end{vmatrix}\begin{vmatrix} I & 0 \\ 0 & D \end{vmatrix}\begin{vmatrix} I & A^{-1}B \\ 0 & I \end{vmatrix}=|A||D|$$

が成り立つ．同様にして行列 $D$ は正則であるので

$$\begin{vmatrix} A & 0 \\ C & D \end{vmatrix}=\begin{vmatrix} A & 0 \\ 0 & I \end{vmatrix}\begin{vmatrix} I & 0 \\ 0 & D \end{vmatrix}\begin{vmatrix} I & 0 \\ D^{-1}C & I \end{vmatrix}=|A||D|$$

となる．

(2) $\begin{bmatrix} A & B \\ C & D \end{bmatrix}=\begin{bmatrix} A & 0 \\ C & I_m \end{bmatrix}\begin{bmatrix} I_n & A^{-1}B \\ 0 & D-CA^{-1}B \end{bmatrix}$ $(|A|\neq 0)$

$=\begin{bmatrix} I_n & B \\ 0 & D \end{bmatrix}\begin{bmatrix} A-BD^{-1}C & 0 \\ D^{-1}C & I_m \end{bmatrix}$ $(|D|\neq 0)$

が成り立つ．ここで(1)の結果を用いると，

$$\begin{vmatrix} A & B \\ C & D \end{vmatrix}=|A||D-CA^{-1}B| \quad (|A|\neq 0)$$

$$=|D||A-BD^{-1}C| \quad (|D|\neq 0)$$

が成り立つ．

(3) (2)の結果を用いると，

$$\begin{vmatrix} I_n & -A \\ B & I_m \end{vmatrix} = |I_n||I_m+BA| = |I_m+BA|$$
$$= |I_m||I_n+AB| = |I_n+AB|$$

となり，成立する．また $m=1$ のときは $|I_m+BA|=1+BA$ となる．

8. (1) いずれももとの行列と逆行列を掛けあわせて単位行列になっていることを確かめればよい．

(2) $(A+BC)(A+BC)^{-1} = (A+BC)\{A^{-1}-A^{-1}B(I_m+CA^{-1}B)^{-1}CA^{-1}\}$
$= AA^{-1}-AA^{-1}B(I_m+CA^{-1}B)^{-1}CA^{-1}+BCA^{-1}$
$\quad -BCA^{-1}B(I_m+CA^{-1}B)^{-1}CA^{-1}$
$= I-B(I_m+CA^{-1}B)^{-1}CA^{-1}$
$\quad -BCA^{-1}B(I_m+CA^{-1}B)^{-1}CA^{-1}+BCA^{-1}$
$= I-B(I_m+CA^{-1}B)(I_m+CA^{-1}B)^{-1}CA^{-1}+BCA^{-1}$
$= I-BCA^{-1}+BCA^{-1}$
$= I$

となるので成り立つ．

9. 5の $z$ 変換は

$$\sum_{k=0}^{\infty} 5z^{-k} = \frac{5}{1-z^{-1}}$$

となることなどを用いて，

$$X(z) = \frac{5}{(1-az^{-1})(1-z^{-1})} = \frac{5}{1-a}\left(\frac{1}{1-z^{-1}} - \frac{a}{1-az^{-1}}\right) \quad (1)$$

となり，これを逆 $z$ 変換すればよい．

ここで，$a^k$ の $z$ 変換は

$$X(z) = \sum_{k=0}^{\infty} a^k z^{-k} = 1+az^{-1}+a^2z^{-2}+\cdots = \frac{1}{1-az^{-1}}$$

となることなどを用いると，(1)式の逆 $z$ 変換は

$$x(k) = \frac{5}{1-a}(1-a^{k+1})$$

となる．

## 第3章

1. 等価変換して簡単化してもよいが，複雑なブロック線図は代数関係式から求めた方が簡単であるのでここではこれを用いる．

代数関係式を求めると

$$Y(s) = [[\{R(s) - Y(s)\}G_1(s) - Y(s)/G_4(s)]G_2(s) - Y(s)]G_3(s)G_4(s)$$

より，以下となる．

$$\frac{Y(s)}{R(s)} = \frac{G_1(s)G_2(s)G_3(s)G_4(s)}{1 + G_2(s)G_3 + G_3(s)G_4(s) + G_1(s)G_2(s)G_3(s)G_4(s)}$$

2. 代数関係式を求めると

$$Y(s) = [[R(s) - H_2(s)Y(s) + H_1(s)Y(s)/G_3(s)]G_1(s) + D(s)]G_2(s)G_3(s)$$

より，以下となる．

（1） $G_R(s) = \dfrac{Y(s)}{R(s)} = \dfrac{G_1(s)G_2(s)G_3(s)}{1 - G_1(s)G_2(s)H_1(s) + G_1(s)G_2(s)G_3(s)H_2(s)}$

（2） $G_D(s) = \dfrac{Y(s)}{D(s)} = \dfrac{G_2(s)G_3(s)}{1 - G_1(s)G_2(s)H_1(s) + G_1(s)G_2(s)G_3(s)H_2(s)}$

3. （1） ブロック線図を下記の様に変形して，代数関係式を求めると

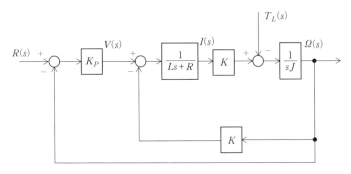

$$\Omega(s) = [[\{R(s) - \Omega(s)\}K_p - K\Omega(s)]\frac{1}{Ls+R} - T_L(s)]\frac{1}{sJ}$$

から以下のように求められる．

$$\Omega(s) = \frac{KK_P}{LJs^2 + RJs + KK_P + K^2}R(s) - \frac{Ls+R}{LJs^2 + RJs + KK_P + K^2}T_L(s)$$

(2) 同様にして

$$I(s) = \{I(s)K - T_L(s)\}\left(-\frac{K_P+K}{sJ}\right)\frac{1}{Ls+R}$$

より，以下のように求められる．

$$I(s) = \frac{K_P+K}{LJs^2+RJs+KK_P+K^2}T_L(s)$$

4. (3-49)式を $t$ で微分すると

$$\begin{aligned}\frac{d}{dt}e^{At} &= \frac{d}{dt}\left(\boldsymbol{I}+\boldsymbol{A}t+\frac{1}{2!}\boldsymbol{A}^2t^2+\cdots\right)\\ &= \boldsymbol{A}+\boldsymbol{A}^2t+\frac{1}{2!}\boldsymbol{A}^3t^2+\cdots\\ &= \boldsymbol{A}\left(\boldsymbol{I}+\boldsymbol{A}t+\frac{1}{2!}\boldsymbol{A}^2t^2+\cdots\right)\\ &= \boldsymbol{A}e^{At}\\ &= \left(\boldsymbol{I}+\boldsymbol{A}t+\frac{1}{2!}\boldsymbol{A}^2t^2+\cdots\right)\boldsymbol{A}\\ &= e^{At}\boldsymbol{A}\end{aligned}$$

となり，(3-50)式が成り立つ．また(3-49)式で $t=0$ とすると

$$e^0 = \boldsymbol{I}$$

となって，(3-51)式が成り立つ．

5. (3-53)式より初期値を $t=0$ で $\boldsymbol{x}(0)$ として，$t=t_0$ における $\boldsymbol{x}(t_0)$ を求めると

$$\boldsymbol{x}(t_0) = e^{At_0}\boldsymbol{x}(0) + \int_0^{t_0}e^{A(t_0-\tau)}\boldsymbol{b}u(\tau)d\tau + \int_0^{t_0}e^{A(t_0-\tau)}\boldsymbol{e}d(\tau)d\tau$$

となるが，これより

$$\boldsymbol{x}(0) = e^{-At_0}\boldsymbol{x}(t_0) - \int_0^{t_0}e^{-A\tau}\boldsymbol{b}u(\tau)d\tau - \int_0^{t_0}e^{-A\tau}\boldsymbol{e}d(\tau)d\tau$$

となって，これを (3-53)式に代入すると

$$\boldsymbol{x}(t) = e^{A(t-t_0)}\boldsymbol{x}(0) + \int_{t_0}^{t}e^{A(t-\tau)}\boldsymbol{b}u(\tau)d\tau + \int_{t_0}^{t}e^{A(t-\tau)}\boldsymbol{e}d(\tau)d\tau$$

を得る．あるいは，(3-54)式を $t_0$ から $t$ まで積分しても同様な解が得られる．

演習問題解答　　　　　　　　　　　　　　　　　　　　285

6. （1） $(sI-A)^{-1} = \begin{bmatrix} s & -1 \\ 2 & s+3 \end{bmatrix}^{-1} = \dfrac{1}{(s+1)(s+2)} \begin{bmatrix} s+3 & 1 \\ -2 & s \end{bmatrix}$

より

$$e^{At} = \mathcal{L}^{-1}[(sI-A)^{-1}] = \begin{bmatrix} 2e^{-t}-e^{-2t} & e^{-t}-e^{-2t} \\ -2e^{-t}+2e^{-2t} & -e^{-t}+2e^{-2t} \end{bmatrix}$$

と求められる.

（2） $0 \leq t$ で $u(t)=1$ であるので以下のようになる.

$$\begin{aligned}
x(t) &= e^{At}x(0) + \int_0^t e^{A(t-\tau)} bu(\tau)\, d\tau \\
&= \begin{bmatrix} 2e^{-t}-e^{-2t} \\ -2e^{-t}+2e^{-2t} \end{bmatrix} + \int_0^t \begin{bmatrix} e^{-(t-\tau)}-e^{-2(t-\tau)} \\ -e^{-(t-\tau)}+2e^{-2(t-\tau)} \end{bmatrix} d\tau \\
&= \begin{bmatrix} \dfrac{1}{2}+e^{-t}-\dfrac{1}{2}e^{-2t} \\ -e^{-t}+e^{-2t} \end{bmatrix}
\end{aligned}$$

7. $A = \begin{bmatrix} 0 & 1 & 0 & \cdots & 0 \\ \vdots & 0 & 1 & \ddots & \vdots \\ \vdots & & \ddots & \ddots & 0 \\ 0 & \cdots & \cdots & 0 & 1 \\ -a_0 & -a_1 & \cdots & \cdots & -a_{n-1} \end{bmatrix}$, $b = \begin{bmatrix} 0 \\ \vdots \\ \vdots \\ 0 \\ 1 \end{bmatrix}$, $c = \begin{bmatrix} b_0 & b_1 & \cdots & b_{n-1} \end{bmatrix}$ とする.

$$[sI-A] \begin{bmatrix} 1 \\ s \\ \vdots \\ s^{n-1} \end{bmatrix} = \begin{bmatrix} s & -1 & 0 & \cdots & 0 \\ \vdots & s & -1 & \ddots & \vdots \\ \vdots & & \ddots & \ddots & 0 \\ 0 & \cdots & \cdots & s & -1 \\ a_0 & a_1 & \cdots & \cdots & s+a_{n-1} \end{bmatrix} \begin{bmatrix} 1 \\ s \\ \vdots \\ s^{n-1} \end{bmatrix}$$

$$= \begin{bmatrix} 0 \\ \vdots \\ 0 \\ s^n + a_{n-1}s^{n-1} + \cdots + a_0 \end{bmatrix} = b[s^n + a_{n-1}s^{n-1} + \cdots + a_1 s + a_0]$$

$$\therefore [sI-A]^{-1} b = \dfrac{1}{s^n + a_{n-1}s^{n-1} + \cdots + a_1 s + a_0} \begin{bmatrix} 1 \\ s \\ \vdots \\ s^{n-1} \end{bmatrix}$$

$$\therefore c[sI-A]^{-1}b = \frac{1}{s^n + a_{n-1}s^{n-1} + \cdots + a_1 s + a_0}[b_0 \quad b_1 \quad \cdots \quad b_{n-1}]\begin{bmatrix} 1 \\ s \\ \vdots \\ s^{n-1} \end{bmatrix}$$

$$= \frac{b_{n-1}s^{n-1} + \cdots + b_1 s + b_0}{s^n + a_{n-1}s^{n-1} + \cdots + a_1 s + a_0}$$

8. $T$ として(3-79)式を選び，$U_c$ を対角正準形の $\tilde{A}, \tilde{b}$ を用いて表すと，

$$U_c = T[\tilde{b} \quad \tilde{A}\tilde{b} \quad \cdots \quad \tilde{A}^{n-1}\tilde{b}]$$

$$= T\begin{bmatrix} b_1 & \lambda_1 b_1 & \cdots & \lambda_1^{n-1}b_1 \\ b_2 & \lambda_2 b_2 & \cdots & \lambda_2^{n-1}b_2 \\ \vdots & \vdots & & \vdots \\ b_{n-1} & \lambda_{n-1}b_{n-1} & \cdots & \lambda_{n-1}^{n-1}b_{n-1} \end{bmatrix}$$

$$= T\begin{bmatrix} b_1 & & 0 \\ & b_2 & \\ & & \ddots \\ 0 & & b_{n-1} \end{bmatrix}\begin{bmatrix} 1 & \lambda_1 & \cdots & \lambda_1^{n-1} \\ 1 & \lambda_2 & \cdots & \lambda_2^{n-1} \\ \vdots & \vdots & & \vdots \\ 1 & \lambda_{n-1} & \cdots & \lambda_{n-1}^{n-1} \end{bmatrix}$$

となるが，

$$V = \begin{bmatrix} 1 & \lambda_1 & \cdots & \lambda_1^{n-1} \\ 1 & \lambda_2 & \cdots & \lambda_2^{n-1} \\ \vdots & \vdots & & \vdots \\ 1 & \lambda_{n-1} & \cdots & \lambda_{n-1}^{n-1} \end{bmatrix}$$

は $|V| = \prod_{i \neq j}(\lambda_i - \lambda_j)$ より $\lambda_i \neq \lambda_j (\forall i, j)$ のときには $|V| \neq 0$ となることが知られているため，

$$|U_c| = |T\|V|b_1 b_2 \cdots b_{n-1}$$

において，$|T| \neq 0$, $|V| \neq 0$ より対角正準形において $b_i$ がすべて零でないという条件と $|U_c| \neq 0$ すなわち $U_c$ がフルランクであるという条件は一致する．

9. 必要条件のみ示す．いま rank$[A - \lambda_i I \quad b] = n$ でないとする．このとき，

$$\xi^T[A - \lambda_i I \quad b] = 0$$

となるような行ベクトル $\xi^T \neq 0$ が存在する．
　上式は，

$$\xi^T A = \lambda_i \xi^T, \quad \xi^T b = 0$$

と等価となる．この両者の式から，

$$\xi^T[b \quad Ab \quad \cdots \quad A^{n-1}b] = \xi^T U_c = 0$$

が成り立つが $\xi^T \neq 0$ より rank $U_c \neq n$ となる．したがって $(A, b)$ は可制御ではない．

10. 特性多項式が(3-93)式で与えられるとき，(3-98)式が成り立つのを示す．

いま $T$ として(3-79)式を選び，(3-98)式の左から $T^{-1}$ を乗じ，右から $T$ を乗じ $A$ 行列を対角正準形の形に変換することを考える．このとき(3-98)式は，

$$\tilde{A}^n + a_{n-1}\tilde{A}^{n-1} + \cdots + a_0 I = 0$$

となるが，上式の左辺の各対角項は

$$\lambda_i^n + a_{n-1}\lambda_i^{n-1} + \cdots + a_0$$

となり，(3-93)式よりこれはすべて $0$ となることがわかる．

したがって(3-98)式のケーリー・ハミルトンの定理は成り立つ．

11. (1) $$\begin{bmatrix} \dot{x}_1(t) \\ \dot{x}_2(t) \end{bmatrix} = \begin{bmatrix} 0 & 1 \\ -\dfrac{K}{M} & -\dfrac{D}{M} \end{bmatrix} \begin{bmatrix} x_1(t) \\ x_2(t) \end{bmatrix} + \begin{bmatrix} 0 \\ \dfrac{1}{M} \end{bmatrix} u(t)$$

$$y(t) = [1 \quad 0] \begin{bmatrix} x_1(t) \\ x_2(t) \end{bmatrix}$$

(2)

(3)

(4) $\dfrac{Y(s)}{U(s)} = \dfrac{1/M}{s^2 + (D/M)s + (K/M)}$

12. (1) タンク1について考えると $\Delta t$ 秒間におけるタンクの水量のバランス式は
(増加分)＝(流入分)－(流出量) となる．ここで増加分＝$A_1 \Delta x_1$，流入量＝$u \Delta t$，流出量＝$(1/R_1) x_1 \Delta t$ である．よって $\Delta t \to 0$ の極限をとると最終的な結果は次のようになる．

$$\begin{bmatrix} \dot{x}_1(t) \\ \dot{x}_2(t) \end{bmatrix} = \begin{bmatrix} -\dfrac{1}{R_1 A_1} & 0 \\ \dfrac{1}{R_1 A_2} & -\dfrac{1}{R_2 A_2} \end{bmatrix} \begin{bmatrix} x_1(t) \\ x_2(t) \end{bmatrix} + \begin{bmatrix} \dfrac{1}{A_1} \\ 0 \end{bmatrix} u(t)$$

$$y(t) = \begin{bmatrix} 0 & \dfrac{1}{R_2} \end{bmatrix} \begin{bmatrix} x_1(t) \\ x_2(t) \end{bmatrix}$$

(2)

(3)

(4) $\dfrac{Y(s)}{U(s)} = \dfrac{1}{A_1} \cdot \dfrac{1/s}{1+(1/R_1 A_1)(1/s)} \cdot \dfrac{1}{R_1 A_2} \cdot \dfrac{1/s}{1+(1/R_2 A_2)(1/s)} \cdot \dfrac{1}{R_2}$

$= \dfrac{1/R_1 R_2 A_1 A_2}{s^2 + [(1/R_1 A_1)+(1/R_2 A_2)]s + (1/R_1 R_2 A_1 A_2)}$

(5) 伝達関数の導出については p.59 参照．

$$\dfrac{Y(s)}{U(s)} = c[sI-A]^{-1}b = \begin{bmatrix} 0 & \dfrac{1}{R_2} \end{bmatrix} \begin{bmatrix} s+\dfrac{1}{R_1 A_1} & 0 \\ -\dfrac{1}{R_1 A_2} & s+\dfrac{1}{R_2 A_2} \end{bmatrix}^{-1} \begin{bmatrix} \dfrac{1}{A_1} \\ 0 \end{bmatrix}$$

＝(4)の答

(6) 入出力間の伝達関数の分母＝0 が特性方程式である．ゆえに，

$$s^2+\left(\frac{1}{R_1A_1}+\frac{1}{R_2A_2}\right)s+\frac{1}{R_1R_2A_1A_2}=0$$

$$\therefore\ \left(s+\frac{1}{R_1A_1}\right)\left(s+\frac{1}{R_2A_2}\right)=0$$

より極は以下のようになる.

$$-\frac{1}{R_1A_1},\ -\frac{1}{R_2A_2}$$

13. （1） $\det(sI-A)=s^2+6s+5=(s+1)(s+5)=0$
ゆえに固有値は以下となる.

$$\lambda_1=-1,\ \lambda_2=-5$$

$\lambda_1$ に対する固有ベクトル：

$$(\lambda_1 I-A)v_1=0\ \text{より}\ \begin{bmatrix}2&4\\1&2\end{bmatrix}\begin{bmatrix}v_{11}\\v_{21}\end{bmatrix}=\begin{bmatrix}0\\0\end{bmatrix}$$

したがって

$$v_{11}=-2v_{21}$$

より固有ベクトルは例えば次式となる.

$$v_1=\begin{bmatrix}v_{11}\\v_{21}\end{bmatrix}=\begin{bmatrix}-2\\1\end{bmatrix}$$

$\lambda_2$ に対する固有ベクトル：

$$(\lambda_2 I-A)v_2=0\ \text{より}\ \begin{bmatrix}-2&4\\1&-2\end{bmatrix}\begin{bmatrix}v_{12}\\v_{22}\end{bmatrix}=\begin{bmatrix}0\\0\end{bmatrix}$$

したがって

$$v_{12}=2v_{22}$$

より固有ベクトルは例えば次式となる.

$$v_2=\begin{bmatrix}v_{12}\\v_{22}\end{bmatrix}=\begin{bmatrix}2\\1\end{bmatrix}$$

（2） $x(t)=Tz(t)=[v_1\ v_2]z(t)$

$$T=\begin{bmatrix}-2&2\\1&1\end{bmatrix},\ T^{-1}=\frac{1}{4}\begin{bmatrix}-1&2\\1&2\end{bmatrix}$$

ゆえに次式が成り立つ.

$$\dot{z}(t)=T^{-1}ATz(t)+T^{-1}bu(t)$$
$$y(t)=cTz(k)$$

ここで

であるので以下となる.

$$\dot{z}(t) = \begin{bmatrix} -1 & 0 \\ 0 & -5 \end{bmatrix} z(t) + \begin{bmatrix} 0 \\ 1 \end{bmatrix} u(t)$$

$$y(t) = [-3 \quad 1] z(t)$$

(3)

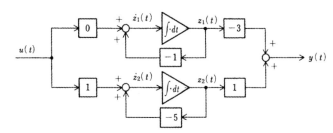

(4) 上図より $z_1(t)$ のモードは $u(t)$ によって制御できないため不可制御, しかし可観測である. $z_2(t)$ のモードは可制御かつ可観測である. したがってシステムとしては不可制御, 可観測である.

(5) 可制御行列

$$U_c = [b \quad Ab] = \begin{bmatrix} 2 & -10 \\ 1 & -5 \end{bmatrix}$$

であり $\det U_c = 0$ より不可制御であることがわかる.

可観測行列

$$U_o = \begin{bmatrix} C \\ CA \end{bmatrix} = \begin{bmatrix} 1 & -1 \\ -2 & -1 \end{bmatrix}$$

であり $\det U_o \neq 0$ より可観測であることがわかる.

## 第4章

1. (1) $\dfrac{Y(s)}{R(s)} = \dfrac{cK_I/a}{s^2 + \dfrac{b}{a}s + \dfrac{cK_I}{a}} = \dfrac{\omega_n^2}{s^2 + 2\zeta\omega_n s + \omega_n^2}$

$\therefore \omega_n = \sqrt{\dfrac{cK_I}{a}}, \quad \zeta = \dfrac{b}{2\sqrt{acK_I}}$

演習問題解答

（2） 臨界制動状態であるので

$\zeta = \dfrac{b}{2\sqrt{ack_1}} = 1$ を用いると

$$\dfrac{Y(s)}{R(s)} = \dfrac{\dfrac{ck_1}{a}}{\left(s+\sqrt{\dfrac{ck_1}{a}}\right)^2} \text{ となり, } R(s) = \dfrac{R_0}{s}$$

であるので

$$Y(s) = \dfrac{\dfrac{ck_1}{a}}{\left(s+\sqrt{\dfrac{ck_2}{a}}\right)^2} \dfrac{R_0}{s} = \dfrac{R_0}{s} - \dfrac{\sqrt{\dfrac{ck_1}{a}}R_0}{\left(s+\sqrt{\dfrac{ck_1}{a}}\right)^2} - \dfrac{R_0}{s+\sqrt{\dfrac{ck_1}{a}}}$$

より，ラプラス逆変換して以下となる．

$$y(t) = R_0\left(1 - \sqrt{\dfrac{cK_I}{a}}\,t e^{-\sqrt{\frac{cK_I}{a}}t} - e^{-\sqrt{\frac{cK_I}{a}}t}\right)$$

（3） 不足制動状態であるので $0 < \zeta < 1$ となり，

$$Y(s) = \dfrac{\omega_n{}^2}{s^2 + 2\zeta\omega_n s + \omega_n{}^2} = \dfrac{\omega_n{}^2}{(s+\zeta\omega_n)^2 + \omega_n{}^2(1-\zeta^2)}$$

$$= \dfrac{\omega_n}{\sqrt{1-\zeta^2}} \dfrac{\omega_n\sqrt{1-\zeta^2}}{(s+\zeta\omega_n)^2 + \omega_n{}^2(1-\zeta^2)}$$

より，ラプラス逆変換して，（1）で求めた $\omega_n$ と $\zeta$ を代入すると以下となる．

$$y(t) = \dfrac{\omega_n}{\sqrt{1-\zeta^2}} e^{-\zeta\omega_n t} \sin\{\omega_n\sqrt{1-\zeta^2}\,t\}$$

$$= \dfrac{2cK_I}{\sqrt{4acK_I - b^2}} e^{-\frac{b}{2a}t} \sin\dfrac{\sqrt{4acK_I - b^2}}{2a}t$$

2. [19)]

(4-33) 式より，単位インパルス関数 $\delta(t)$ を $\tau$ だけ時間をずらすと

$$\delta(t-\tau) = \begin{cases} \infty & t = \tau \\ 0 & t \neq \tau \end{cases}$$

$$\int_{-\infty}^{+\infty} \delta(t-\tau)dt = 1$$

となる．これを用いて

$$f(\tau)\int_{-\infty}^{+\infty}\delta(t-\tau)dt = \int_{-\infty}^{+\infty}f(\tau)\delta(t-\tau)dt = f(\tau)$$

が成り立つ．したがって

$$\left|\int_{-\infty}^{+\infty}f(t)\delta(t-\tau)dt - f(\tau)\right| = \left|\int_{-\infty}^{+\infty}f(t)\delta(t-\tau)dt - \int_{-\infty}^{+\infty}f(\tau)\delta(t-\tau)dt\right|$$

$$= \left|\int_{-\infty}^{+\infty}\{f(t)-f(\tau)\}\delta(t-\tau)dt\right|$$

ここで $\delta(t-\tau)$ は $t \ne \tau$ で 0 なので，任意の正の数 $\varepsilon$ を用いると

$$\left|\int_{-\infty}^{+\infty}f(t)\delta(t-\tau)dt - f(\tau)\right| = \left|\int_{\tau-\varepsilon}^{\tau+\varepsilon}\{f(t)-f(\tau)\}\delta(t-\tau)dt\right|$$

が成り立つ．ここで区間 $\tau-\varepsilon \le t \le \tau+\varepsilon$ における $|f(t)-f(\tau)|$ の最大値を $M$ とおくと

$$\left|\int_{-\infty}^{+\infty}f(t)\delta(t-\tau)dt - f(\tau)\right| \le \left|\int_{\tau-\varepsilon}^{\tau+\varepsilon}M\delta(t-\tau)dt\right| = M\left|\int_{\tau-\varepsilon}^{\tau+\varepsilon}\delta(t-\tau)dt\right| = M$$

となる．

$f(t)$ は連続関数であるので $\varepsilon \to +0$ とすると $M \to 0$ となり，

$$\left|\int_{-\infty}^{+\infty}f(t)\delta(t-\tau)dt - f(\tau)\right| \le 0$$

より，

$$\int_{-\infty}^{+\infty}f(t)\delta(t-\tau)dt = f(\tau)$$

となる．また $\tau=0$ とすると，

$$\int_{-\infty}^{+\infty}f(t)\delta(t)dt = f(0)$$

も成り立つ．

3. （1）角周波数 $\omega$ を固定すると $G(j\omega)$ は 1 つの複素数であるから，複素平面上のベクトルで表すことができ，その先端は一点に固定される．そして $\omega$ を変化させるとその先端は動き，ある軌跡を描く．$\omega$ を $0 \sim \infty$ まで変化させたときの軌跡がベクトル軌跡であり，$-\infty \sim +\infty$ まで変化させたときの一巡周波数伝達関数の軌跡がナイキスト線図である．

（2）ボード線図は横軸に角周波数 $\omega$ の常用対数 $\log_{10}\omega$ をとり，縦軸に $|G(j\omega)|$ のデシベル値 $20\log_{10}|G(j\omega)|$ をとったゲイン線図と縦軸に位相差 $\angle G(j\omega)$ を度の目盛りでとった位相線図の 2 つの線図からなるものであり，以下の特徴がある．

［1］角周波数とゲインが対数量で表されているので，広い範囲の角周波数とゲインをコンパクトに表すことができる．

［2］ゲインが対数量で表されているのでゲインの積はゲイン線図上では代数和となる．また位相についても線図上での和となる．

［3］ゲイン線図の大略は折れ線近似により簡単に知ることができる場合が多い．

4．（1） $G(j\omega) = \dfrac{10}{j4\omega+1} = \dfrac{10}{1+16\omega^2} - j\dfrac{40\omega}{1+16\omega^2} = \alpha + j\beta$

$\alpha = \dfrac{10}{1+16\omega^2}$, $\beta = -\dfrac{40\omega}{1+16\omega^2}$ より $\dfrac{\beta}{\alpha} = -4\omega$

$\omega = -\dfrac{\beta}{4\alpha}$ を $\alpha$ に代入して，

$$\alpha = \dfrac{10}{1+\left(\dfrac{\beta}{\alpha}\right)^2} = \dfrac{10\alpha^2}{\alpha^2+\beta^2}$$

となり，

$$\alpha^2 + \beta^2 - 10\alpha = 0$$

より以下となる．

$$(\alpha-5)^2 + \beta^2 = 5^2$$

$\omega = 0 \sim \infty$ より $\alpha \geq 0$, $\beta \leq 0$ からベクトル軌跡を描く．

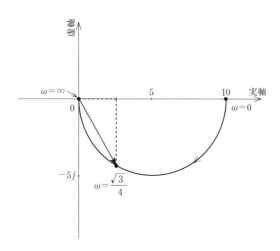

（2）$\omega=\sqrt{3}/4$ [rad/s] のとき $\alpha=\dfrac{5}{2}$，$\beta=-\dfrac{5\sqrt{3}}{2}$ となり，ベクトルは上図のようになる．図の三角形の比より，ゲインは5，位相は$-60°$と読みとれる．

5．以下に示すように $\dfrac{1}{s}$ のボード線図と $\dfrac{10}{2s+1}$ のボード線図を描いて，ゲイン線図上，位相線図上でそれぞれ加えればよい．（例10 参照）

## 第5章

1．剛体の数式モデルは

$$\frac{1}{3}ml^2\ddot{\theta}=\left\{m\frac{d^2}{dt^2}(l\cos\theta)+mg\right\}l\sin\theta-\left\{m\frac{d^2}{dt^2}(l\sin\theta)\right\}l\cos\theta-c\dot{\theta}$$

となる．

　まず $\theta=0$ [°] の近辺で考え，$\theta$ が微小であるとすると $\sin\theta\approx\theta$，$\cos\theta\approx1$ と見なすことができ，この式は

$$\frac{1}{3}ml^2\ddot{\theta}=mgl\theta-c\dot{\theta}$$

と線形化できる．このときの特性方程式は，

$$\frac{1}{3}ml^2s^2 + cs - mgl = 0$$

となり,極を求めると

$$s = \frac{3}{2ml^2}\left(-c \pm \sqrt{c^2 + \frac{4}{3}m^2l^3g}\right)$$

となって正の極が含まれるので不安定であることがわかる.

次に $\theta = 180\,[°]$ の近辺で考え,$\theta$ が $180\,[°]$ から微小であるとすると $\sin\theta \approx -\theta$,$\cos\theta \approx -1$ と見なすことができ,この式は

$$\frac{1}{3}ml^2\ddot{\theta} = -mgl\theta - c\dot{\theta}$$

と線形化できる.このときの特性方程式は,

$$\frac{1}{3}ml^2s^2 + cs + mgl = 0$$

となり,極を求めると

$$s = \frac{3}{2ml^2}\left(-c \pm \sqrt{c^2 - \frac{4}{3}m^2l^3g}\right)$$

となってすべて負なので安定である.

2. $n=4$ の場合について調べてみる.特性多項式は

$$a_0s^4 + a_1s^3 + a_2s^2 + a_3s + a_4 = 0$$

となる.いま係数 $a_0,\ a_1,\ a_2,\ a_3,\ a_4$ はすべて正であるとする.

まずラウス表を作ってみると

| | | | |
|---|---|---|---|
| $s^4$ | $a_0$ | $a_2$ | $a_4$ |
| $s^3$ | $a_1$ | $a_3$ | · |
| $s^2$ | $b_1$ | $b_2$ | |
| $s^1$ | $c_1$ | · | |
| $s^0$ | $d_1$ | | |

$$b_1 = \frac{a_1a_2 - a_0a_3}{a_1},\quad b_2 = a_4,\quad c_1 = \frac{a_3(a_1a_2 - a_0a_3) - a_1^2a_4}{a_1a_2 - a_0a_3},\quad d_1 = a_4$$

となり,$a_0,\ a_1,\ b_1,\ c_1,\ d_1$ がすべて正となるのが安定のための条件である.

次にフルビッツ行列式を作ってみると,

$$H_1 = a_1,\quad H_2 = \begin{vmatrix} a_1 & a_3 \\ a_0 & a_2 \end{vmatrix} = a_1a_2 - a_0a_3,\quad H_3 = \begin{vmatrix} a_1 & a_3 & 0 \\ a_0 & a_2 & a_4 \\ 0 & a_1 & a_3 \end{vmatrix} = a_3(a_1a_2 - a_0a_3) - a_1^2a_4$$

$$H_4 = \begin{vmatrix} a_1 & a_3 & 0 & 0 \\ a_0 & a_2 & a_4 & 0 \\ 0 & a_1 & a_3 & 0 \\ 0 & a_0 & a_2 & a_4 \end{vmatrix} = a_4 H_3$$

となり，$H_1$, $H_2$, $H_3$, $H_4$ がすべて正となるのが安定のための条件である．

ここでラウス表の $a_0$, $a_1$, $b_1$, $c_1$, $d_1$ とフルビッツ行列式の $H_1$, $H_2$, $H_3$, $H_4$ を比較すると $b_1 = H_2/H_1$, $c_1 = H_3/H_2$, $d_1 = H_4/H_3$ となり，ラウス表の第 1 列はフルビッツ行列式の $H_i/H_{i-1}$ ($i = 2, \cdots, n$) を表していることがわかる．

3. 5 次の系であるので，極は 5 つある．まずラウスの安定判別法の特性方程式のすべての係数が正という条件は満たす．次にラウス表を作るとその第 1 列が $3, 2, \dfrac{9}{2}, \dfrac{17}{9}, -\dfrac{196}{17}, 4$ となり，符号の反転数は 2 であるので不安定な極は 2 つで不安定でない極は 3 つとなる．

4. $\dfrac{Y(s)}{R(s)} = \dfrac{KK_P s + KK_I}{Ts^3 + s^2 + KK_P s + KK_I}$ となり，$K_P$ および $K_I$ のどちらが 0 になってもラウスの安定判別法の特性方程式のすべての係数が正という条件を満たさないため不安定となる．次に PI 制御器においては特性方程式のすべての係数が正より，$K_P > 0$, $K_I > 0$ がいえ，さらにラウス表を作るとその第 1 列が $T, 1, KK_P - TKK_I, KK_I$ となることより，$K_P > TK_I$ がいえ，この 3 つが安定となるための条件となる．

5. （1）$G(j\omega) = \dfrac{K}{j\omega(1+j\omega)(1+j3\omega)} = \dfrac{K}{-4\omega^2 + j\omega(1-3\omega^2)}$

$= \dfrac{4K}{16\omega^2 + (1-3\omega^2)^2} - j\dfrac{K(1-3\omega^2)}{16\omega^3 + \omega(1-3\omega^2)^2}$

より $\omega_1 = \dfrac{1}{\sqrt{3}}$ ($\omega \geq 0$)

（2）$|G(j\omega_1)| = \dfrac{K}{\sqrt{\omega_1^2(1+\omega_1^2)(1+9\omega_1^2)}} = \dfrac{3}{4}K$ より，$g_m = -20\log\dfrac{3}{4}K$

（3）$40 = -20\log\dfrac{3}{4}K$ から $\dfrac{4}{3K} = 100$ より $K = \dfrac{1}{75}$

6. 一巡周波数伝達関数

$$G_0(j\omega)H(j\omega) = \frac{0.3}{j\omega(1-2\omega^2+j3\omega)} = \frac{0.3}{-3\omega^2+j\omega(1-2\omega^2)}$$

$$= \frac{-0.9}{9\omega^2+(1-2\omega^2)^2} - j\frac{0.3(1-2\omega^2)}{9\omega^3+\omega(1-2\omega^2)^2}$$

$\omega_1 = \sqrt{\dfrac{1}{2}}$ ($\omega \geq 0$) で虚数部=0で実軸と交わる → $G_0(j\omega_1)H(j\omega_1) = -0.2$

$\omega \to 0 \quad F(j\omega) \to -0.9 - j\infty$

$\omega \to \infty \quad F(j\omega) \to 0$

より，ナイキスト線図は下図のようになる．そして，ナイキスト線図とボード線図にそれぞれゲイン余有と位相余有を描くと以下に示すようになる．

ゲイン余有は $-20\log_{10}0.2 = 20\log_{10}5 \approx 14 [\mathrm{dB}]$

7. （1） Lyapnov 関数は以下のようになる．

$$V(\boldsymbol{x}) = \boldsymbol{x}^T(t)\,\boldsymbol{P}\boldsymbol{x}(t) = \frac{11}{6}x_1^2(t) + x_1(t)x_2(t) + \frac{1}{3}x_2^2(t)$$

この Lyapnov 関数が正定関数であるためには(2-76)式より(5-52)式に示した $\boldsymbol{P}$ の主座小行列式が正となることを示せばよく，

$$p_{11} = \frac{11}{6} > 0$$

$$|\boldsymbol{P}| = \frac{13}{36} > 0$$

よりいえる．

また原系の固有値は

$$\begin{vmatrix} \lambda & -1 \\ b & \lambda+a \end{vmatrix} = \lambda^2 + a\lambda + b = \lambda^2 + 3\lambda + 1 = 0$$

より

$$\lambda = \frac{-3 \pm \sqrt{5}}{2}$$

となるが，実数部は負であるので安定であることがいえる．

(2) $a=1$, $b=-2$ の場合には $P$ は以下のようになる．
$$P=\begin{bmatrix} -7/4 & -1/4 \\ -1/4 & 3/4 \end{bmatrix}$$
$P$ は正定ではないのでこの場合には系の安定性は示されない．事実，系の固有値 $\lambda$ を求めると以下のようになり系は不安定であることがわかる．
$$\lambda=\frac{1\pm j\sqrt{7}}{2}$$

## 第6章

1. (1) $\dot{x}(t)=-\frac{r}{L}x(t)+\frac{1}{L}u(t)$

   $y(t)=rx(t)$

   (2) $\frac{Y(s)}{U(s)}=\frac{r}{Ls+r}$ より $\frac{Y(s)}{R(s)}=\frac{K_P r}{Ls+(1+K_P)r}$

   (3) $Y(s)=\frac{K_P r}{Ls+(1+K_P)r}\frac{R_0}{s}$ より，$y(t)=\frac{K_P R_0}{1+K_P}(1-e^{-\frac{r(1+K_P)}{L}t})$，図示は図6-19を参照．

   (4) 時定数は1次おくれ系のステップ応答において出力が最終値の約63.2％になる時間，この場合の時定数は $\frac{L}{r(1+K_P)}$

   (5) (2-7)式および(2-15)式を示す．

   (6) $\frac{E(s)}{R(s)}=\frac{R(s)-Y(s)}{R(s)}=\frac{Ls+r}{Ls+(1+K_P)r}$

   $\therefore e(\infty)=\lim_{t\to\infty}e(t)=\lim_{s\to 0}sE(s)=\lim_{s\to 0}s\frac{Ls+r}{Ls+(1+K_P)r}\frac{R_0}{s}=\frac{R_0}{1+K_P}$

   また(3)の結果より，$y(\infty)=\frac{K_P R_0}{1+K_P}$ となり，$e(\infty)=R_0-y(\infty)=\frac{R_0}{1+K_P}$

   (7) $\frac{Y(s)}{R(s)}=\frac{K_I r}{Ls^2+rs+K_I r}=\frac{\omega_n^2}{s^2+2\zeta\omega_n s+\omega_n^2}$ $\therefore \omega_n=\sqrt{\frac{K_I r}{L}}$, $\zeta=\frac{1}{2}\sqrt{\frac{r}{K_I L}}$

   (8) $\zeta=\frac{1}{2}\sqrt{\frac{r}{k_1 L}}=1$ より $Y(s)=\frac{\frac{k_1 r}{L}}{\left(s+\sqrt{\frac{k_1 r}{L}}\right)^2}\frac{R_0}{s}$ となり，次式となる．

   $y(t)=R_0\left(1-e^{-\sqrt{\frac{K_I r}{L}}t}-\sqrt{\frac{K_I r}{L}}te^{-\sqrt{\frac{K_I r}{L}}t}\right)$

(9) $y(t) = \dfrac{\omega_n}{\sqrt{1-\zeta^2}} e^{-\zeta\omega_n t} \sin\{\omega_n\sqrt{1-\zeta^2}\,t\}$

$= \dfrac{2K_I r}{\sqrt{4LK_I r - r^2}} e^{-\frac{r}{2L}t} \sin \dfrac{\sqrt{4LK_I r - r^2}}{2L} t$

(10) $\dfrac{E(s)}{R(s)} = \dfrac{Ls^2 + rs}{Ls^2 + rs + K_I r}$

∴ $e(\infty) = \lim\limits_{t \to \infty} e(t) = \lim\limits_{s \to 0} sE(s) = 0$

制御器として積分器を用いており，定常状態において出力 $y(\infty)$ が一定となるためには入力 $u(\infty)$ が一定であることが必要であり，このためには定常誤差 $e(\infty)$ が0である必要があるから．

2. （1）フィードバック系のゲインは図より次のようになる．

$A_f = \dfrac{A}{1+A\beta}$

両辺の対数をとり $A$ で微分して次式をうる．

$\dfrac{dA_f}{A_f} = \dfrac{1}{1+A\beta} \cdot \dfrac{dA}{A}$

ゲインは $1/(1+A\beta)$ 倍に減少するが，$A_f$ の変動率 $dA_f/A_f$ はフィードバックをかけない場合の $1/(1+A\beta)$ 倍になる．

（2）$A_h$ を $A_f$ の式に代入して次のようになる．

$A_f = \dfrac{A_0/\{1+j(f/f_h)\}}{1+A_0\beta/\{1+j(f/f_h)\}} = \dfrac{A_0}{1+A_0\beta+jf(1+A_0\beta)/\{f_h(1+A_0\beta)\}}$

$= \dfrac{A_0}{1+A_0\beta} \cdot \dfrac{1}{1+jf/\{f_h(1+A_0\beta)\}}$

これより高域遮断周波数は $f_h$ の $(1+A_0\beta)$ 倍となり周波数特性が改善される．ただし，ゲインは $1/(1+A_0\beta)$ 倍となる．つまり（ゲイン）×（周波数）積は変わらない．

同様に $A_l$ を $A_f$ の式に代入する．

$A_f = \dfrac{A_0}{1+A_0\beta} \cdot \dfrac{1}{1+jf_l/\{f(1+A_0\beta)\}}$

これより低域遮断周波数は $f_l$ の $1/(1+A_0\beta)$ 倍となり周波数特性が改善される．

（3）図より

$X_0 = \dfrac{A_1 A_2}{1+A\beta} X_1 + \dfrac{A_2}{1+A\beta} N$

ただし，$A = A_1 A_2$

信号/ノイズ比を考えると次式をうる.
$$\frac{信号成分}{ノイズ成分}=\frac{[A_1A_2/(1+A\beta)]X_1}{[A_2/(1+A\beta)]N}=A_1\frac{X_1}{N}$$
ゆえに，ノイズ $N$ の影響は $A_1$ が大きければ非常に小さくなることを示している．もし，ノイズが $A_1$ の前に入ると（つまり $A_1=1$ と考えることに相当する）$SN$ 比の向上は望めない.

(4) 図より，
$$X_0=\frac{A}{1+A\beta}X_1+\frac{1}{1+A\beta}D$$
ゆえに，ひずみ $D$ は $1/(1+A\beta)$ 倍して出力に影響する.

3. 図 6-28 より次式が成り立つ.
$$\Omega(s)=\frac{K}{sJ}I(s)-\frac{1}{sJ}T_L(t)$$
$$I(s)=\frac{1}{sL+R}[\{I_R(s)-I(s)\}G_{CI}(s)-K\Omega(s)]$$

上式から $I(s)$ を消去して整理すると，
$$\Omega(s)=\frac{KG_{CI}(s)}{JLs^2+\{R+G_{CI}(s)\}Js+K^2}I_R(s)-\frac{Ls+R+G_{CI}(s)}{JLs^2+\{R+G_{CI}(s)\}Js+K^2}T_L(t)$$

となる．上式はさらに
$$\Omega(s)=\frac{\frac{RJ}{K^2}s}{\frac{RJL}{K^2}s^2+\{R+G_{CI}(s)\}\frac{RJ}{K^2}s+R}\left[\frac{K}{Js}G_{CI}(s)I_R(s)-\frac{1}{Js}\{Ls+R+G_{CI}(s)\}T_L(t)\right]$$
$$=\frac{s\tau_m}{R\tau_e\tau_m s^2+\{R+G_{CI}(s)\}\tau_m s+R}\left[\frac{K}{Js}G_{CI}(s)I_R(s)-\frac{1}{Js}\{Ls+R+G_{CI}(s)\}T_L(t)\right]$$

となって (6-49) 式となる.

さらに $G_{CI}(s)$ を (6-50) 式とすると，
$$\Omega(s)=\frac{\tau_m s}{R\tau_e\tau_m s^2+\left\{R+\frac{K_P(1+\tau_e s)}{\tau_e s}\right\}\tau_m s+R}\left[\frac{K}{Js}\frac{K_P(1+\tau_e s)}{\tau_e s}I_R(s)-\frac{1}{Js}\left\{Ls+R+\frac{K_P(1+\tau_e s)}{\tau_e s}\right\}T_L(t)\right]$$
$$=\frac{\frac{\tau_e\tau_m}{K_P}s}{\frac{\tau_e R}{K_P}\tau_e\tau_m s^2+\frac{\tau_e R}{K_P}\tau_m s+(1+\tau_e s)\tau_m+\frac{\tau_e R}{K_P}}\left[\frac{K}{Js}\frac{K_P(1+\tau_e s)}{\tau_e s}I_R(s)-\frac{1}{Js}\left\{Ls+R+\frac{K_P(1+\tau_e s)}{\tau_e s}\right\}T_L(t)\right]$$
$$=\frac{\tau_m}{\tau_I\tau_e\tau_m s^2+\tau_I\tau_m s+(1+\tau_e s)\tau_m+\tau_I}\left[\frac{K}{Js}(1+\tau_e s)I_R(s)-\frac{1}{Js}\{\tau_I\tau_e s^2+\tau_I s+(1+\tau_e s)\}T_L(t)\right]$$

$$= \frac{(1+\tau_e s)\tau_m}{\tau_I \tau_e \tau_m s^2 + \tau_I \tau_m s + (1+\tau_e s)\tau_m + \tau_I} \left\{ \frac{K}{Js} I_R(s) - \frac{1}{Js}(1+\tau_I s) T_L(t) \right\}$$

となって(6-51)式を得る．

4. PI 制御器の伝達関数は，

$$G_c(s) = 1 + \frac{1}{s}$$

となり，その周波数伝達関数は，

$$G_c(j\omega) = 1 - j\frac{1}{\omega}$$

となる．ゲインは，

$$g = 20 \log_{10} \sqrt{1+\left(\frac{1}{\omega}\right)^2}$$

となるが，

$1 \ll \frac{1}{\omega}$ すなわち $\omega \ll 1$ のとき $g \approx 20 \log_{10}\frac{1}{\omega} = -20 \log_{10} \omega$

$1 \gg \frac{1}{\omega}$ すなわち $\omega \gg 1$ のとき $g \approx 20 \log_{10} 1 = 0$

となる．一方、位相は以下のようになる．

$$\phi = -\tan^{-1}\frac{1}{\omega}$$

以上よりボード線図は下図に示すようになる．

　PI 制御器は折れ点角周波数を境にして，$\omega \ll 1$ の低周波数領域ではI制御器の周波数特性と一致し，$\omega \gg 1$ の高周波数領域ではP制御器の周波数特性と一致することがわかる．

5. $cadj(sI-A-bf)b = cadj(sI-A)b$ であることを示せばよい.

第 2 章の演習問題 7, 8 より

$$(A+bc)^{-1} = A^{-1} - \frac{A^{-1}bcA^{-1}}{1+cA^{-1}b}$$

$$1-cb = |I_n - bc|$$

が成り立ち, これを用いると,

$$\begin{aligned}
c(sI-A-bf)^{-1}b &= \frac{cadj(sI-A-bf)b}{\det(sI-A-bf)} \\
&= c\left[(sI-A)^{-1}b + \frac{(sI-A)^{-1}bf(sI-A)^{-1}}{1-f(sI-A)^{-1}b}\right]b \\
&= c(sI-A)^{-1}b - \frac{c(sI-A)^{-1}bf(sI-A)^{-1}b}{1-f(sI-A)^{-1}b} \\
&= \frac{c(sI-A)^{-1}b}{1-f(sI-A)^{-1}b} \\
&= \frac{cadj(sI-A)b}{\det(sI-A)(1-f(sI-A)^{-1}b)} \\
&= \frac{cadj(sI-A)b}{\det(sI-A)\det(I_n-(sI-A)^{-1}bf)} \\
&= \frac{cadj(sI-A)b}{\det(sI-A-bf)}
\end{aligned}$$

が成り立つ.

## 第 7 章

1. （1） Riccati 方程式の解 $P$ を

$$P = \begin{bmatrix} P_{11} & P_{12} \\ P_{12} & P_{22} \end{bmatrix}$$

とおくと(7-28)式の Riccati 方程式は, $Q$ が $Q_1$ の場合には次のようになる.

$$\begin{bmatrix} P_{11} & P_{12} \\ P_{12} & P_{22} \end{bmatrix}\begin{bmatrix} 0 & 1 \\ -2 & 3 \end{bmatrix} + \begin{bmatrix} 0 & -2 \\ 1 & 3 \end{bmatrix}\begin{bmatrix} P_{11} & P_{12} \\ P_{12} & P_{22} \end{bmatrix} + \begin{bmatrix} 1 & 0 \\ 0 & 1 \end{bmatrix}$$

$$-\begin{bmatrix} P_{11} & P_{12} \\ P_{12} & P_{22} \end{bmatrix}\begin{bmatrix} 0 \\ 1 \end{bmatrix}\begin{bmatrix} 0 & 1 \end{bmatrix}\begin{bmatrix} P_{11} & P_{12} \\ P_{12} & P_{22} \end{bmatrix} = \begin{bmatrix} 0 & 0 \\ 0 & 0 \end{bmatrix}$$

それぞれの対応する項から次の代数方程式が得られる.

$$-4P_{12} + 1 - P_{12}^2 = 0$$
$$P_{11} + 3P_{12} - 2P_{22} - P_{12}P_{22} = 0$$
$$2P_{12} + 6P_{22} + 1 - P_{22}^2 = 0$$

これを解くと次のように Riccati 方程式の解が求まる．

$$P_1 = \begin{bmatrix} 13.2 & 0.236 \\ 0.236 & 6.24 \end{bmatrix}$$

同様にして，$Q_2$，$Q_3$ に対する Riccati 方程式の解 $P_2$，$P_3$ は次式のように求まる．

$$P_2 = \begin{bmatrix} 23.7 & 1.74 \\ 1.74 & 7.74 \end{bmatrix}, \quad P_3 = \begin{bmatrix} 120 & 8.20 \\ 8.20 & 14.2 \end{bmatrix}$$

したがって $Q_1$，$Q_2$，$Q_3$ に対応した最適フィードバック係数を $f_1$，$f_2$，$f_3$ は，(7-6)式より

$$f_1 = [-0.236 \quad -6.23]$$
$$f_2 = [-1.74 \quad -7.74]$$
$$f_3 = [-8.20 \quad -14.2]$$

と求められる．

（2） 最適レギュレータ系 (7-9)式の極はそれぞれ以下のようになり，安定になっていることがわかる．また1つの極は常に $-1$ であるが，$Q_1 \to Q_3$ につれてもう1つの極は左半平面遠方に移動していることがわかる．

$Q_1$ に対応した極：$-1$，$-2.24$

$Q_2$ に対応した極：$-1$，$-3.74$

$Q_3$ に対応した極：$-1$，$-10.2$

（3） それぞれの応答を次図に示す．

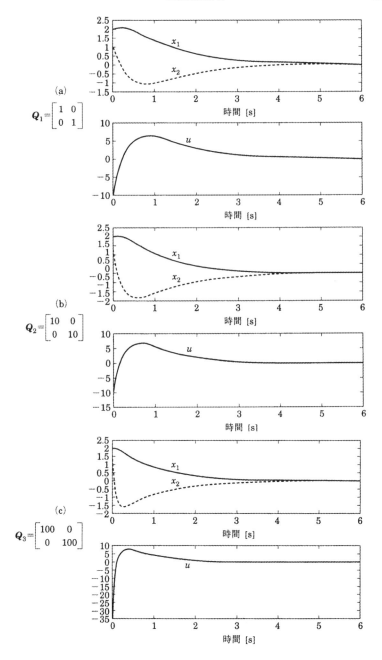

(a) $Q_1 = \begin{bmatrix} 1 & 0 \\ 0 & 1 \end{bmatrix}$

(b) $Q_2 = \begin{bmatrix} 10 & 0 \\ 0 & 10 \end{bmatrix}$

(c) $Q_3 = \begin{bmatrix} 100 & 0 \\ 0 & 100 \end{bmatrix}$

また評価関数値 $J_{\min}$ は(7-8)式からそれぞれ以下のようになる．$Q_1 \to Q_3$ につれて大きくなっていることがわかる．

$Q_1$ の場合：$J_{\min} = 60.0$

$Q_2$ の場合：$J_{\min} = 110$

$Q_3$ の場合：$J_{\min} = 527$

（4） 最適レギュレータ系の応答については各自確かめられよ．
評価関数値 $J_{\min}$ については以下のようになる．

$Q_1$ の場合：$J_{\min} = 58.1$

$Q_2$ の場合：$J_{\min} = 95.6$

$Q_3$ の場合：$J_{\min} = 461$

## 第8章

1. 3-4-2の(a-2)の条件を離散時間系のエラーシステムに適用した可制御性判別のための条件は

$$\mathrm{rank}[\Phi - zI_{m+n} \quad \Gamma] = m+n (\text{フルランク}) \forall z (\text{すべての} z \text{についての意味})$$

ならば可制御であるとなる．

ところで

$$\mathrm{rank}[\Phi - zI_{m+m} \quad \Gamma] = \mathrm{rank}\begin{bmatrix} (1-z)I_m & -CA & -CB \\ 0 & A-zI_n & B \end{bmatrix}$$

$$= \mathrm{rank}\begin{bmatrix} (1-z)I_m & -zC & 0 \\ 0 & A-zI_n & B \end{bmatrix}$$

となる．

上式は $z=1$ のときには次式となる．

$$\mathrm{rank}[\Phi - zI_{m+m} \quad \Gamma] = \mathrm{rank}\begin{bmatrix} A-I_n & B \\ C & 0 \end{bmatrix}$$

すなわち，原系が $z=1$ に不変零点をもたなければ $\mathrm{rank}[\Phi - zI_{m+n} \quad \Gamma] = m+n$ (フルランク)である．

また $z \neq 1$ のときには次式となる．

$$\mathrm{rank}[\Phi - zI_{m+m} \quad \Gamma] = \mathrm{rank}\begin{bmatrix} (1-z)I_m & -zC & 0 \\ 0 & A-zI_n & B \end{bmatrix}$$

$$= \mathrm{rank}\begin{bmatrix} (1-z)I_m & 0 & 0 \\ 0 & A-zI_n & B \end{bmatrix}$$

$$= m + \mathrm{rank}[A-zI_n \quad B]$$

すなわち，$\mathrm{rank}[A-zI \quad B] = n$ (フルランク)ならば，つまり原系が可制御ならば

$\text{rank}\begin{bmatrix}\boldsymbol{\Phi}-zI_{m+n} & \boldsymbol{\Gamma}\end{bmatrix}=m+n(\text{フルランク})$ となる.

以上をまとめると(8-6)式のエラーシステムの可制御条件は原系が可制御で $z=1$ に不変零点をもたないことである.

3-4-2の(b-2)の条件を離散時間系のエラーシステムに適用した可観測性判別のための条件は

$$\text{rank}\begin{bmatrix}\boldsymbol{\Phi}-zI_{m+n}\\C_0\end{bmatrix}=n+r(\text{フルランク})\ \forall z$$

ならば可能測であるとなる.

ところで

$$\text{rank}\begin{bmatrix}\boldsymbol{\Phi}-zI_{m+n}\\C_0\end{bmatrix}=\text{rank}\begin{bmatrix}(1-z)I_m & -CA\\0 & A-zI_n\\I_m & 0\end{bmatrix}=\text{rank}\begin{bmatrix}-zI_m & -zC\\0 & A-zI_n\\I_m & 0\end{bmatrix}$$

となる.

上式は $z=0$ のときには次式となる.

$$\text{rank}\begin{bmatrix}\boldsymbol{\Phi}-zI_{m+n}\\C_0\end{bmatrix}_{z=0}=\text{rank}\begin{bmatrix}0 & 0\\0 & A\\I_m & 0\end{bmatrix}=m+\text{rank}[A-zI]_{z=0}$$

すなわち,$\text{rank}[A-zI_n]_{z=0}=n$(フルランク)ならば $\text{rank}\begin{bmatrix}\boldsymbol{\Phi}-zI_{m+n}\\C_0\end{bmatrix}_{z=0}=m+n$(フルランク)となる.$\text{rank}[A-zI_n]_{z=0}=n$ とは $\det(A-zI_n)|_{z=0}\neq 0$,つまり原系が $z=0$ に極をもっていないことを意味する.また,$\det(A-zI_n)|_{z=0}=\det A\neq 0$ だから $A$ が正則であることである.

また $z\neq 0$ のときには次式となる.

$$\text{rank}\begin{bmatrix}\boldsymbol{\Phi}-zI_{m+n}\\C_0\end{bmatrix}=\text{rank}\begin{bmatrix}-zI_m & -zC\\0 & A-zI_n\\I_m & 0\end{bmatrix}=\text{rank}\begin{bmatrix}zI_m & 0\\0 & A-zI_n\\0 & C\end{bmatrix}$$

$$=m+\text{rank}\begin{bmatrix}A-zI_n\\C\end{bmatrix}$$

すなわち,$\text{rank}\begin{bmatrix}A-zI_n\\C\end{bmatrix}=n$(フルランク)ならば,つまり原系が可観測ならば $\text{rank}\begin{bmatrix}\boldsymbol{\Phi}-zI_{m+n}\\C_0\end{bmatrix}=m+n$(フルランク)となる.

以上をまとめると(8-5)式のエラーシステムの可観測条件は原系が可観測でかつ $A$ が正則であることである.なお,連続時間系を離散化した場合には $A$ は必ず正則となる.

2. 制御対象および誤差信号を以下のように定義する．
制御対象
$$\dot{x}(t) = Ax(t) + Bu(t) + Gd(t)$$
$$y(t) = Cx(t)$$
誤差信号
$$e(t) = R(t) - y(t)$$
ただし，$x(t)$：状態変数$(n \times 1)$，$y(t)$：出力変数$(m \times 1)$，
$u(t)$：入力変数$(r \times 1)$，$R(t)$：目標値信号$(m \times 1)$，
$d(t)$：外乱$(q \times 1)$，$A : n \times n$，$B : n \times r$，
$C : m \times n$，$G : n \times q$

上式の系は可制御・可観測であるとし $r \geq m$ とする．
ここで誤差信号 $e(t)$ の一階微分値は次のように求まる．
$$\dot{e}(t) = \dot{R}(t) - \dot{y}(t)$$
$$= \dot{R}(t) - C\dot{x}(t)$$
同様に $\dot{x}(t)$ の一階微分値は次のようになる．
$$\ddot{x}(t) = A\dot{x}(t) + B\dot{u}(t) + G\dot{d}(t)$$
以上より次の連続時間系のエラーシステムが導出できる．
$$\frac{d}{dt}\begin{bmatrix} e(t) \\ \dot{x}(t) \end{bmatrix} = \begin{bmatrix} 0 & -C \\ 0 & A \end{bmatrix}\begin{bmatrix} e(t) \\ \dot{x}(t) \end{bmatrix} + \begin{bmatrix} 0 \\ B \end{bmatrix}\dot{u}(t) + \begin{bmatrix} I_m \\ 0 \end{bmatrix}\dot{R}(t) + \begin{bmatrix} 0 \\ G \end{bmatrix}\dot{d}(t)$$
この式は離散時間系のエラーシステム(8-6)式に対応しているものである．目標値信号および外乱信号をステップ信号と仮定すれば(8-7)式に対応した連続時間系のエラーシステム
$$\frac{d}{dt}\begin{bmatrix} e(t) \\ \dot{x}(t) \end{bmatrix} = \begin{bmatrix} 0 & -C \\ 0 & A \end{bmatrix}\begin{bmatrix} e(t) \\ \dot{x}(t) \end{bmatrix} + \begin{bmatrix} 0 \\ B \end{bmatrix}\dot{u}(t)$$
となる．これを以下のように表す．
$$\dot{X}(t) = \Phi X(t) + \Gamma \dot{u}(t)$$
いま(8-8)式に対応した形で，次の評価関数を定義する．
$$J = \int_0^\infty [X^T(t)QX(t) + \dot{u}^T(t)H\dot{u}(t)]dt$$
ただし，$Q$：半正定行列$(m+n) \times (m+n)$，$H$：正定行列 $r \times r$
最適制御入力は第7章での結果を用いて次のように求められる．
$$\dot{u}(t) = FX(t) = F_e e(t) + F_x \dot{x}(t)$$
ただし，

$$F = -H^{-1}\Gamma^T P$$
$$PA + A^T P + Q - P\Gamma H^{-1}\Gamma^T P = 0$$

この制御入力の両辺を積分すると,

$$u(t) = F_e \int_0^t e(\tau)\,d\tau + F_x x(t)$$

となる．これにより最適1型サーボ系は下図の構成図のようになり，図8-1 とほとんど同じ構成となることがわかる．

連続時間系の最適1型サーボ系構成図（全状態フィードバック）

## 第9章

1. サンプリング周期を1 msと10 msで入力むだ時間補償の効果を比較したシミュレーション結果を示す.

パラメータは本章で用いたものと同じであり，評価関数の重みはサンプリング周期が1 msの場合は図9-9(a) と同じであるが，10 msの場合は点線で示すステップ目標値に対する応答ができるだけ同じになるように$h=0.1$, $q_1=1\times 10^3$, $q_2=1\times 10^4$, $q_3=1$ としている．0.2 sで10 Nのステップ外乱を印加しており，制御系の特性をわかりやすくするために入力制限はかけていない．

サンプリング周期1 msの場合は入力むだ時間の補償を行っても行わなくても応答はほとんど変わらないが，サンプリング周期を10 msにすると補償を行わないと制御不能になるが，補償を行うことによりサンプリング周期1 msの場合とほとんど同じ応答になることがわかる．

*310* 演習問題解答

(a) 入力むだ時間補償なし　　(b) 入力むだ時間補償あり

サンプリング周期1msの場合

(a) 入力むだ時間補償なし　　(b) 入力むだ時間補償あり

サンプリング周期10msの場合

2. サンプリング周期 1 ms で入力むだ時間補償なしの場合のシミュレーション結果示す．パラメータや評価関数の重みは 1. の入力むだ時間補償なしの場合と同じ $h = 0.1$, $q_1 = 1 \times 10^3$, $q_2 = 1 \times 10^4$, $q_3 = 1$ としている．0.2 s で 10 N のステップ外乱を印加しており，制御系の特性をわかりやすくするために入力制限はかけていない．点線で示すステップ目標値の立ち上がり時のみ初期値補償を行っており，立ち下がり時には行っていない．

もともと目標値応答は良好なため，あまり差は見られないが立ち上がり時の方が初期値補償の効果により，入力のピークが大きくなり，わずかに位置応答も速くなっているのが分かる．

初期値補償（目標値の立ち上がり時のみ）

# 参 考 文 献

## 第1章～第7章

1) 関口隆,高橋浩,青木政夫,下川勝千,薦田憲久：シーケンス制御工学,電気学会（1988）
2) 土谷武士他,広がる制御工学の世界,電気学会誌,Vol.117, No.10（1997）
3) 木村英紀：制御工学の考え方,講談社（2002）
4) 大須賀公一,足立修一：システム制御へのアプローチ,コロナ社（1999）
5) ㈳実践教育訓練研究協会編：機械の制御―理論と実際―,工業調査会（1999）
6) 早勢実：システム制御工学入門,オーム社（1980）
7) 小郷寛,美多勉：システム制御理論入門,実教出版（1979）
8) 中野道雄,美多勉：基礎制御理論［古典から現代まで］,昭晃堂（1982）
9) 添田喬,中溝高好：自動制御の講義と演習,日新出版（1988）
10) 中溝高好,田村捷利,山根裕造,申鉄龍：ディジタル制御の講義と演習,日新出版（1997）
11) 尾形克彦：現代制御工学,新技術開発センター（1994）
12) 見城尚志：小形モータの基礎とマイコン制御,総合電子出版社（1983）
13) 美多勉：ディジタル制御理論,昭晃堂（1984）
14) 古田勝久,佐野昭：基礎システム理論,コロナ社（1978）
15) 中溝高好,小林伸明：システム制御の講義と演習,日新出版（1992）
16) 伊藤正美,木村英紀,細江繁幸：線形制御系の設計理論,計測自動制御学会（1983）
17) 金原昭臣,黒須茂：ディジタル制御入門,日刊工業新聞社（1990）
18) 伊藤正美：自動制御,丸善（1981）
19) 馬場敬之：ラプラス変換―キャンパスゼミ―,マセマ出版社（2013）
20) 省エネルギーセンター：電気管理士試験の傾向と対策,省エネルギーセンター（1989）
21) 増淵正美：システム制御,コロナ社（1987）

22) 加納秀明, 江原信郎, 小林博明, 小野治：動的システムの解析と制御, コロナ社 (1991)
23) 堀洋一, 大西公平：制御工学の基礎, 丸善 (1997)
24) 佐伯正美：制御工学－古典制御からロバスト制御へ－, 朝倉書店 (2013)
25) 斉藤制海：徐粒：制御工学（第2版）－フィードバック制御の考え方－, 森北出版 (2015)
26) 足立修一：制御工学の基礎, 東京電機大学出版局 (2016)
27) 樋口竜雄：自動制御理論, 森北出版 (1989)
28) 上滝正孝：制御工学を学ぶ人のために, オーム社 (1971)
29) 上滝正孝, 明石友行：制御理論の基礎と応用, オーム社 (1986)
30) 原島文雄, 塚本修巳：電気制御の基礎, 日刊工業新聞社 (1972)
31) 大西公平：メカトロニクスにおける新しいサーボ技術, 電気学会論文誌D分冊, Vol. 107, No. 1 (1987)
32) 美多勉, 原辰次, 近藤良：基礎ディジタル制御, コロナ社 (1988)
33) 杉江俊治, 藤田政之：フィードバック制御入門, コロナ社 (1999)
34) 野波健蔵編著：MATLABによる制御系設計, 東京電機大学出版局 (1998)
35) R.W.Brokett：Finite Dimensional Linear Systems, John Wiley & Sons inc. (1970)
36) 古田勝久：ディジタルコントロール, コロナ社 (1989)
37) 藤井隆雄：最適レギュレータのロバストネス, コンピュートロール 13 (1986)
38) 古田勝久編集：ディジタル制御, コンピュートロール 27 (1989)
39) 白石昌武：入門現代制御理論, 日刊工業新聞社 (1995)

## 第8章

40) 中野道雄, 井上惪, 山本裕, 原辰次：繰り返し制御, 計測自動制御学会 (1989)
41) 予見・予測制御, 計測と制御, Vol.39, No.5 (2000)
42) 江上正, 品田浩一郎, 土谷武士：予見フィードフォワード補償を含む部分状態フィードバック制御系構成法, 計測自動制御学会論文集, Vol.23, No.1 (1987)
43) 土谷武士：予見制御系の理論, 日本機械学会誌, Vol.93, No.856 (1990)
44) 土谷武士, 江上正：ディジタル予見制御, 産業図書 (1992)
45) 江上正：ディジタル予見制御の理論と応用, 機械の研究, 第46巻, 第6, 7号 (1994)

46) 江上正, 土谷武士：最適ディジタルサーボ系の初期値補償とその応用, 計測自動制御学会論文集, Vol.26, No.3（1990）
47) 江上正, 西山武男：エアスライドリニアモータの最適予見繰り返し制御, 計測自動制御学会論文集, Vol.30, No.1（1994）
48) 古田勝久, 森貞雅博：離散系のスライディングモードコントロール, 計測自動制御学会論文集, Vol.25, No.5（1989）
49) 野波健蔵, 田宏奇：スライデイングモード制御, コロナ社（1994）
50) 野波健蔵, 仁科研一, 斉藤満：ゼロパワー磁気軸受系の離散時間スライディングモード制御, 日本機械学会論文集（C編）, 62巻, 595号（1996）
51) 佐藤匡, 江上正, 土谷武士：離散時間予見スライディングモードサーボ系とその特性；システム制御情報学会論文誌, Vol.14, No.12, pp.582-592（2001）
52) Tadashi Sato, Tadashi Egami, Takeshi Tsuchiya：Digital Sliding Mode Servo Systems with Preview Feedforward Compensation, Electrical Engineering in Japan, Vol.149, No.1, pp.33-43（2004）
53) 佐藤匡, 江上正, 土谷武士：離散時間スライディングモード予見繰返しサーボ系の設計；システム制御情報学会論文誌, Vol.18, No.9, pp.12-21（2005）
54) 愛田一雄, 長島弘明, 江上正, 土谷武士：最適スライデイングモード制御系の極の性質, 日本機械学会論文集（C編）, 70巻, 699号（2005）

# 第9章

55) 譚躍鋼, 江上正, 村岡年昭：最適同期化制御系とそのリニアX―Yテーブルへの応用, 日本機械学会論文集（C編）, Vol.62, No.598（1996）
56) 江上正, 依田一宏：メカトロサーボ系の最適同期化経路制御, 計測自動制御学会論文集, Vol.34, No.9（1998）
57) 白木学, 宮尾修美：リニアサーボモータとシステム設計, 総合電子出版（1986）
58) 笹島春己, 江上正：電気機器とサーボモータ, 産業図書（1997）
59) 江上正, 岡林千里：リニアDCブラシレスモータの予見・外乱抑圧制御, 電気学会論文誌D, Vol.112, No.4（1992）
60) T.Egami and T.Tsucyiya：Disturbance Suppression Control with Preview Action of Linera DC Brushless Motor, IEEE Trans. On IE, Vol.42, No.5（1995）
61) 永田雄基, 菅原彗, 江上正：最近点探索と進行方向の目標点設定を用いた経路制御手法のボール＆プレート装置への適用, 日本機械学会論文集, Vol.86（2020）

索 引

A/D 変換器　75

Bode 感度　144
Bode 線図　18
Black の負フィードバック増幅器　18
Brockett の方法　193

Cayley-Hamilton の定理　72

D/A 変換器　75
DC サーボモータ　43
DC サーボモータの伝達特性　56
DC サーボモータのブロック線図　55

Hurwitz 行列式　120
Hurwitz の安定判別法　119

Kalman 方程式　195

Lyapunov 関数　132
Lyapunov の安定定理　132, 133
Lyapunov 方程式　133, 134

Nyquist 線図　18, 149
Nyquist の安定判別法　122, 128

PI 制御　137
PID 制御　153
PID 制御器　154
PID 制御系　153
PID 調節計　12
PID 補償　153, 173
PID 補償器　153

Riccati 代数方程式　194
Riccati 微分方程式　194
Routh の安定判別法　118
Routh 表　118
Routh/Hurwitz の安定判別法　18, 118

$s$ 領域の推移定理　30

VT 信管　19
V2 ロケット　19

Watt の蒸気機関　17

$z$ 変換　40
Ziegler & Nichols の限界感度法　81

# 索　引

## あ　行

アクチュエータ　8
アナログ制御　12
安定　111
安定性　18
安定余有　126

位相遅れ補償　173
位相交差角周波数　126
位相進み補償　178
位相線図　98
位相余有　199
1型の制御系　148
1次遅れ要素　84
一巡伝達関数　122, 148
位置制御系　165
位置偏差定数　151
一般型最適サーボ系　207
一般型最適ディジタルサーボ系　227
インパルス応答　91

エラーシステム　207
円条件　198

オイラーの公式　29
オイラーの等式　29
オクターブ　98
オブザーバ　182
重み関数　93

## か　行

可安定　68

外部表現　59
外乱　7
外乱オブザーバ　182
外乱・パラメータ変動抑制　10
開ループ制御系　3
可観測　68
可観測性行列　69
可観測正準形　65, 72
可検出　68
重ね合わせの原理　54
荷重関数　93
可制御　68
可制御性行列　69
可制御正準形　64, 72
過制動　90
加速度偏差定数　151
過渡応答　83
ガロアの定理　117

機械的時定数　86
逆起電力　45
逆行列　35
共振ピーク周波数　108
行ベクトル　34
行列　33
行列式　35
行列指数関数　61
行列の微分　36
極　48
極配置　179
極-零点消去　49
切り換え超平面の設計　236

クテシビオスの水時計　16
繰り返し制御系　227, 231
加え合わせ点　50

計画問題　5
ゲイン交差角周波数　126
ゲイン線図　98
ゲイン定数　85
ゲイン余有　200
ケーリー・ハミルトンの定理　72
限界感度法　154
検出部　5
減衰係数　86
現代制御理論　14

誤差　9
古典制御理論　14
固有角周波数　91
コントローラ　9

さ　行

最終値の定理　25
最小位相系　48
最小次元オブザーバ　184
最小実現　62
最適1型ディジタルサーボ系　208
最適繰り返し制御系　231
最適ディジタルサーボ系　207
最適予見サーボ系　215, 267
最適レギュレータ系　191
最適レギュレータ問題　193
最適レギュレータ理論　191
雑音　11

座標変換　66
3型の制御系　151
3自由度制御系　153
サンプラ　75

シーケンス制御　4
指数関数　27, 39
システム同定　91
実現問題　62
時定数　85
自由系　61
周波数応答　94, 96
周波数伝達関数　97
周波数特性　97, 264
出力フィードバック制御系　231
出力変数　57
出力方程式　57
状態観測器　182
状態空間表現　57
状態変数　15
状態変数線図　57
状態変数変換　65
状態変数ベクトル　57
初期値の定理　26
初期値補償　226
ジョルダン標準形　64
シルベスタの判定条件　37

ステップ応答　84
ステップ応答法　19, 154
スライディングモード制御系　235

制御　1

索引

制御器　9
制御装置　9
制御対象　9
制御量　9
正弦波関数　29, 39
正準形　63
正定　37
正定関数　36
正定行列　37
静的システム　11
制動係数　91
正フィードバック　10
正方行列　34
積分制御　139, 148
折点角周波数　101
0型の制御系　151
漸近安定　112
センサ　9

双1次変換　135
操作部　9
操作量　9
双対システム　73
相補感度　146, 148
速度制御系　168
速度偏差定数　151

た　行

帯域幅　109
対角行列　34
対角正準形　64, 67
対称行列　34
多重閉ループ制御系　165

たたみ込み積分　24, 94
単位インパルス応答　91
単位インパルス関数　28, 84
単位行列　34
単位ステップ応答　85
単位ステップ関数　27, 38
単位ランプ関数　39

チャタリング　238
調節部　9
直列結合　50
低感度　145
ディジタル再設計　178
ディジタル最適レギュレータ系　202
ディジタル制御　12, 74
ディジタル制御系　74
定常位置偏差　151
定常加速度偏差　151
定常速度偏差　151
定常特性　150
定常偏差　169
デカード　98
デシベル　98
デッドビート制御　182
デルタ関数　28
電気的時定数　86
伝達関数　47
伝達要素　50
転置行列　34
電流制御ループ　165

同一次元オブザーバ　182, 183
動的システム　11

索 引

同伴正準形 64
特性多項式 48
特性方程式 48

### な 行

ナイキスト線図 97
内部表現 59
内部モデル原理 207
2型の制御系 151
ニコルズ線図 108
2次遅れ要素 83
2次形式 36
2自由度制御系 169
入力変数 57
入力むだ時間の補償 221

### は 行

ハーバー・ボッシュ法 18
パルス伝達関数 78
半正定 37
半正定関数 37
半正定行列 37

引き出し点 50
ピークゲイン 108
非最小位相系 49
非線形系 8
微分制御 173
評価関数値の検討 264
比例制御 170

フィードバック系 3
フィードバック結合 52

フィードバック制御 132
フィードバック制御系 3
フィードフォワード制御 140
フィードフォワード制御系 3
フィードフォワード補償 207
不可観測 68
不可制御 68
符号化 75
不足制動 90
負定 37
負定関数 37
負定行列 37
負フィードバック 10
部分状態フィードバック制御系 235
ブラシレスモータ 47
ブロック線図 47, 49
ブロムウィッチ積分 31

閉ループ制御系 3
並列結合 51
べき関数 29
ベクトル軌跡 97
偏差 9
補償器 9
ボード線図 98

### ま 行

むだ時間要素 106

目標値 9
目標値追従性 10
モデリング 12

## や　行

有限整定制御　*182*

余因子　*36*
余因子行列　*36*
予見フィードフォワード係数　*216*
予見フィードフォワード補償　*207, 260*

## ら　行

ラプラス逆変換　*31*
ラプラス変換　*21*

リアプノフの安定論　*18*
離散時間系　*76*
離散時間表現　*74*

離散時間 Riccati 方程式　*194*
離散時間スライディングモード制御系　*236*
リニア DC ブラシレスモータ　*47*
留数法　*31*
量子化　*75*
臨界制動　*90*

零行列　*34*
零点　*48*
零ベクトル　*34*
レギュレータ　*180*
列ベクトル　*34*
連続時間系　*76*

ロバスト性　*12*

＜著者略歴＞

## 江上　正
### え がみ　ただし

1982年3月北海道大学工学部電気工学科卒業，1984年3月同大学院工学研究科修士課程修了．1987年3月同博士課程修了．1987年4月神奈川大学工学部専任講師，1990年4月同助教授，1997年4月同教授，現在に至る．工学博士．
著書：ディジタル予見制御（共著），産業図書（1992）
　　　電気機器とサーボモータ（共著），産業図書（1997）
　　　新版現代制御工学（共著），産業図書（2000）
　　　基礎システム制御工学（共著），森北出版（2001）
訳書：計算機制御システム（共訳），工学社（1997）

## 土谷武士
### つち や たけ し

1963年3月北海道大学工学部電気工学科卒業，1965年3月同大学院工学研究科修士課程修了．1982年4月北海道大学工学部教授，2004年4月北海道工業大学教授，2009年3月同退職，工学博士，北海道大学名誉教授．
著書：ディジタル予見制御（共著），産業図書（1992）
　　　新版現代制御工学（共著），産業図書（2000）
　　　基礎システム制御工学（共著），森北出版（2001）
　　　メカトロニクス入門 第2版（共著），森北出版（2004）
訳書：計算機制御システム（共訳），工学社（1997）

---

現代制御工学　―基礎から応用へ―

2017年9月23日　　初版第1刷
2020年3月 4日　　初版第2刷
2020年9月16日　　改訂版第1刷

著　者　　江上　正
　　　　　土谷武士
発行者　　飯塚尚彦
発行所　　産業図書株式会社
　　　　　〒102-0072 東京都千代田区飯田橋2-11-3
　　　　　電話 03(3261)7821(代)
　　　　　FAX 03(3239)2178
　　　　　http://www.san-to.co.jp
制　作　　株式会社 新後閑

印刷・製本　平河工業社

© Tadashi Egami　　2017
　 Takeshi Tsuchiya
ISBN 978-4-7828-5558-4 C3054